Die Fabrikation

der

Bleichmaterialien.

Von

Victor Hölbling

k. k. Ober-Commissär und ständiges Mitglied des k. k. Patentamtes,
Honorardocent am k. k. Technologischen Gewerbemuseum und an der Exportakademie
des k. k. Oesterr. Handelsmuseums in Wien.

Mit 240 in den Text gedruckten Figuren.

Berlin.
Verlag von Julius Springer.
1902.

ISBN-13: 978-3-642-89871-6   e-ISBN-13: 978-3-642-91728-8
DOI: 10.1007/978-3-642-91728-8

Softcover reprint of the hardcover 1st edition 1902

Vorwort.

Während meiner Thätigkeit als Docent für die Technologie der Bleichmaterialien am technologischen Gewerbemuseum in Wien, welche Vorlesungen vorwiegend für Angehörige der Papier- und Textilindustrie gehalten werden, machte sich der Mangel eines entsprechenden Hilfsbuches, in welchem die Bleichmaterialien und ihre industriellen Darstellungsverfahren in übersichtlicher Weise zur Besprechung gelangen, wiederholt empfindlich fühlbar. Zwar existiren ausgezeichnete technologische Handbücher (z. B. das Handbuch der Sodaindustrie von Lunge), in welchen gewisse Gebiete aus der Technologie der Bleichmaterialien in eingehendster Weise behandelt werden, aber eine einheitliche Bearbeitung aller Bleichmittel fehlte bisher gänzlich.

Mit Rücksicht auf diesen Mangel und gestützt auf meine frühere vieljährige Thätigkeit als Betriebschemiker in hervorragenden Etablissements der chemischen Grossindustrie in Oesterreich-Ungarn und Deutschland, ferner im Hinblicke darauf, dass mir auch gegenwärtig, als Mitglied des österreichischen Patentamtes die Möglichkeit gewährt ist, mit allen Neuerungen auf chemisch-industriellem Gebiete in fortdauernder Fühlung zu bleiben, wage ich es, mit vorliegendem Werkchen vor die Oeffentlichkeit zu treten. Dasselbe soll kein Handbuch sein, in welchem die Bleichmaterialien für den Chemiker von Fach in erschöpfender Weise behandelt werden, sondern in erster Linie die Angehörigen der Textil- und Papierindustrie, welche häufig auf chemischem Gebiete nur eine encyklopädische Vorbildung aufweisen, mit den wichtigsten praktisch geübten Darstellungsmethoden derjenigen Substanzen genau bekannt machen, welche sie in ihren Industriezweigen als chemische Hilfsmaterialien brauchen.

Demzufolge wurden theoretisch-chemische Erörterungen auf das zum Verständniss unbedingt nöthige Mindestmaass eingeschränkt, während die einzelnen Verfahren und dazugehörigen Apparate, und zwar hauptsächlich nur diejenigen, welche entweder gegenwärtig in praktischer Anwendung stehen oder sich früher einer solchen Anwendung erfreuten, ausführlicher abgehandelt wurden. Kalkulationen oder detaillirte Betriebsergebnisse wurden — ebenfalls mit Rücksicht auf die Bestimmung des Buches für vorwiegend Angehörige anderer Industrie-Gebiete — nicht eingefügt. Auch die analytischen Methoden der Rohmaterial-Untersuchung und Betriebs-Kontrolle wurden nur andeutungsweise angeführt.

Sollte sich im Laufe der Zeit etwa eine Abänderung oder Ausgestaltung des vorliegenden Buches als wünschenswerth erweisen — und ich wäre allen Fachgenossen für Anregungen und Rathschläge sehr dankbar — so soll dies einer späteren Auflage vorbehalten bleiben.

Naturgemäss musste ich mich bei der Behandlung derjenigen Kapitel, welche in Specialwerken bereits eine erschöpfende Bearbeitung gefunden haben — wie z. B. die ältere Chlorindustrie in Lunge's Handbuch der Sodaindustrie — an die Darstellung dieser Specialwerke bis zu einem gewissen Grade anlehnen.

Unter den zahlreichen Methoden der Chloralkali-Elektrolyse konnte ich nach der auf diesem Gebiete in den letzten Jahren erfolgten Klärung eine Auswahl im Sinne derjenigen Verfahren treffen, welche sich einer praktischen Anwendung erfreuen oder für eine solche Aussichten bieten.

Schliesslich erfülle ich eine angenehme Pflicht, indem ich allen denjenigen Fachgenossen, welche mich bei der Abfassung dieses Buches mit Rathschlägen und Informationen unterstützten, insbesondere Herrn Professor Lunge in Zürich, Herrn Ober-Ingenieur Victor Engelhardt und der Firma Siemens & Halske in Wien, welch letztere Firma mir in liebenswürdigster Weise Photographien Kellnerscher Bleichanlagen, der dabei verwendeten Elektroden etc. zur Verfügung stellte, ferner Herrn Dr. Felix Oettel in Radebeul und der Firma Haas & Stahl in Aue i. S. hierfür meinen besten Dank ausspreche.

Desgleichen danke ich meinem Verleger, welcher weder Mühe noch Kosten scheute, um die Ausstattung des Werkes zu einer würdigen zu gestalten.

Wien, Ende December 1901.

V. Hölbling.

Inhalt.

Einleitung.

Bei allen Bleichprocessen handelt es sich darum, aus den zu bleichenden Substanzen eine Reihe von gefärbten Körpern entweder gänzlich zu entfernen, dieselben zu zerstören oder sie in farblose Verbindungen überzuführen.

Die Mittel, welche man zur Erreichung dieses Zwecks im Laufe der Zeit in Anwendung brachte, waren sehr verschieden.

Das älteste aller Bleichverfahren war die Rasenbleiche, doch ist der Ursprung derselben nicht mit Sicherheit nachweisbar. Man dürfte kaum fehlgehen, wenn man annimmt, dass diejenigen Völker, welche zuerst Faserstoffe zu Bekleidungszwecken anwendeten, auch die Beobachtung machten, dass selbe bei Gegenwart von Licht, Luft und Feuchtigkeit allmählich blasser werden. Sie trachteten, sich diese Erfahrungen zu Nutze zu machen und die günstigsten Bedingungen zu ermitteln, unter denen das Bleichen erfolgt, und als Resultat dieser Versuche dürfte sich schliesslich die Rasenbleiche in der Form herausgebildet haben, wie sie noch heute unter der Landbevölkerung vielfach in Anwendung steht.

Das erste, in Form einer homogenen chemischen Verbindung angewendete Bleichmittel dürfte die schweflige Säure gewesen sein, deren bleichende Eigenschaften bereits im Alterthume bekannt waren. Diese Anwendung der schwefligen Säure war jedoch eine sehr beschränkte, und kann von einer industriellen Herstellung von Bleichmaterialien überhaupt erst nach der im Jahre 1774 erfolgten Entdeckung des Chlors und seines Bleichvermögens gesprochen werden. Damals wurde von Berthollet die erste Bleichflüssigkeit durch Einleiten von Chlor in Kalilauge hergestellt, und 1798 erhielt Tennant durch Einleiten von Chlor in Kalkmilch die

heute als flüssiger Chlorkalk bekannte Bleichlösung. Bereits ein
Jahr später machte Tennant die bedeutungsvolle Entdeckung, dass
Chlor auch von festem Kalkhydrat absorbirt wird und so eine
leicht transportable bleichende Verbindung bildet. Damit war die
Darstellung des Chlorkalks — des bis in die allerjüngste Zeit
weitaus wichtigsten aller Bleichmittel — gefunden. Parallel mit
den Fortschritten, welche die Chemie im Laufe des vorigen Jahrhunderts machte, wuchs die Zahl der zu Bleichzwecken verwendeten chemischen Verbindungen. Aber auch die Menge der verbrauchten Bleichmittel stieg rapid infolge der Entwicklung der
Textil- und Papierindustrie und des bedeutend gesteigerten Kon-
sums von Artikeln dieser Branchen, welcher es erforderlich machte,
möglichst rasche und vollkommene Bleichverfahren einzuführen.

Die Bleichmaterialien werden in den Handbüchern über Bleicherei gewöhnlich zusammen mit den Fasern, für welche sie Verwendung finden, besprochen.

Eine solche Eintheilung ist im vorliegenden Falle, wo es sich
in erster Linie darum handelt, eine Uebersicht über die chemischen
Eigenschaften und die üblichen Darstellungsmethoden der einzelnen
Bleichmaterialien zu geben — ohne Rücksicht auf die Verwendungs-
arten derselben im einzelnen — naturgemäss nicht am Platze.
Die Gruppirung erfolgte darum ausschliesslich nach chemischen
Gesichtspunkten. Danach ergaben sich zwei Hauptgruppen von
Bleichmaterialien: Die oxydirenden und die reducirenden
Bleichmittel, je nachdem ihre Bleichkraft auf einem Oxydations-
oder auf einem Reduktionsprocesse beruht. In die erste Gruppe
sind einzureihen: Das Chlor und seine bleichend wirkenden Verbindungen (Chlorkalk und die übrigen Hypochlorite), Ozon, Wasserstoffsuperoxyd, Natriumsuperoxyd, die Persulfate und Permanganate.
Reducirende Bleichmittel sind: Die schweflige Säure und deren
Salze sowie die hydroschweflige Säure und deren Salze. Nach
dieser Eintheilung erfolgt im Nachstehenden die Besprechung der
einzelnen Bleichmaterialien.

Chlor.

Das Chlor wurde im Jahre 1774 von Scheele entdeckt, und zwar erhielt er dasselbe durch Einwirkung von Braunstein auf Salzsäure.

Es ist das wirksamste und zugleich auch billigste aller Bleichmittel, welches sowohl als Element als auch in Form von bleichenden Verbindungen die weitaus grösste Anwendung zu Bleichzwecken findet.

Die Natur des Chlors als Element wurde zuerst von Davy 1810 mit Sicherheit festgestellt, während Thénard und Gay Lussac auf Grund ihrer früheren Untersuchungen dies nur vermutheten.

Berzelius und auch Schönbein liessen erst in viel späterer Zeit die Ansicht, dass das Chlor eine Sauerstoffverbindung sei, fallen.

Eigenschaften.

Das Chlor ist ein grünlich gelbes Gas von eigenthümlichem, stechendem Geruche, welches die Athmungsorgane heftig angreift und bei längerer Einwirkung auch Blutspeien hervorruft.

$0,00037^0/_0$ Chlor der Luft beigemengt, wirken auf den Menschen schon sehr heftig ein.

Als Schutz gegen die schädlichen Wirkungen des Gases, welchen beispielsweise die Arbeiter in Chlorkalkfabriken besonders häufig ausgesetzt sind, bewährte sich das Einathmen verdünnter Alkoholdämpfe und reichlicher Genuss von kalter Milch bestens; auch die Inhalation von Wasser- und Anilindampf sowie von schwefelwasserstoffhaltiger Luft ist zu empfehlen.

Das Chlor ist ein sehr kräftiges Oxydationsmittel, auf welcher Eigenschaft seine bedeutende Bleichkraft und seine ausgezeichnete antiseptische Wirkung beruhen. In beiden Fällen werden organische Substanzen oxydirt. Die Oxydationswirkung des Chlors, organischen Substanzen gegenüber basirt entweder darauf, dass das meist gegenwärtige Wasser unter Bildung von Salzsäure und Sauerstoff zerlegt wird, wobei der nascirende Sauerstoff die Oxydation der organischen Substanz bewirkt, resp. sich an letztere anlagert; oder das Chlor entzieht der organischen Substanz direkt Wasserstoff, unter Salzsäurebildung, wie z. B. bei der Umwandlung des Aethylalkohols in Aldehyd:

$$C_2H_5OH + 2\,Cl = CH_3 \cdot COH + 2\,HCl.$$

Durch länger andauernde Einwirkung von Chlor auf organische Substanzen können die letzteren gänzlich zerstört werden, worauf insbesondere in der Bleicherei Rücksicht zu nehmen ist. Die Behandlung der Faserstoffe mit Chlor muss darum mit grosser Vorsicht geschehen.

Das spec. Gewicht des Chlors ist nach Bunsen 2,4482 und berechnet sich aus dem Atomgewichte von 35,457 mit 2,45012. Das Chlor wird nach Faraday bei 15° durch einen Druck von 4 Atmosphären, nach Niemann bei 0° durch einen Druck von 6, bei 12,5° durch einen solchen von 8,5 Atm. verflüssigt.

Bei gewöhnlichem Luftdrucke soll es sich nach Niemann bei —35° verflüssigen, doch muss nach den Erfahrungen der Praxis (bei der fabriksmässigen Darstellung des flüssigen Chlors) ein niedrigerer Verflüssigungspunkt (—42 bis —44°) angenommen werden. Das flüssige Chlor ist eine gelbe Flüssigkeit vom spec. Gew. 1,469 bei 0° und 1,4273 bei 15° C. und dem Siedepunkte —33,6° C. bei 760 mm Druck. Es erstarrt bei —102° C. Die kritische Temperatur des Chlors wird von verschiedenen Autoren zwischen 141 und 148° C. angegeben. Der kritische Druck ist nach Dewar 83,9 Atm. Die Dampfspannung beträgt nach Knietsch bei 0° C. 3,66 Atm., bei 15° C. 5,75 Atm. und bei 146° C. (kritischer Punkt) 93,5 Atm.

Die chemische Affinität des Chlors zu anderen Elementen ist eine sehr bedeutende, in vielen Fällen eine weit grössere als die des Sauerstoffs. Es vereinigen sich beispielsweise gleiche Volumina Chlor und Wasserstoff ohne Einwirkung des elektrischen Funkens oder durch direkte Zündung bereits unter dem Einfluss des direkten Sonnenlichts.

Das Chlor ist in Wasser im allgemeinen desto leichter löslich, je kälter letzteres ist. Dies gilt bis zu einer Temperatur von 10°. Von da abwärts nimmt die Löslichkeit wegen der Bildung von Chlorhydrat ab. Wird das Wasser beim Einleiten von Chlor auf einer Temperatur von ca. 2^0 C. andauernd erhalten, so erstarrt das Ganze schliesslich zu einem Krystallbrei von Chlorhydrat, $(Cl_2 + 10\,H_2O)$ mit $28.29\,^0/_0$ Chlor. Bei gewöhnlicher Temperatur zerfällt das letztere wieder in Chlorgas und Chlorwasser.

Es ist anzunehmen, dass Lösungen von Chlor in Wasser unter 9^0 C. Chlorhydrat enthalten. Dasselbe entsteht auch häufig im Winter in den der Kälte ausgesetzten Leitungsröhren der Chlorkalkfabriken und kann dieselben mitunter ganz verstopfen.

Das Chlorwasser zersetzt sich allmählich, besonders unter Einwirkung des Tageslichts in Salzsäure und Sauerstoff; bei Gegenwart von Platinmohr findet diese Zersetzung sofort statt.

Vorkommen.

Das Chlor kann, wie aus seinen chemischen Eigenschaften erklärlich wird, im freien Zustande in der Natur nicht vorkommen, doch gehören seine Verbindungen zu den auf der Erde meist verbreiteten. Hauptsächlich ist es die Natriumverbindung (NaCl), welche in mächtigen Steinsalzlagern sowie im Meerwasser vorkommt, aber auch andere Chloride, darunter in erster Linie die Bestandtheile der Stassfurter Abraumsalze und zwar insbesondere der Carnallit $(KCl, MgCl_2 + 6\,H_2O)$ und der Sylvin (KCl) spielen bei der Chlorgewinnung eine wichtige Rolle.

Darstellung des Chlors.

Als Rohmaterial für die Darstellung des Chlors wurde bis vor nicht allzulanger Zeit fast ausschliesslich die Salzsäure verwendet. Vorwiegend erst im letzten Jahrzehnt wurde dieses Ausgangsmaterial durch den rapiden Aufschwung der elektrolytischen Methoden in den Hintergrund gedrängt. Die bei der Chlorgewinnung aus Salzsäure vor sich gehenden chemischen Processe beruhen sämmtlich darauf, dass der Salzsäure der Wasserstoff durch Oxydationsmittel entzogen wird.

Die billigste Sauerstoffquelle ist zweifellos die atmosphärische Luft, welche u. a. von Deacon (s. S. 30) zur Chlordarstellung industriell angewendet wurde. Die ältesten und zugleich, bis vor circa zehn Jahren, verbreitetsten Methoden zur Gewinnung von Chlor sind jedoch diejenigen, welche auf der Anwendung von Mangansuperoxyd, sei es als natürlicher Braunstein oder in regenerirter Form, beruhen.

Eine weitere Gruppe von Methoden der Chlordarstellung aus Salzsäure ist diejenige, bei welcher zur Oxydation der letzteren

Salpetersäure — allein oder bei Gegenwart von Schwefelsäure —
verwendet wird.

Von zahlreichen anderen Oxydationsmitteln, welche aus Salzsäure Chlor entwickeln, konnten sich die meisten entweder aus
technischen oder kommerciellen Gründen in die Fabriksindustrie
keinen oder nur vorübergehenden Eingang verschaffen, und seien
von solchen Verfahren nur Mond's Nickeloxydverfahren (E. P. 8308,
1896) und das Verfahren von de Wilde und Reychler (D. R.-P.
No. 50155, 51450 und 53749) erwähnt.

Bei den übrigen Chlordarstellungsverfahren, bei welchen nicht
die Salzsäure das Ausgangsmaterial bildet, werden Chlormetalle
theils auf rein chemischem, theils auf elektrolytischem Wege zerlegt.   Hierzu werden vorwiegend Chlorkalium und Chlornatrium
verwendet.

Das Mangansuperoxyd wird in der Chlorindustrie entweder als
natürlicher Braunstein oder in regenerirter Form als sogenannter
Weldonschlamm angewendet.   Die letztere Anwendungsart wird bei
der Besprechung von Weldons Braunsteinregenerations-Verfahren
(S. 18) ausführlich dargelegt.

Die Einwirkung der Salzsäure auf das Mangansuperoxyd erfolgt in der Weise, dass sich zunächst — und zwar in der Kälte —
Manganchlorid bildet, welches eine kaffeebraune Farbe besitzt und
sich sehr leicht unter Chlorabspaltung in Manganchlorür zersetzt.
Diese Zersetzung geht zum Theil schon in der Kälte, vollständig
jedoch beim Erwärmen vor sich, im Sinne der nachstehenden
Gleichung:

$$MnO_2 + 4\,HCl = MnCl_4 + 2\,H_2O$$
$$MnCl_4 = MnCl_2 + Cl_2.$$

Es wird daher bei der Darstellung des Chlors nach diesem
Verfahren die Salzsäure erst kalt auf das Superoxyd einwirken
gelassen und dann ganz allmählich erwärmt, um eine plötzliche
Zersetzung des Manganchlorids und damit eine zu stürmische Chlorentwicklung zu vermeiden.

Das bei der Chlordarstellung angewendete Mineral — der sogenannte Braunstein oder Pyrosulit — besteht aus einem Gemenge
von verschiedenen Oxydationsstufen des Mangans, vorwiegend
Mangansuperoxyd (MnO_2).   Weitere Bestandtheile des natürlichen
Braunsteins, jedoch von geringerem Sauerstoffgehalte, sind:

Das Hartmanganerz oder der Braunit (Mn_2O_3); das Braun-
manganerz oder der Manganit (Mn_2O_3 . H_2O); der Hausmannit
(Mn_3O_4); der Psilomelan und Wad, beide von variabler Zusammensetzung.

In früherer Zeit (bis zur Mitte des vorigen Jahrhunderts) waren in Deutschland, insbesondere in Thüringen und am Harz, reiche Braunsteinlager, die jedoch allmählich abgebaut wurden. Gegenwärtig sind in der Provinz Huelva in Spanien, in England (Devonshire), in Frankreich (Romanèche), in Belgien, in Griechenland, in Schweden, in Oesterreich-Ungarn (Bosnien), in Russland (Kaukasus) Fundorte von Manganerzen. In Transkaukasien soll gegenwärtig die grösste Förderung von Manganerzen stattfinden, die jedoch vorwiegend in der Eisenindustrie Anwendung finden. Auch in den Vereinigten Staaten, in Kanada, Chile, Australien und Neuseeland werden Manganerze gefördert, jedoch vielfach solche mit niedrigem Sauerstoffgehalt.

Der Werth des Braunsteins für die Chlorindustrie richtet sich hauptsächlich nach seinem Gehalt an sogenanntem „wirksamem Sauerstoff", d. i. demjenigen Sauerstoff, der über die Oxydationsstufe MnO hinaus darin enthalten ist und die Salzsäure unter Entwicklung vor Chlor spaltet. Bei der Einwirkung von Salzsäure auf die verschiedenen Oxydationsstufen des Mangans finden folgende Processe statt:

$$MnO + 2\,HCl = MnCl_2 + H_2O$$
$$Mn_3O_4 + 8\,HCl = 3\,MnCl_2 + Cl_2 + 4\,H_2O$$
$$Mn_2O_3 + 6\,HCl = 2\,MnCl_2 + Cl_2 + 3\,H_2O$$
$$MnO_2 + 4\,HCl = MnCl_2 + Cl_2 + 2\,H_2O.$$

Aus 100 Theilen Chlorwasserstoff werden somit erhalten nach Anwendung von:

Manganoxydul	0	Th. Chlor
Manganoxyduloxyd	24.3	„ „
Manganoxyd	32.4	„ „
Mangansuperoxyd	48.6	„ „

Da die Menge der für die Zersetzung verschiedener Braunsteinsorten mit gleichem Gehalte an wirksamem Sauerstoff erforderlichen Salzsäure trotzdem eine variable sein kann, je nachdem der betreffende Braunstein mehr oder weniger Eisenoxyd, Thonerde, Karbonate etc. enthält, so empfiehlt es sich in der Praxis, bei der Werthbestimmung des Braunsteins ausser dem wirksamen Sauerstoff auch noch die für die Zersetzung der betreffenden Braunsteinsorten erforderliche Menge Salzsäure zu bestimmen, was durch Behandlung des Braunsteins mit überschüssiger Salzsäure und Zurücktitriren des nicht verbrauchten Restes geschehen kann.

Für die technische Beurtheilung des Braunsteins wird ferner auch die Feuchtigkeit und die Kohlensäure bestimmt. Die für diese Zwecke üblichen analytischen Methoden sollen hier nur kurz angedeutet werden; Details darüber finden sich in Lunge, Sodaindustrie, 2. Aufl., 3. Bd. S. 245—251, sowie in allen grösseren chemisch-technologischen und analytischen Handbüchern.

Die Bestimmung der Feuchtigkeit im Braunstein erfolgt nach Fresenius durch Trocknen bei 120° C., da bei 100° C. die hygroskopische Feuchtigkeit nicht vollständig abgeht. Ueber 120° C. spaltet sich auch chemisch gebundenes Wasser ab.

In England ist man übereingekommen, die Feuchtigkeit bei 100° C. durch Trocknen bis zur Gewichtskonstanz zu bestimmen und auch den Gehalt an MnO_2 darauf zu beziehen.

Der wirksame Sauerstoff wird in Procenten MnO_2 angegeben. Eine der verbreitetsten Methoden zur Bestimmung desselben, namentlich früher, war die Methode von Fresenius und Will, nach welcher Braunstein und Schwefelsäure mit Oxalsäure erwärmt und die dabei abgespaltene Kohlensäure durch eine Trockenvorrichtung geleitet wurde.

Die Reaktion verläuft dabei in folgender Weise:

$$MnO_2 + H_2SO_4 + C_2H_2O_4 = MnSO_4 + 2\,H_2O + 2\,CO_2.$$

Der durch die entwichene Kohlensäure bedingte Gewichtsverlust ist somit ein Maassstab für die Menge aktiven Sauerstoffs im Braunstein, und zwar entsprechen 2 Mol. CO_2 einem Mol. MnO_2. Die in Form von Karbonaten vorhandene Kohlensäure wird gesondert bestimmt.

Die Temperatur darf während des Processes 100° nicht überschreiten, da sonst eine Zersetzung der Oxalsäure durch die Schwefelsäure unter Entwicklung von Kohlensäure und Kohlenoxyd stattfindet.

Sehr gebräuchlich, namentlich in England, ist die sogenannte Eisenmethode, welche auf der Oxydation von Eisenoxydulsalzen zu Oxydsalzen durch Zersetzung des Braunsteins mittels einer Säure beruht.

Die bei genauer Einhaltung der Vorschriften zuverlässigste und zuerst von Lunge (Ber. d. deutsch. chem. Ges. 18, S. 1872 und Ztschr. f. ang. Chem. 1890, S. 8) angegebene Methode, welche Baumann (Ztschr. f. ang. Chem. 1890, S. 75) in nur unwesentlicher Weise abänderte, beruht auf der Entwicklung von Sauerstoff bei der Einwirkung von Wasserstoffsuperoxyd auf Braunstein bei Gegenwart von Schwefelsäure, und der volumetrischen Bestimmung des erhaltenen Sauerstoffs im Nitrometer oder Gasvolumeter. Die Reaktion verläuft in folgender Weise:

$$MnO_2 + H_2O_2 + H_2SO_4 = MnSO_4 + 2\,H_2O + O_2.$$

Die im zu untersuchenden Braunstein etwa enthaltenen Karbonate werden vor dem Zusatze des Wasserstoffsuperoxyds mit Schwefelsäure zersetzt und die Kohlensäure ausgetrieben.

Bei der technischen Beurtheilung der zur Chlorentwicklung verwendeten Salzsäure kommen zunächst deren Koncentration, dann aber auch die Verunreinigungen in Betracht.

Da manche harten Braunsteinsorten sich durch verdünnte Salzsäure selbst in der Hitze gar nicht aufschliessen lassen, empfiehlt es sich, möglichst koncentrirte Säure zu verwenden, denn durch das bei der Chlorentwicklung entstehende Wasser wird dieselbe ohnehin verdünnt. Bei der vollständigen Lösung des Braunsteins verbleibt auch immer ein unausgenützter Ueberschuss von Salzsäure in der Manganchlorürlauge, der bei sehr weichen Braunsteinsorten ca. $5^0/_0$, bei härteren Sorten $6—8^0/_0$ beträgt; es wird somit bei Anwendung von koncentrirter Säure auch eine bessere Ausnützung derselben erzielt als bei verdünnter.

Die in der rohen Salzsäure enthaltenen Verunreinigungen, als: Arsen, Selen, Eisen etc., kommen bei der Chlordarstellung mittels Braunstein nicht in Betracht. Ebenso auch die Schwefelsäure, welche oft in mehreren Procenten darin enthalten ist und nur zur Bildung der äquivalenten Menge Mangansulfat — statt Manganchlorür — Veranlassung giebt.

Entwicklung von Chlor aus Kochsalz und Schwefelsäure mittels Braunsteins.

In der ersten Zeit der Einführung des Chlors und der unterchlorigsauren Salze zu Bleichzwecken, als noch nicht so grosse Mengen Salzsäure auf den Markt gebracht wurden, wie später nach dem Auftreten des Leblanc-Soda-Processes, wurde das Chlor durch Einwirkung von Braunstein auf ein Gemisch von Kochsalz und Schwefelsäure dargestellt. Seither wurde dieses Verfahren aus der Chlorindustrie immer mehr verdrängt und wird heute nur noch in einzelnen Papierfabriken, welche sich der Gasbleiche bedienen, angewendet.

Bei Anwendung der zur Zersetzung des Chlornatriums theoretisch erforderlichen Menge Schwefelsäure bildet sich zunächst Natriumbisulfat, so dass nur die Hälfte des Kochsalzes zur Chlorentwicklung beiträgt. Die Einwirkung des Natriumbisulfats auf das restliche Kochsalz erfolgt erst bei sehr hoher Temperatur (ca. 120^0), und zieht man deshalb vor, so viel Schwefelsäure anzuwenden, als zur Ueberführung des gesammten Kochsalzes in Natriumbisulfat erforderlich ist.

Der Process geht dann in folgender Weise vor sich:

$$MnO_2 + 2\,NaCl + 3\,H_2SO_4 = MnSO_4 + 2\,NaHSO_4 + 2\,H_2O + Cl_2.$$

Die Anwendung des Schwefelsäure-Ueberschusses erhöht natürlich die Produktionskosten des Chlors beträchtlich. Nach Lunge (Soda-industrie 2. Aufl. S. 254) verwendet man zweckmässig auf 1 Th. Kochsalz und 1 Th. Braunstein $2^1/_2$ Th. vorher mit dem gleichen Gewichte Wassers verdünnter Schwefelsäure (vortheilhaft Kammer-säure). Nach Klason (Ber. d. deutsch. ch. Ges. 1890, S. 334) ist das günstigste Mischungsverhältniss 5 Theile Braunstein (90 procentig), 11 Theile Kochsalz, 14 Theile kon-centrirter Schwefelsäure, mit dem gleichen Volum Wasser verdünnt. Danach sollen $95^0/_0$ der theoretischen Chlormenge erhalten werden.

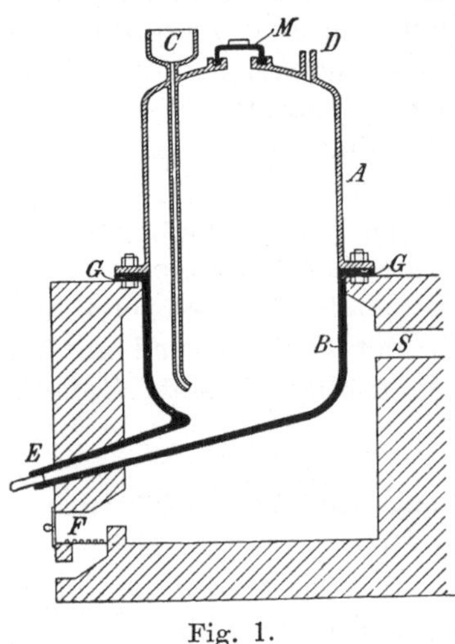

Fig. 1.

Zur Darstellung des Chlors nach dem eben beschriebenen Verfahren dienten früher blasenförmige Apparate aus Blei, welche mit einem Handrühr-werk versehen waren und deren un-terer Theil mit einem gusseisernen Mantel umgeben war. In den Zwischen-raum zwischen der Bleiblase und dem Mantel wurde Dampf zur Erwärmung des Blaseninhalts geleitet. An dem oberen Theil der Blase waren die Füllöffnung, der Trichter für die Schwefelsäurezufuhr und das Chlor-ableitungsrohr angeordnet. Unten war ein Rohr zum Ablassen der Manganlauge angebracht.

Diese Chlorentwickler aus Blei, welche für die direkte Chlor-darstellung aus Salzsäure mittels Braunstein überhaupt nicht ver-wendbar sind, da das Blei durch die heisse Salzsäure sehr rasch zerstört wird, machten auch bei Durchführung des Kochsalz-Schwefel-säure-Processes sehr häufige Reparaturen nöthig.

Man dachte darum frühzeitig daran, sie entweder mit wider-standsfähigen Materialien auszufüttern, oder sie überhaupt durch Gefässe aus anderem Material zu ersetzen.

In österreichischen Papierfabriken werden noch vielfach Chlor-entwickler mit Erfolg angewendet, welche aus gusseisernen Kesseln bestehen, auf denen ein Bleidom als Steigraum aufgesetzt ist. Fig. 1 zeigt einen solchen Apparat im Vertikalschnitt. Der gusseiserne Kessel B ruht mit dem Flansch G auf dem Mauerwerk einer Herdfeuerung F.

Auf diesen Flansch ist ein Bleidom A gasdicht aufgeschraubt. Durch die Decke des Bleidoms führt ein Trichterrohr C für die Zufuhr der Schwefelsäure und ein Rohr D zur Ableitung des Chlors. Das mit Wasserverschluss versehene Mannloch M dient für die Einbringung des Braunsteins und des Kochsalzes. Durch das Ansatzrohr E des Kessels B wird die Ablauge aus dem Chlorentwickler entfernt. Die Arbeitsweise mit diesem Apparate ist die folgende: Die erforderlichen Mengen Braunstein und Kochsalz werden durch M eingebracht und hierauf die verdünnte Schwefelsäure durch den Trichter C zulaufen gelassen. Indessen wird bei F langsam angefeuert. Die Feuergase umspülen den Kessel B und ziehen durch S nach dem Schornstein. Das entwickelte Chlor entweicht durch das Rohr D. In dem Maasse, als die Chlorentwicklung abnimmt, verstärkt man das Feuer. Hat die Entwicklung endlich ganz aufgehört, so lässt man die erschöpfte Lauge durch E in eine Rinne laufen, welche zum Fabrikskanal führt. Der gusseiserne Kessel kann, wenn er von der Säure zerstört ist, leicht ausgewechselt werden, ebenso auch der Bleidom. Wenn jedoch dafür gesorgt wird, dass immer ein Ueberschuss von Braunstein vorhanden ist, so wird das Eisen nur sehr wenig angegriffen. Auch der Bleidom leidet nicht sehr unter der Einwirkung des gasförmigen Chlors.

Ein anderes Mittel, um die Korrosion der mit Kochsalz arbeitenden Chlorentwickler zu verhüten, suchte man durch die Auskleidung der Blei-Apparate mit Steinzeugplatten und schliesslich durch die Herstellung der ganzen Apparate aus Steinzeug zu gewinnen. Die Anwendung eines durch Salzsäure unangreifbaren Materials für die Herstellung der Chlorentwicklungsapparate gab aber zugleich den Anstoss, die Entwicklung des Chlors nicht mehr unter Anwendung von Kochsalz und Schwefelsäure, sondern direkt unter Verwendung von Salzsäure in ausgedehnterem Maasse zu bewerkstelligen.

Entwicklung von Chlor aus Salzsäure mittels Braunsteins.

Dabei ging man auf Apparate über, welche ganz aus Steinzeug hergestellt und daher für Salzsäure unangreifbar waren. Derartige Steinzeugapparate fanden früher in Frankreich selbst in Chlorkalkfabriken Anwendung. Auch heute werden dieselben in kleineren Bleichereien und besonders in Papierfabriken noch vielfach verwendet.

Die verbreitetste Form ist die in Fig. 2 dargestellte. Dieselbe ist den in der Säurekondensation angewendeten Tourills ähnlich und hat ca. 180 l Fassungsraum. Ausser der in der Mitte befind-

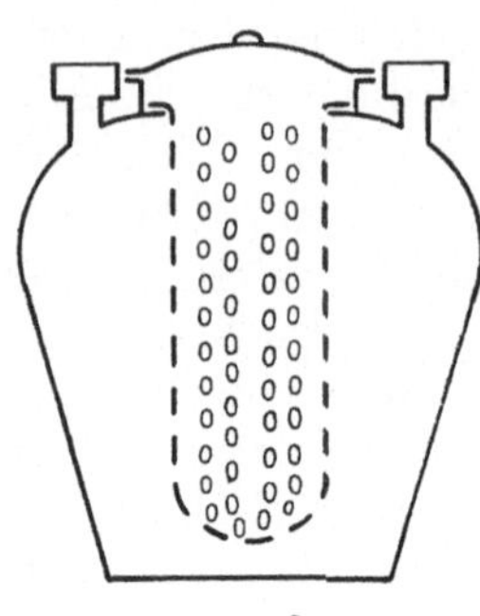

Fig. 2.

lichen grösseren Oeffnung, durch welche der zur Aufnahme des Braunsteins dienende Siebkorb eingeführt wird, sind zwei Rohransätze für die Zufuhr der Salzsäure und zum Abheben der Manganlauge vorgesehen. Der Deckel wird mittels eines aus Holztheer, Thon und Leinölfirniss hergestellten Kitts gedichtet. Für eine Entwicklung werden 50 kg Braunstein und 150 kg starke Salzsäure angewendet, also ein Ueberschuss an Braunstein, welcher unzersetzt zurückbleibt und bei der nächsten Operation wieder verwendet werden kann. Die ebenfalls aus Steinzeug hergestellten Gasentbindungsrohre sind, falls mehrere Apparate in Verwendung stehen, mit einer gemeinsamen Sammelleitung verbunden, die in einen Kondensator aus Blei mündet, in welchem die Salzsäure- und Wasserdämpfe zurückgehalten werden. Von den Thongefässen stehen gewöhnlich mehrere in einem hölzernen verbleiten oder ausgemauerten Trog, der als Wasserbad dient. Die Erhitzung erfolgt durch Dampf.

Die Apparate sind viel billiger als die später zu besprechenden steinernen Chlorentwickler, und ist auch die Chlorausbeute eine bessere, da die Salzsäure nicht durch direkten Dampf verdünnt wird.

Der Salzsäureverlust in den Manganlaugen beträgt nach Lunge nur $5-10^0/_0$ gegen $30-50^0/_0$ in den steinernen Entwicklern.

Auch andere Chlorentwickler aus Steinzeug, von grösseren Dimensionen wurden konstruirt und mit Erfolg angewendet. Eine von Lunge (Sodaind. 2. Aufl., 3. Bd. S. 270) empfohlene Konstruktion (Fig. 3) besteht aus einem oben offenen Steinzeugcylinder a mit Doppelboden b und Ablassrohr c. Als Decke dient eine mittels Ketten $e e$ an einer Rolle mit Gegengewicht hängende Glocke d, welche gewöhnlich aus Blei hergestellt ist. In letzterer befindet sich der Säuretrichter f und die Chlorleitung g.

Der ganze Apparat ist in einen Holzbottich h eingebaut, der bis $^2/_3$ seiner Höhe mit Wasser gefüllt ist, welches gleichzeitig den gasdichten Abschluss der Glocke und die Erwärmung des Entwicklerinhalts bewirkt.

Da der Grösse der Entwickler aus Steinzeug durch die technischen Schwierigkeiten bei ihrer Herstellung naturgemäss eine Grenze gesetzt war, mussten, als sich der Chlorkalk- und damit auch der Chlorbedarf steigerte, andere Materialien für den Bau der Chlorentwicklungsapparate herangezogen werden, welche sowohl dem Angriffe der Salzsäure als dem des Chlors widerstanden. Am geeignetsten hierzu erwiesen sich Apparate aus Sandstein.

Der Sandstein muss dicht und feinkörnig sein und darf keine in Salzsäure löslichen Bestandteile enthalten.

Da Sandsteine mit diesen Eigenschaften sehr selten anzutreffen sind, werden auch weniger gute Sorten angewendet, doch müssen

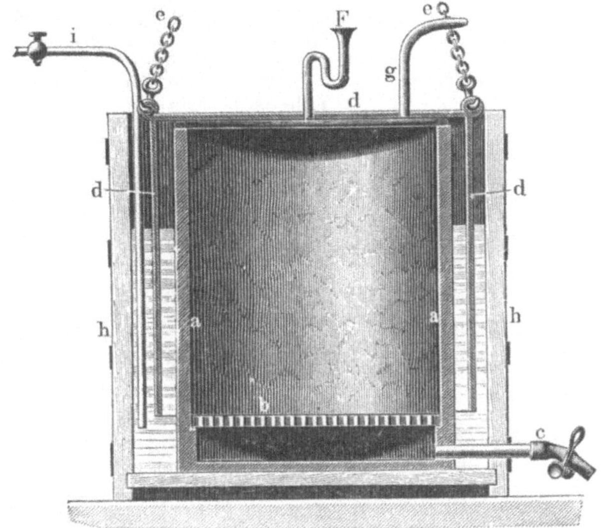

Fig. 3.

dann die kleineren, nur aus zwei Theilen bestehenden Apparate in einer Entfernung von ca. 30 cm mit einem Mauerwerk umgeben werden und der Zwischenraum wird mit säurefestem plastischem Thon ausgefüllt, welcher ein Durchdringen sowohl der Säure als des Chlors vollständig verhindert.

Bei grösseren, aus mehreren Platten zusammengesetzten Apparaten werden diese Sandsteinplatten in flachen eisernen Pfannen mit Theer, der vorher von seinen flüchtigen Bestandtheilen befreit wurde, so lange gekocht, bis dieselben von Theer vollständig durchtränkt sind. Dies dauert oft mehrere Wochen.

Bei der Konstruktion der Apparate ist selbstverständlich vor allem darauf zu achten, dass die Anzahl der Fugen eine möglichst geringe wird, da sich dadurch die Gefahr etwaiger Undichtheiten verringert.

Ein kleinerer, vielverwendeter Entwickler ist in Fig. 4 dargestellt.

Derselbe besteht aus zwei cylindrischen Steinen A und B, welche durch einen Falz ineinandergreifen, der mittels eines Kitts aus Thon und gekochtem Leinöl gedichtet ist. Ca. 15 cm über dem Boden ist ein Siebboden C angebracht. Das Dampfrohr D ist ebenfalls aus Sandstein hergestellt. Der durch eiserne Klammern gehaltene und festgekittete Deckel ist aus Blei und führen durch denselben der Trichter H für die Salzsäurezufuhr, das Chlorableitungsrohr F und als Fortsetzung des Dampfrohres D das Rohr E. Die Oeffnung G, welche mittels einer Bleiglocke hydraulisch verschliessbar ist, dient zum Einfüllen des Braunsteins. J ist eine Oeffnung zum Ablassen der Manganlauge.

Die Arbeit mit dem Apparat ist folgende: Derselbe wird über dem Siebboden bis reichlich zur Hälfte mit Braunstein gefüllt, dann wird Salzsäure zugelassen, worauf man Dampf eintreten lässt. Bei einem Apparat von den gewöhnlichen Dimensionen (2 m Höhe und 1 m Durchmesser) wendet man 500 — 600 kg

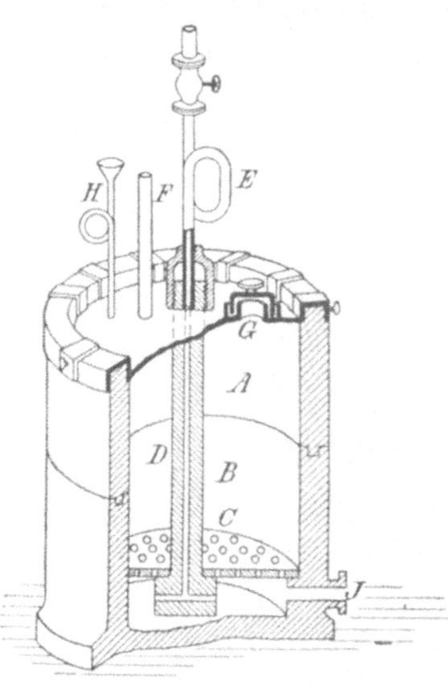

Fig. 4.

Säure an. Der Dampf wird erst langsam, später stärker angestellt, tritt durch die Oeffnungen des Siebbodens gleichmässig vertheilt in dünnen Strahlen nach oben und bewirkt so eine gleichmässige Mischung des Entwickler-Inhalts.

Nach 10—12 Stunden ist bei obiger Beschickung die Chlorentwicklung zu Ende, worauf die Manganlauge abgelassen und neuerlich Salzsäure nachgegeben wird, da der Braunstein für mehrere Operationen reicht.

Grössere Apparate erhalten zweckmässig quadratische oder rechteckige Form und werden aus einzelnen getheerten Sandsteinplatten zusammengesetzt. Die Verbindung der einzelnen Platten muss mit besonderer Sorgfalt geschehen, da sonst Undichtheiten während des Betriebes unvermeidlich sind. Der Aufbau dieser

Apparate geschieht in gleicher Weise, wie der der Steintröge in
der Salzsäurefabrikation. Die Seitensteine werden sowohl unter
einander als auch mit dem Bodenstein durch Kautschukschnüre
und Theerkitt gedichtet, welche in entsprechende Rillen eingelassen
sind. Durch Bolzen und Verankerungen in der in Fig. 5—7 (ent-

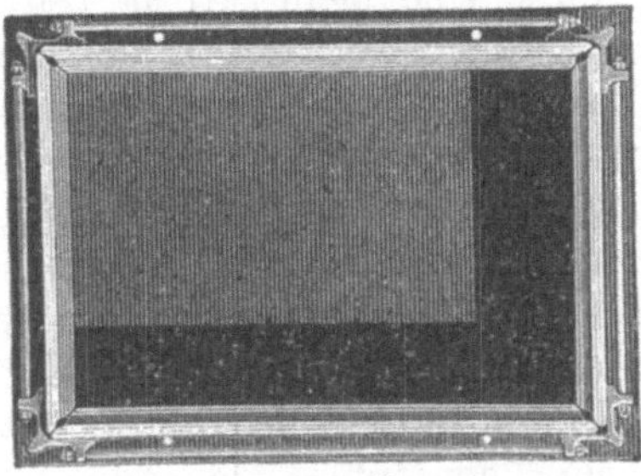

Fig. 5.

Fig. 6.

nommen aus Lunge, Sodaind. 2. Aufl., 2. Bd. S. 285 Fig. 100, 101,
103) ersichtlichen Weise wird den Entwicklern die erforderliche
Stabilität gegeben. Damit die eisernen Eckstücke nicht unmittelbar
an den Steinen anliegen, was bei star-
kem Anziehen der Schraubenbolzen
leicht ein Sprengen der Steinplatten
im Gefolge haben könnte, werden Holz-
bohlen oder Bleistreifen untergelegt.
Derartige, aus mehreren Platten zusammengesetzte Chlorentwickler waren

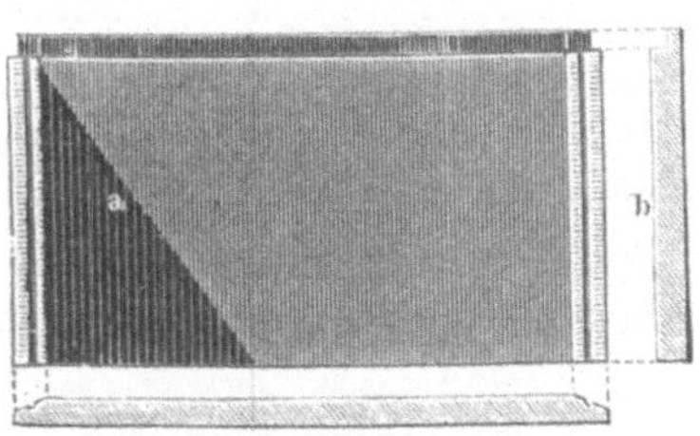

Fig. 7.

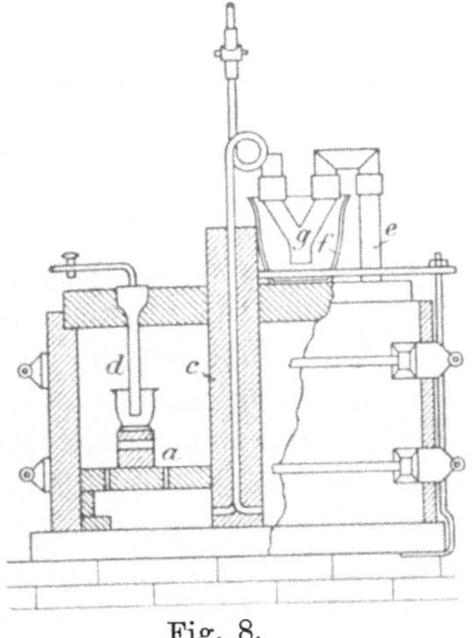

Fig. 8.

früher in englischen Chlorkalkfabriken zahlreich verbreitet.

Bei der rapiden Ausbreitung, welche die elektrolytische Chlordarstellung auch in England erfährt, dürften diese alten Apparate
gegenwärtig wohl im Verschwinden begriffen sein.

In Fig. 8 ist ein solcher Apparat dargestellt. Derselbe besteht aus einem auf vorbeschriebene Art hergestellten Sandstein-

kasten, in welchem sich ein aus schmalen Sandsteinplatten gebildeter Rost a, der zur Aufnahme des Braunsteins bestimmt ist, befindet. Das Dampfrohr c ist aus Sandstein gearbeitet und mündet unter dem Roste. Als Uebergang zu dem eisernen Dampfzuleitungsrohr ist ein bleiernes, mit einer Schlinge versehenes Verbindungsrohr eingeschaltet, welches dadurch, dass sich beim Absperren des Dampfventils etwas Dampf in der Schlinge kondensirt, das Innere des Apparats gegen das eiserne Dampfrohr und Ventil abschliesst. Die Salzsäure wird durch das oben mit einem Trichter versehene Thonrohr d eingelassen. Das Rohr d steht zwecks hydraulischen Abschlusses in einem Thontopfe. Zum Ableiten des Chlors dient das Thonrohr e, welches dasselbe beim Vorhandensein mehrerer Chlorentwickler in eine gemeinsame Hauptleitung weiter führt. Die Verbindung resp. Ausschaltung der einzelnen Entwickler von der Hauptleitung erfolgt durch das in einem Thontopfe f stehende, unten offene Y-förmige Rohr a, bei welchem je nach dem Stande des Wasserspiegels in f die Kommunikation zwischen den beiden Schenkeln unterbrochen oder hergestellt werden kann. Auch andere Systeme von hydraulischen Verschlüssen können zum genannten Zwecke gewählt werden.

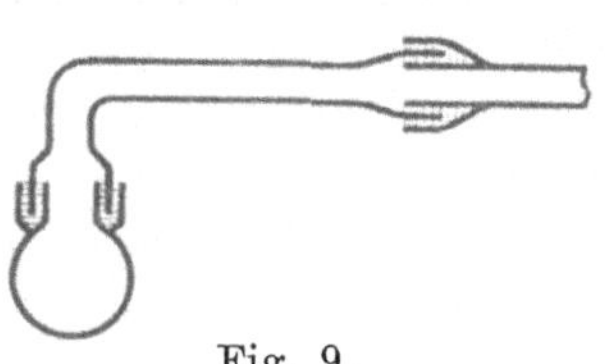

Fig. 9.

Die Leitungsröhren für das Chlor sind sämmtlich aus Steinzeug mit Muffenverbindung in der beispielsweise in Fig. 9 dargestellten Weise. Es gilt dies selbstverständlich auch für Apparate beliebiger Konstruktion. Die Verbindungsstellen in den Muffen werden am besten mit Theer-Thonkitt gedichtet.

Zum Ablassen der Manganlaugen ist in der Nähe des Bodens eine Oeffnung angebracht; dieselbe wird — da sich Hähne oder Ventile aus Metall der leichten Korrosion wegen zum Abschlusse nicht eignen — mit Holzpfropfen, die mit Hammerschlägen eingetrieben oder mit anderen geeigneten Befestigungsvorrichtungen angepresst werden, abgeschlossen.

Die sämmtlichen Bestandtheile eines Chlorentwicklungsapparates sind mit einem Anstriche von Theer versehen, welcher namentlich an Eisen- oder Holztheilen alle drei bis vier Wochen erneuert werden muss, da dieselben sonst rasch unbrauchbar werden.

Ein ähnlicher, früher in Deutschland verbreitet gewesener Apparat zur Chlordarstellung wird von Varrentrapp (Liebig's Handwörterbuch der Chemie, 2. Abth. 2, S. 1110) beschrieben und sei hier nur erwähnt.

Von anderen Metalloxyden und -Verbindungen, welche mit Salzsäure Chlor entwickeln und deren es eine ganze Reihe giebt, fand keine eine industrielle Anwendung, da eine solche ausnahmslos zu kostspielig wäre. In Vorschlag gebracht wurden: Mennige von Robinson (E. P. No. 88, 1830), chromsaure Salze von MacDougal und Rawson (E. P. No. 12 333, 1848) und mangansaure und übermangansaure Salze von Condy (E. P. No. 3411, 1866) und später von Tessié du Motay (Wagner Jahresber. 1871, S. 255, 1873, S. 270).

Die Regenerirung der Manganlaugen.

Schon zu einer Zeit, als die Chlorkalkfabrikation sich noch in bescheidenen Grenzen bewegte, brach sich der Gedanke Bahn, die von der Chlordarstellung resultirenden Manganlaugen wieder nutzbar zu machen. Einerseits war der Preis des Braunsteins durch die gesteigerte Chlorproduktion bedeutend gestiegen, anderseits bildeten die sauren Manganlaugen, welche durch ihren Gehalt an freiem Chlor die Nachbarschaft der Fabriken verpesten, eine Quelle zahlreicher Unannehmlichkeiten. Das Ablassen der Laugen in die öffentlichen Flussläufe wurde behördlicherseits untersagt, da das freie Chlor nicht nur auf die Fische und sonstigen Lebewesen tödtlich wirkte, sondern auch allmählich den Unterbau von Brücken oder anderen Wasserbauten zerstörte.

Man trachtete zunächst das Mangan zu verwerthen, ohne es wieder zu Superoxyd zu regeneriren. Zahlreiche Vorschläge wurden in dieser Beziehung gemacht. Es seien davon der von Laming (E. P. No. 11 944, 1847) zur Herstellung von Reinigungsmasse für Leuchtgas durch Fällung als Mangankarbonat und der von P. W. Hofmann erwähnt, welcher die Manganlauge zur Regeneration des Schwefels aus Sodarückständen anwandte.

Wirkliche Bedeutung erlangten diese Bemühungen aber erst, als man daran ging, aus den Manganchlorürlaugen wieder höhere Sauerstoffverbindungen des Mangans darzustellen, welche man neuerlich zur Chlorentwicklung verwenden konnte.

Gossage war der erste, der (1837) einen diesbezüglichen Vorschlag machte, welcher auch die Grundlage zu dem später von Weldon zu so hoher Vollkommenheit ausgebildeten Regenerationsverfahren abgab. Er fällte die Manganlauge mit Kalkmilch und brachte nach Ablassen der dabei gebildeten Chlorcalciumlauge das entstandene Manganoxydulhydrat behufs Oxydation mit Luft in Berührung. Binks und Macqueen kamen später auf dieses Verfahren wieder zurück, indem sie durch das in Wasser suspendirte, durch Kalkfällung entstandene Manganoxydulhydrat auf 200 bis 300° C. erwärmte Luft leiteten. Das so erhaltene Superoxyd wurde in feuchtem Zustande gepresst und dann getrocknet, oder mit heissgesättigter Lösung von Manganchlorür angefeuchtet und dann getrocknet. Letzteres geschah deshalb, da das ohne Bindemittel getrocknete Superoxyd bei der Berührung mit Salzsäure sofort zerfiel und plötzlich zu grosse Massen Chlor entwickelte. Das Manganchlorür gab dadurch, dass es beim Trocknen auskrystallisirte, den Superoxydstücken eine grössere Kohärenz. Beide Verfahren vermochten sich in der beschriebenen Form in der Technik keinen Eingang zu verschaffen.

Ein anderes Verfahren, das in Tennants Fabrik durch Jahrzehnte mit Erfolg durchgeführt wurde, sich aber auch nicht weiter auszubreiten vermochte, ist das von Dunlop (E. P. No. 1243 und 2637, 1855). Dasselbe beruht auf der Fällung des Mangans als Karbonat und Rösten des letzteren, wobei sich Superoxyd bildet.

Weldons Verfahren zur Regeneration von Mangansuperoxyd.

Von allen, die Regeneration von Mangansuperoxyd aus sauren Manganlaugen betreffenden Verfahren ist dasjenige von Weldon das praktisch weitaus bedeutendste.

Es gründet sich auf die vorerwähnten Verfahren von Gossage und von Binks und Macqueen, jedoch mit dem Unterschied, dass Weldon zur Fällung des Manganoxydulhydrats einen Ueberschuss an Kalk anwendet und dann mit Luft oxydirt. Während bei Anwendung der äquivalenten Menge Kalkmilch zur Fällung des Mangans, und nachfolgender Oxydation des Oxydulhydrats mit Luft nur niedrige Oxydationsstufen des Mangans — hauptsächlich Mn_3O_4 — entstehen, wird bei Anwendung eines grösseren Kalküberschusses und unter Einhaltung sonstiger bestimmter Bedingungen grösstentheils Mangansuperoxyd gebildet.

Die technische Durchführung des Weldon-Processes ist im wesentlichen in Lunges Handb. d. Sodaind. 2. Aufl., 3. Bd. S. 288 u. ff. in so erschöpfender Weise beschrieben, dass selbst dem genauen Kenner dieses Betriebes kaum etwas hinzuzufügen übrig bleibt. Die nachstehende Beschreibung von Weldons Verfahren lehnt sich daher naturgemäss zum Theil an Lunges Angaben an. Auch die Zeichnungen sind aus Lunges Handbuch entnommen.

Das Verfahren setzt sich aus nachstehenden Phasen zusammen:

a) Neutralisation der sauren Manganlaugen.

b) Fällung der neutralen Manganlaugen mit Kalk und Oxydation des Niederschlags.

c) Entwicklung des Chlors mittels des regenerirten Mangan-
superoxydes.

a. Neutralisation der sauren Manganlauge.

Die Neutralisation der sauren Manganlaugen erfolgt im sogenannten Sumpf. Derselbe ist immer in den Boden versenkt und
wird entweder aus säurefesten Ziegeln oder Quadersteinen oder
aus mit Theer präparirten Steinplatten erbaut. Im letzteren Falle
ist derselbe meist achteckig, sonst von cylindrischer Form. Die
Aufmauerung geschieht mit Mörtel aus Theerpech und Sand. Aussen
ist der Sumpf mit festgestampftem Lehm umgeben und mit einem
Deckel aus starken, getheerten Bohlen versehen, in welchem sich
ein Mannloch, eine Oeffnung zur Zufuhr der Manganlauge und
ferner ein Thonrohr oder ein entsprechend gedichteter Schlot aus
getheertem Holz zur Abfuhr der Gase nach dem Schornstein befinden. In der Mitte ist ein hölzernes Rührwerk angeordnet, welches
von einer beliebigen Kraftquelle aus angetrieben werden kann. Der
Sumpf ist gewöhnlich ca. 2 m tief und hat 4 – 6 m im Durchmesser.

Die sauren Manganlaugen werden darin mit gemahlener Kreide,
fein gepulvertem Kalkstein oder Rückständen vom Kalklöschen so
lange versetzt, bis keine freie Säure mehr vorhanden und sämmtliches Eisen sowie die Thonerde als Hydroxyde ausgefallen sind.
Das Rührwerk wird während der Neutralisation in Thätigkeit gesetzt. Der Zusatz des kohlensauren Kalkes muss mit Vorsicht geschehen, da sonst infolge der Kohlensäureentwicklung leicht ein
Ueberschäumen eintritt, was mit Rücksicht auf die noch immer
sauren, nach Chlor riechenden Laugen bedeutende Unannehmlichkeiten im Gefolge hat.

Ein Ueberschuss an kohlensaurem Kalk ist möglichst zu vermeiden, da dadurch das Volum des Niederschlages vergrössert und
dann auch mehr Manganchlorürlauge davon zurückgehalten wird.
Die Neutralisierung ist beendet, wenn eine Probe der Lauge, auf
Kreidepulver gegossen, kein Aufbrausen mehr hervorruft. Eine
Gegenprobe mit Salzsäure, ob kein beträchtlicher Ueberschuss an
kohlensaurem Kalk zugesetzt wurde, erweist sich als zweckmässig,
da letzterer dann durch vorsichtiges Zulassen von frischer Manganlauge beseitigt werden kann.

Die neutrale Manganlauge wird in über den Oxydationsthürmen befindliche eiserne Klärbassins gepumpt, in welchen sich
der suspendirte Schlamm absetzt. Erst die vollständig geklärte
Lauge kann in die Oxydationsthürme eingelassen werden, da sonst
leicht ein Uebersteigen des Inhalts der letzteren stattfindet und

auch eine Vermehrung der Basen im Superoxydschlamm eintritt.
Die Trennung des Abfallschlamms von der neutralen Manganlauge
kann vortheilhafter mittels Filterpressen erfolgen.

Der Abfallschlamm enthält überschüssigen kohlensauren Kalk,
Eisenoxyd, Thonerde, Gips, Kieselsäure und kohlensaure Magnesia,
aufgeschlämmt in einer Lösung von Chlorcalcium und Manganchlorür. Der Gips, welcher mitunter in beträchtlicher Menge auftritt, stammt grösstentheils aus der zur Chlorentwicklung verwendeten Salzsäure.

Der Vorschlag von Weldon, zur Neutralisation der sauren
Manganlaugen statt Calciumkarbonat regenerirten Superoxydschlamm zu nehmen, wobei die Säure zunächst durch die niedrigen
Oxyde (die sogen. Basis) gesättigt wird, hat in Deutschland keine
Verbreitung gefunden. Dieses Verfahren ist nur durchführbar bei
Anwendung von schwefelsäurefreier Salzsäure zur Chlorentwicklung, da sonst eine Anreicherung von Gips im Superoxydschlamm
stattfindet. Trotzdem muss von Zeit zu Zeit eine Neutralisation
mit Kreide vorgenommen werden, um die Verunreinigungen aus
den Manganlaugen zu entfernen.

b. Fällung der neutralen Manganlaugen mit Kalk und Oxydation des Niederschlages.

Die neutrale Manganlauge wird aus den Klärgefässen oder
aus den von den Filterpressen gespeisten Vorrathsgefässen in die
Oxydationsthürme eingelassen. Letzteres sind aus starkem Eisenblech konstruirte Cylinder von ca. $2^1/_2$ m Durchmesser und 7 bis
8 m Höhe, die, auf einem soliden Fundament aufgestellt, von
einem hölzernen Gerüst gestützt werden, welches zugleich als
Schutz gegen die Erschütterungen durch die Gebläseluft dient.

Der Einlauf der Manganlauge findet durch Röhren statt, welche
in ungefähr $^2/_3$ der Thurmhöhe einmünden. Ausserdem sind mit
den Thürmen das 175 mm weite Rohr, welches für die Einführung
der Gebläseluft dient, ferner das 50 mm weite Dampfrohr und das
Rohr für die Kalkmilchzufuhr verbunden. Das Luftrohr wird nach
Lunge bis auf die Höhe des Thurmes geführt und von dort im
Innern nach abwärts, da sonst infolge der Erschütterung die Ver-
bindungsflanschen nicht dicht halten würden. Thatsächlich existiren
auch Oxydationsthürme, bei welchen die Luftleitungen direkt am
unteren Ende angeschlossen sind, ohne dass in den betreffenden
Fabriken über obenerwähnte Nachtheile geklagt würde. Das Luftrohr verzweigt sich am Boden in solcher Weise, dass die Luft in
möglichst viele Strahlen vertheilt wird. In den Zweigrohren be-

finden sich eine Reihe von schräg nach unten gerichteten Löchern, durch welche die Luft austritt. Letztere Anordnung hat den Zweck, zu verhindern, dass die Löcher durch den ausgefällten Schlamm verstopft werden.

Eine Konstruktion, durch welche dies in zweckmässiger Weise auch erreicht wird, besteht darin, dass sich über dem direkt am Boden des Oxydationsthurmes einmündenden Luftrohr ein Siebboden befindet, durch welchen die Luft, in zahlreiche Strahlen gleichmässig vertheilt, die zu oxydirende Masse durchdringt.

Das Dampfrohr ist ebenfalls am Boden mehrfach verzweigt. Ausserdem finden sich an den Oxydationsthürmen noch Probehähne angebracht, um die zur Kontrolle des Processes nöthigen Proben nehmen zu können.

Die Kalkmilch wird in einem mit Rührwerk versehenen Eisencylinder hergestellt. In dem letzteren ist ein Kasten aus durchlochtem Eisenblech so eingehängt, dass der oberste, verkürzte Rührflügel ihn nicht berührt. In diesen Kasten werden die Kalksteinstücke eingebracht und daselbst am besten mit heissem Wasser unter steter Bewegung des Rührwerks gelöscht. Unten ist an dem Kalkcylinder ein mit Hahn versehenes Abflussrohr angebracht, durch welches die Kalkmilch in einen feingelochten Siebkasten aus Zinkblech gelassen wird, welcher sich über einem zweiten Eisencylinder mit Rührwerk befindet, in den die nunmehr von groben Kalkpartikelchen befreite Kalkmilch einläuft. Der Kalk muss möglichst rein und besonders frei von Magnesia sein und darf weder zu wenig, noch zu stark gebrannt sein, da in beiden Fällen ungelöschter Kalk in Form feiner Körnchen in der Kalkmilch zurückbleibt und eine Vermehrung der Basis im Weldon-Schlamm bewirkt. Die Kalkmilch soll möglichst koncentrirt sein.

Dieselbe wird entweder direkt in die Oxydationsthürme gepumpt oder sie gelangt erst in ein über den letzteren aufgestelltes cylindrisches, mit Rührwerk versehenes Gefäss, um von dort in die Thürme abgelassen zu werden. Das Kalkmilchgefäss ist mit einem Maassstabe versehen, an welchem die Menge der jeweilig abgelassenen Kalkmilch abgelesen werden kann.

Die zur Oxydation des Manganoxydulhydrats nöthige Luft wird durch Gebläsemaschinen verschiedener Konstruktion geliefert. Auf 1000 kg hergestelltes Mangansuperoxyd sind bei guter Arbeit ca. 8000 cbm Luft erforderlich, doch kann der Bedarf unter Umständen auf das Doppelte steigen.

Die Luft wird vom Kompressor aus zunächst in einen Windkessel oder sonstigen Regulator gepresst und geht von hier aus durch ein 175 mm weites Rohr nach den Oxydationsthürmen. Die Arbeit in den Oxydationsthürmen gestaltet sich folgendermassen: Einer derselben wird mit neutraler, klarer Manganlauge bis ungefähr zur Hälfte gefüllt und Dampf eingelassen, bis die Lauge auf ca. 55° erwärmt ist. Hierauf wird Kalkmilch zulaufen gelassen und gleichzeitig das Gebläse langsam in Gang gesetzt. Es ist besonders darauf zu achten, dass nur sehr wenig Luft eingeblasen wird, da eine vermehrte Luftzufuhr zur Bildung von sogen. rothen Chargen Veranlassung giebt, was einer Störung des Betriebes gleichkommt und wovon später noch die Rede sein soll.

Kalkmilch wird so lange zugesetzt, bis sämmtliches Mangan ausgefällt ist. Dies kann durch wiederholte Probenahmen aus den hierzu vorhandenen Probehähnen festgestellt werden. Eine kleine Menge der im Innern befindlichen Flüssigkeit wird abgelassen, dann filtrirt und mit Lackmuspapier auf freie Säure geprüft. Gleichzeitig wird auch eine Tüpfelprobe mit Chlorkalklösung vorgenommen, welche selbst geringe Mengen noch vorhandenen Manganchlorürs durch Bildung eines braunen Ringes von Mangansuperoxyd anzeigt. Ist die Ausfällung des Mangans vollständig, so wird die verbrauchte Kalkmenge an einer am Kalkrührwerke angebrachten Maasseintheilung abgelesen und hierauf noch ein Drittel dieses Kalkquantums zum Thurminhalte langsam zugesetzt, wobei gleichzeitig das Gebläse in volle Thätigkeit gesetzt werden muss, da sonst leicht die Bildung einer sogen. steifen Charge stattfindet, auf welche noch später zurückgekommen werden soll. Man lässt nun das Gebläse durch ca. 3 Stunden wirken und nimmt halbstündlich Proben, um sich von dem Fortschritte der Oxydation zu überzeugen. Das anfangs hellgelb gefärbte Fällungsprodukt wird allmählich braun und schliesslich schwarz. Die alkalische Reaktion soll mindestens eine Stunde nach dem zweiten Kalkzusatze noch deutlich nachweisbar sein und erst dann allmählich abnehmen. Ein früheres Verschwinden derselben deutet auf zu geringen Kalküberschuss hin.

Nach Abschluss dieser Periode wird noch etwas Manganchlorürlauge, die sogen. Endlauge oder Beendigungslauge in mehreren Abschnitten in den Thurm eingelassen, und zwar unter fortdauernder Thätigkeit des Gebläses. Dies hat den Zweck, das vorher gebildete, neutrale Calciummanganit in saures Calciummanganit zu verwandeln. Der Zusatz von Manganchlorür wird so lange fortgesetzt, bis eine Tüpfelprobe der filtrirten Lauge das Verschwinden der Manganreaktion erst nach längerer Gebläsethätigkeit anzeigt.

Der Inhalt des Thurmes, der sogen. Weldon-Schlamm, welcher das Mangansuperoxyd in sehr verdünntem Zustande enthält, wird nun in Klärgefässe abgelassen, in welchen sich der Schlamm absetzt.

Die klare Chlorcalciumlösung wird durch ein im Inneren der Absetzgefässe angebrachtes, drehbares Knierohr abgezogen, indem man das letztere, dem allmählich sinkenden Flüssigkeitsspiegel entsprechend, nach abwärts bewegt und so ein Aufrühren des feinvertheilten Schlammes vermeidet.

Der zurückbleibende, nicht mehr durch zu viel Chlorcalciumlösung verdünnte Weldon-Schlamm kommt in die Chlorentwickler, während das Chlorcalcium aus der klaren Lösung durch Eindampfen gewonnen wird.

In Lunge's Handbuch der Soda-Industrie (2. Aufl., 3. Bd.) findet sich eine übersichtliche Anordnung der für den Weldon-Betrieb erforderlichen Apparate und sei einiges davon in Fig. 10 wiedergegeben. F ist der Sumpf, aus welchem die neutralisirte Manganlauge mittels Pumpe G durch das Rohr a in das Klärgefäss H gepumpt wird. I und K sind die Gefässe zur Herstellung der Kalkmilch, welch' letztere durch eine Pumpe L und Rohr c nach M gedrückt wird, von wo aus der Einlauf in die Oxydationsthürme O stattfindet.

Die Gebläseluft nimmt ihren Weg von den Kompressoren P durch den Windkessel R und Rohr d in das Innere der Thürme. Unter den Letzteren befindet sich das Absetzgefäss für den Weldonschlamm mit dem drehbaren Rohr i zum Abziehen der klaren Chlorcalciumlauge und dem Ablassrohr f für den Superoxyd-Schlamm, welches in das Hauptrohr g übergeht, das die Chlorentwickler E an der Schütze h speist.

In dem vorhin beschriebenen Processe können, wie schon erwähnt, Störungen durch Auftreten — einerseits der sogenannten rothen — andererseits der steifen Chargen hervorgerufen werden. „Rothe Chargen" treten auf, wenn anfangs, beim Ausfällen des Manganoxydulhydrats mittels Kalkmilch das Gebläse zu stark angestellt wird. Es wird dann sämmtliches Mangan sofort in Mn_3O_4 verwandelt, ohne dass es eine Möglichkeit gäbe, dasselbe auf eine höhere Oxydationsstufe zu bringen. Es bleibt in diesem Falle nichts übrig, als die ganze Charge, trotz ihres geringen Gehalts an wirksamem Sauerstoff in den Chlorentwickler zu bringen und dort unter verhältnissmässig hohem Salzsäureaufwande zu verarbeiten. „Steife Chargen" entstehen dann, wenn beim Zusatz des Kalküberschusses das Gebläse nicht kräftig genug arbeitet, oder wenn

die Temperatur beim Anwärmen der Manganchlorürlauge zu hoch
gestiegen ist. 65⁰ sollten dabei als oberste Grenze gelten.

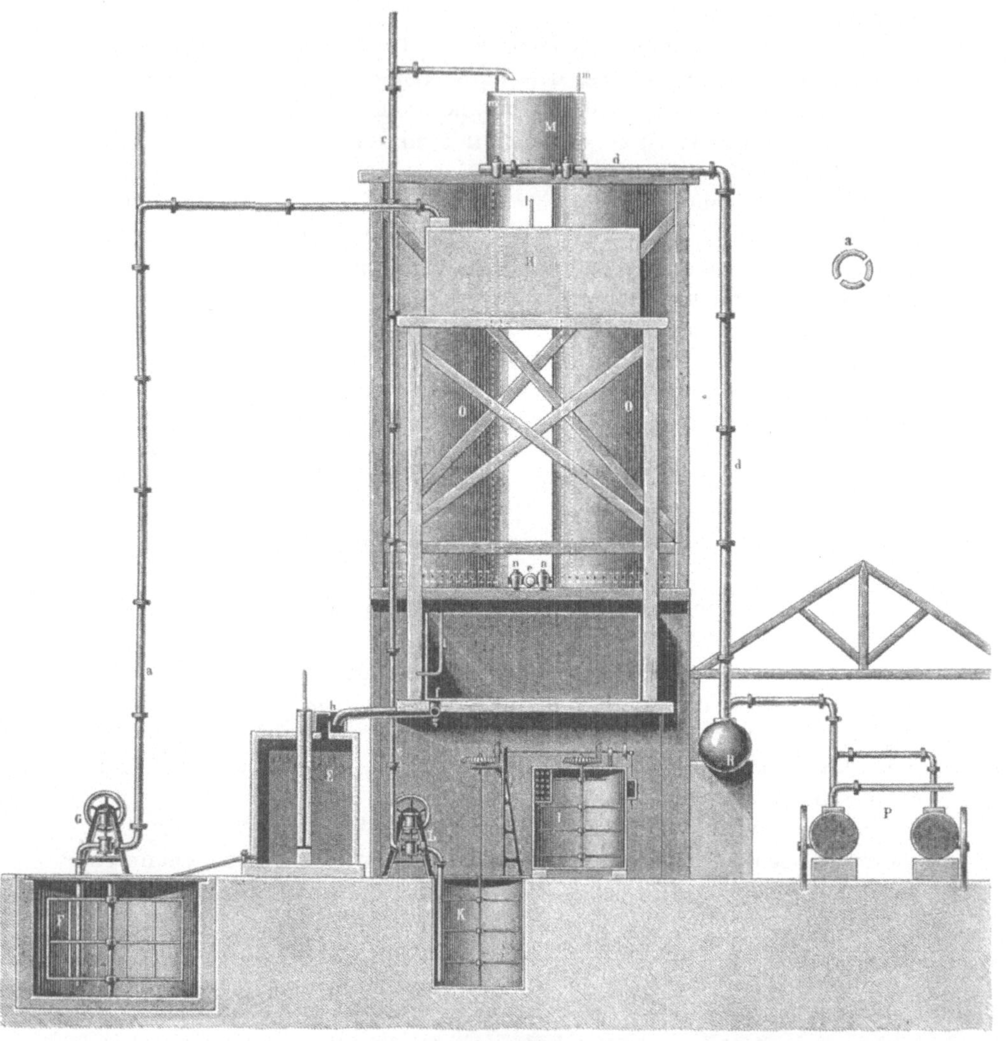

Fig. 10.

Bei Eintritt dieser Störung wird der Inhalt des Oxydations-
thurms plötzlich dickflüssig, das Gebläse beginnt sehr schwer zu
arbeiten, der Druck im Windkessel steigt und die Maschine kommt
schliesslich ganz zum Stillstand. Auch ein Mangel an Chlorcalcium

in den Laugen kann die Bildung steifer Chargen hervorrufen. Lunge und Zahorsky[1]) stellten hierüber eine Reihe von Versuchen an, die als Laboratoriumsversuche allerdings nur bedingungsweise Werth haben konnten, deren Resultate aber Wiernik[2]) auch in der Praxis bestätigt fand. Durch kräftiges Einblasen von Luft während der vorhin angedeuteten kritischen Oxydationsperiode kann unter Umständen die Bildung steifer Chargen verhindert werden, was Wiernik in der vorcitirten Abhandlung näher begründet.

Bei dem Weldonschen Oxydationsprocess spielt namentlich die Eigenschaft der Chlorcalciumlösungen eine bedeutende Rolle, sowohl Aetzkalk als Mangansuperoxyd in höherem Maasse als Wasser zu lösen. Dadurch wird die Anwendung von mehr Kalk ohne übermässigen Luftaufwand ermöglicht, was wieder eine beschleunigte Oxydationswirkung im Gefolge hat. Das günstigste Mengenverhältniss ist auf ein Atom Mangan 3 Moleküle Chlorcalcium.

Lunge erklärt die Vorgänge im Oxydationsthurme schematisch in folgender Weise, wobei er davon absieht, dass man gleich zu Anfang mit einer Chlorcalcium enthaltenden Lösung beginnt.

I. Operation: Beschickung des Thurmes und Zusatz von Kalk:
$$100\,MnCl + 160\,CaO = 100\,MnO + 60\,CaO + 100\,CaCl_2.$$

II. Operation: Einblasen von Luft:
$$100\,MnO + 60\,CaO + 86\,O = 86\,MnO_2 + 14\,MnO + 60\,CaO$$
$$= 48\,CaO\,.\,MnO_2 + 14\,MnO\,.\,MnO_2 + 12\,CaO\,.\,2\,MnO_2$$
$$= 86\,MnO_2 + 74\,(CaO\,.\,MnO).$$

III. Zusatz der Beendigungslauge:
$$48\,CaO\,.\,MnO_2 + 24\,MnCl_2 = 24\,CaO\,.\,2\,MnO_2 + 24\,MnO + 24\,CaCl_2.$$

IV. Nochmaliges Einblasen von Luft.
$$24\,MnO + 12\,O = 12\,MnO\,.\,MnO_2.$$

Abgesehen von Chlorcalcium sind stehen geblieben:
Aus der zweiten Operation:
$$14\,MnO\,.\,MnO_2 + 12\,CaO\,.\,2\,MnO_2;$$
aus der dritten Operation:
$$24\,CaO\,.\,2\,MnO_2;$$
aus der vierten Operation:
$$12\,MnO\,.\,MnO_2.$$

---

[1]) Ztschr. f. ang. Chem. 1892, 631.
[2]) Ztschr. f. ang. Chem. 1894, 257.

Zusammen also:

$$26\,MnO \cdot MnO_2 + 36\,CaO \cdot 2\,MnO_2$$

oder
$$98\,MnO_2 + 36\,CaO + 26\,MnO.$$

Auf 100 angewendete und 24 später zugesetzte Aequivalente von Manganoxydul hat man also erhalten:

1. 98 Aequ. MnO_2 statt 124 möglicher, also etwa $79\,^0/_0$.
2. 62 Aequ. Basen, nämlich $36\,CaO$ und $26\,MnO$.

Durch den Zusatz der Endlauge ist das Verhältniss von $MnO_2 : MnO$ von $86\,^0/_0$ auf $79\,^0/_0$ herabgegangen, wogegen aber die Basen eine noch weitgehendere Verminderung (von 74 auf $62\,^0/_0$) erfahren haben. Der Superoxydschlamm, welcher durch Abhebern vom grösseren Theil der Chlorcalciumlauge befreit wurde, enthält $65-75$ g MnO_2 im Liter und wird, nachdem derselbe gleichmässig aufgerührt wurde, in die Chlorentwickler abgelassen.

c. Entwicklung von Chlor mittels des regenerirten Mangansuperoxyds.

Die Chlorentwickler sind stets aus getheerten Steinplatten erbaut, besitzen gewöhnlich 8 eckigen Querschnitt und bedeutend grössere Dimensionen als die mit natürlichem Braunstein arbeitenden Entwickler.

Apparate von $2,5-3,5$ m Durchmesser und $3-3,5$ m Höhe sind in den meisten grösseren Fabriken üblich, während kleinere Anlagen auch mit Entwicklern von quadratischem Querschnitt und kleineren Dimensionen arbeiten.

Die Fig. 11 bis 13 (aus Lunge, Sodaind. 2. Aufl., 3. Bd.), geben die Einrichtung eines grossen Chlorentwicklers wieder.

Fig. 11 zeigt die Draufsicht unter theilweiser Entfernung der Deckelplatten, Fig. 12 einen Längsschnitt unter Hinweglassung der Armatur, Fig. 13 die Ansicht eines Chlorentwicklers grösster Sorte. Hinsichtlich des Baues gilt das bereits bei Besprechung der Braunsteinentwickler Gesagte. Die Verbindung der einzelnen Platten muss auch hier mit grosser Sorgfalt vorgenommen werden, und erhöhen sich hier die Schwierigkeiten dadurch, dass wegen der grösseren Höhe der Apparate auch die Seitensteine aus mehreren Stücken zusammengesetzt werden müssen, welche wieder durch in Nuthen eingelegte Kautschukschnüre gedichtet und durch Klammern und Schraubenbolzen *bb* zusammengepresst werden.

Der Deckel wird entweder durch domförmig aufgesetzte drei-eckige Steine gebildet, welche sich an dem in der Mitte befind-lichen steinernen Dampfrohre *c* vereinigen, oder durch eine massive

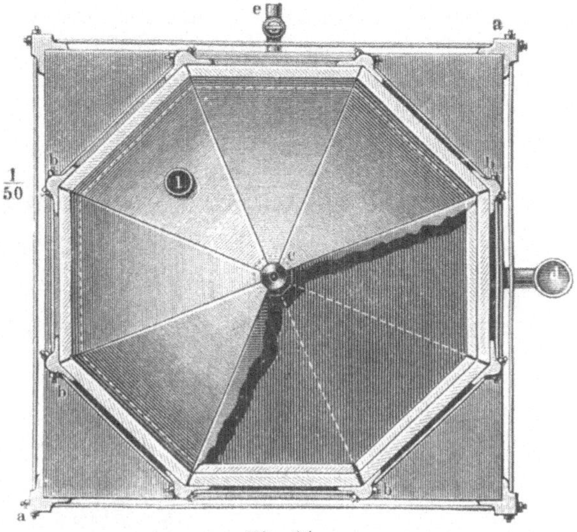

Fig 11.

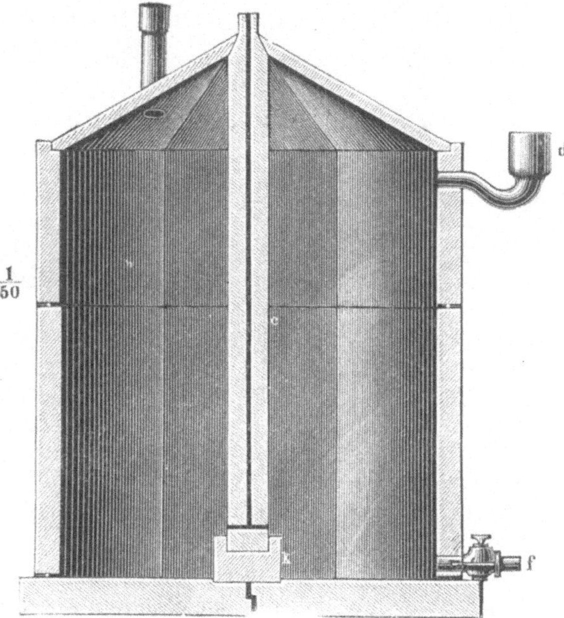

Fig. 12.

Steinplatte. In dem aus Steinzeug oder Blei hergestellten und zur Schlammzufuhr dienenden Trichter d mündet das vom Schlammbassin kommende Rohr. e ist die Salzsäurezuleitung, l das Gasentbindungsrohr und f ein Thonhahn, welcher zum Ablassen der verbrauchten Manganlaugen dient.

Fig. 13.

Die Arbeitsweise in den Entwicklern ist folgende:

Dieselben werden erst ungefähr $1/2$ m hoch mit Salzsäure gefüllt, welche möglichst warm den Kondensationsthürmen entnommen wird, worauf man langsam Manganschlamm zutreten lässt. Der Zutritt des letzteren wird so regulirt, dass die sofort eintretende Chlorentwicklung eine möglichst gleichmässige bleibt, und kein Chlor aus den hydraulischen Verschlüssen entweicht, was bei einiger Umsicht keine Schwierigkeiten bietet. Wenn die Flüssigkeit kaffeebraun geworden ist, hört man mit dem Schlammzusatz auf und lässt Dampf eintreten, bis sich die Flüssigkeit wieder geklärt hat. Ist dieselbe dabei heller geworden, so muss noch etwas Manganschlamm zugegeben werden. Erst wenn die Flüssigkeit bei entsprechend hoher Temperatur dunkel, aber klar bleibt, ist die freie Säure grösstentheils erschöpft, wovon man sich auch überzeugen kann, indem einige Tropfen der Lauge, auf kohlensauren Kalk gegossen, nur ein schwaches Aufbrausen hervorrufen dürfen. Der gewöhnliche Gehalt an freier Säure ist 0,5—1 $^o/o$. Zu weit soll die Sättigung nicht getrieben werden, da sonst Superoxydschlamm in der Flüssigkeit suspendirt bleibt, welcher bei der Neutralisation mit kohlensaurem Kalk verloren geht.

Es ist aber anderseits zu berücksichtigen, dass die Salzsäure hier viel mehr verdünnt wird, als bei der Verwendung von natürlichem Braunstein zur Chlorentwicklung. Die Chlorcalciumlauge, in welcher der Superoxydschlamm aufgerührt wird, gelangt nämlich mit in den Entwickler, so dass für je 1 Volum einlaufender Salzsäure $3^1/_2$ Volumtheile Manganchlorürlauge entstehen, wodurch sich auch die Menge der in letzterer enthaltenen freien Säuren — bezogen auf die ursprünglich angewendete Salzsäure — mehr als verdreifacht.

Die analytische Kontrolle des Weldonprocesses.

Ausser den zur Verfolgung des Oxydationsprocesses dienenden und bei der Besprechung desselben bereits erwähnten Methoden ist eine fortlaufende Untersuchung des Manganschlammes auf seinen Gehalt an Superoxyd, an Basis und an totalem Mangangehalt unerlässlich.

Der Mangansuperoxydgehalt wird in der Weise bestimmt, dass man eine bestimmte Menge Weldonschlamm in einen Ueberschuss von mit Kaliumpermanganat titrirter Eisenvitriollösung einlaufen lässt, umschüttelt — wobei sich der Schlamm löst — und die nicht oxydirte Eisenvitriolmenge mit Kaliumpermanganat bestimmt. Die dabei erhaltene Zahl von der für die Oxydation des gesammten angewendeten Eisenvitriols verbrauchten Permanganatmenge abgezogen, ergiebt die dem Superoxyd entsprechende Quantität Permanganat.

Als „Basis" werden alle Säure neutralisirenden Bestandtheile des Manganschlammes bezeichnet, mit Ausnahme von Mangansuperoxyd. Es sind dies vorwiegend Kalk, Manganoxydul, Eisenoxyd, Thonerde und Magnesia. Zur Bestimmung der Basis wird eine abgemessene Menge Manganschlamm mit einem Ueberschuss von

Normaloxalsäure so lange erwärmt, bis der Niederschlag rein weiss geworden ist, und die Lösung mit Normalnatronlauge zurücktitrirt. Durch die Oxalsäure wird das Superoxyd in Manganoxalat und Kohlensäure verwandelt, ebenso werden MnO, CaO, Fe_2O_3, Al_2O_3 und MgO in die entsprechenden Oxalate verwandelt. Die für das Superoxyd verbrauchte Oxalsäuremenge lässt sich aus der früher beschriebenen Superoxydbestimmung berechnen; die Differenz zwischen dieser Zahl und der gesammten verbrauchten Oxalsäuremenge ergiebt die für die Basis nöthige Menge Oxalsäure.

Der Gesammtmangangehalt des Schlammes ist von minderer Wichtigkeit, muss aber gleichwohl zeitweise vorgenommen werden.

Der Manganschlamm wird zu diesem Zwecke mit Salzsäure bis zur Vertreibung des gesammten Chlors gekocht, der Ueberschuss der Salzsäure mit Natronlauge genau neutralisirt und nun klare, filtrirte Chlorkalklösung zugesetzt, bis zur röthlichen Färbung der Flüssigkeit (durch Bildung einer Spur von Permanganat). Das gesammte Mangan ist nunmehr als Superoxyd ausgefällt, letzteres wird filtrirt, ausgewaschen und in der schon zur Bestimmung des MnO_2 im Weldonschlamm dienenden Eisenvitriollösung gelöst, worauf der überschüssige Eisenvitriol zurücktitrirt wird. Aus der Differenz lässt sich der Mangangehalt berechnen.

Obzwar Weldon's Regenerirungsverfahren durch Jahrzehnte alle anderen Chlordarstellungsverfahren überflügelte und besonders in England bis vor einigen Jahren noch der grösste Theil aller Chlorprodukte nach diesem Verfahren dargestellt wurde, dürften die bestehenden Weldonanlagen heute wohl nicht nur keine Aussicht auf Vermehrung haben, sondern sich sehr bald vermindern, da man allgemein den auf einer hohen Stufe der Vollkommenheit angelangten elektrolytischen Verfahren den Vorzug giebt.

Gegenwärtig treten die bestehenden Weldon-Anlagen aber noch erfolgreich in die Konkurrenz mit den elektrolytisch arbeitenden Fabriken ein.

Darstellung von Chlor aus Salzsäure mittels atmosphärischer Luft (Deacon's Verfahren).

Oxland war der erste, welcher 1840 die Beobachtung machte, dass ein Gemenge von Salzsäure und Luft, über einen glühenden indifferenten Körper (Bimsstein) geleitet, unter Bildung von Wasser Chlor abspaltet. Die Ausbeute war jedoch eine sehr geringe, so dass es zu keiner praktischen Anwendung des Verfahrens kam.

Später (1855) versuchte Vogel aus Kupferchlorid durch Erhitzen zur beginnenden Rothgluth Chlor zu gewinnen:

$$2\,CuCl_2 = Cu_2Cl_2 + Cl_2.$$

Das Kupferchlorür wurde dann, mit Salzsäure gemischt, in Oxychlorid und schliesslich wieder in Kupferchlorid verwandelt.

$$Cu_2Cl_2 + 2\,HCl + O = 2\,CuCl_2 + H_2O.$$

Verluste an Kupfer, sowie leichte Angreifbarkeit, selbst von Gefässen aus Steinzeug oder Chamotte, machten das Verfahren im grossen unbrauchbar.

Erst Deacon versuchte mit Erfolg, die Verfahren von Oxland und Vogel in der Weise zu kombiniren, dass er, statt das Gemenge von Luft und Salzsäure über den chemisch indifferenten Bimsstein zu leiten, den letzteren oder andere poröse Körper vorher mit einem Kupfersalz imprägnirte und dadurch den Process zu einem kontinuirlichen machte. Die schon von Oxland gefundene Reaktion: $2\,HCl + O = H_2O + Cl_2$ ging bei Berührung des •Salzsäure-Luft-Gemisches mit den feinvertheilten Kupfersalzen in viel vollkommenerer Weise vor sich.

Die Details seines Verfahrens arbeitete Deacon im Vereine mit anderen Forschern, wie F. Hurter und E. Carey, aus. Deacon fand, dass sich als Kontaktsubstanzen, in deren Gegenwart das Gemisch von Salzsäuregas und Luft zersetzt wird, am besten jene Körper eignen, die durch Einwirkung von Salzsäure solche Chloride bilden, welche durch erhitzte trockene Luft resp. Sauerstoff unter Chlorentwicklung wieder zersetzt werden. Am wenigsten geeignet sind die Sesquioxyde: Eisenoxyd, Thonerde, Chromoxyd.

Die Anwendung von Kupfersalzen erwies sich als am vortheilhaftesten. Es stellte sich weiter heraus, dass nicht die Masse des angewandten Kupfersalzes, sondern die Grösse der dem Gasgemisch dargebotenen Oberfläche für den Grad der Salzsäurezersetzung massgebend ist. Auf eine Reihe von theoretischen Untersuchungen Deacons, die sich zum Theil als unrichtig erwiesen, zum Theil für die praktische Durchführung des Processes bedeutungslos sind, sei hier nicht weiter eingegangen.

Wichtig für die Aufklärung der chemischen Vorgänge beim Deacon-Process sind die Studien Hensgens (Ber. d. chem. Ges. 9, 1671 u. 1674; 10, 259) über die Art der Einwirkung von trockener Chlorwasserstoffsäure auf Sulfate im allgemeinen. Derselbe fand, dass sich das wasserfreie, schwefelsaure Kupfer von den übrigen Sulfaten verschieden verhält. Es absorbirt bei gewöhnlicher Temperatur beträchtliche Mengen trockener Chlorwasserstoffsäure unter Bildung

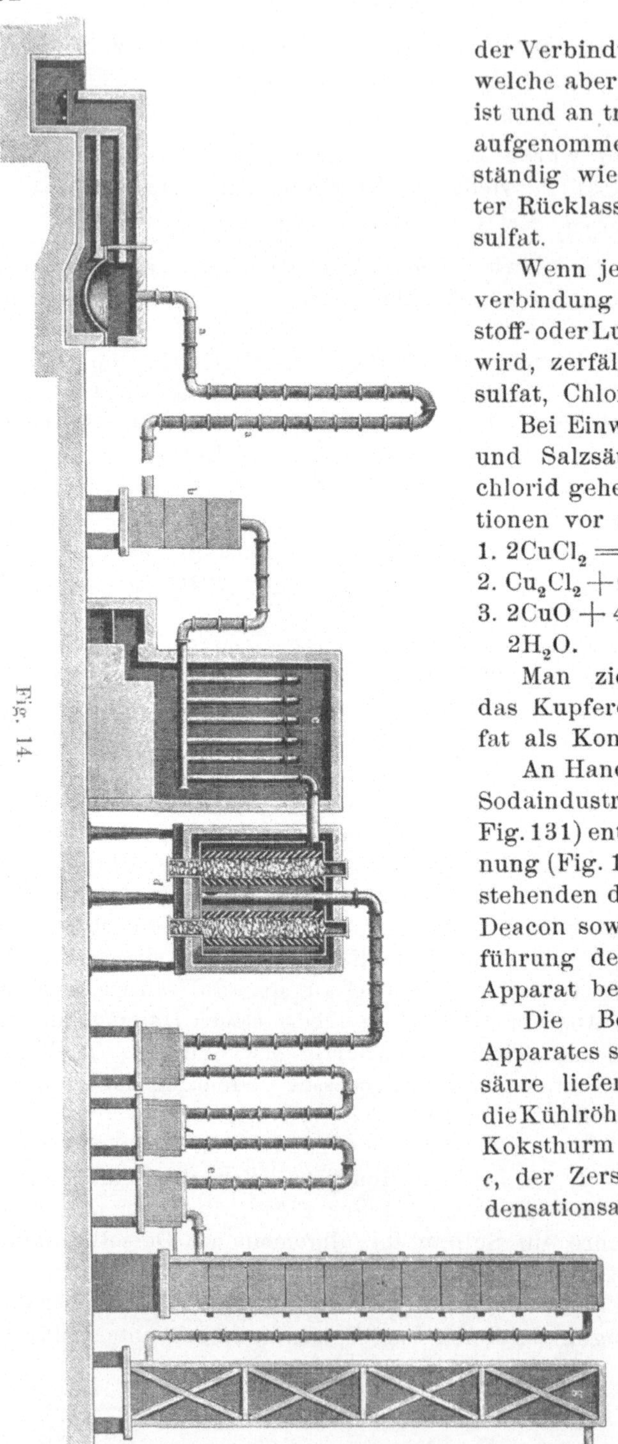

der Verbindung $CuSO_4 . 2HCl$, welche aber sehr unbeständig ist und an trockener Luft die aufgenommene Salzsäure vollständig wieder abgiebt, unter Rücklassung von Kupfersulfat.

Wenn jedoch die Doppelverbindung in einem Sauerstoff- oder Luftstrome erhitzt wird, zerfällt sie in Kupfersulfat, Chlor und Wasser.

Bei Einwirkung von Luft und Salzsäure auf Kupferchlorid gehen folgende Reaktionen vor sich:

1. $2CuCl_2 = Cu_2Cl_2 + Cl_2$.
2. $Cu_2Cl_2 + O_2 = 2CuO + Cl_2$.
3. $2CuO + 4HCl = 2CuCl_2 + 2H_2O$.

Man zieht neuerer Zeit das Kupferchlorid dem Sulfat als Kontaktkörper vor.

An Hand der aus Lunges Sodaindustrie (Bd. 3, S. 340, Fig. 131) entnommenen Zeichnung (Fig. 14) seien im Nachstehenden das Verfahren von Deacon sowie der zur Durchführung desselben dienende Apparat beschrieben.

Die Bestandtheile des Apparates sind: die die Salzsäure liefernde Sulfatschale, die Kühlröhren a, der trockene Koksthurm b, der Ueberhitzer c, der Zersetzer d, die Kondensationsapparate ee mit dem nassen Koksthurm f und der Trockenthurm g.

Die zu zersetzende Salzsäure wird in der Regel nur den Sulfatpfannen entnommen, da das Muffelofengas wegen seines höheren Schwefelsäuregehaltes, welcher zerstörend auf die Träger der Kontaktsubstanz wirkt, hierzu nicht geeignet ist. Hasenclever (Ber. d. chem. Ges. 9, 651) schlägt, um letzterem Uebelstande zu begegnen, vor, das Salzsäuregas durch erhitzte, mit Kochsalzstücken gefüllte Behälter zu leiten, durch welche das Salzsäuregas unverändert durchgeht, während die beigemengte Schwefelsäure und schweflige Säure auf das in grossem Ueberschuss vorhandene Kochsalz einwirkt und daraus Salzsäure frei macht.

Auch ein anderes, von Hasenclever angegebenes Verfahren wird mit Vortheil zur Darstellung des Salzsäuregases angewendet und besteht darin, dass man rohe, unreine Salzsäure mit Schwefelsäure und Luft behandelt, wobei dem Salzsäuregas gleich die für den Chlorentwicklungsprocess nöthige Luftmenge beigemengt wird.

Die aus der Sulfatpfanne entweichende Salzsäure, welche ca. $70^0/_0$ der aus dem angewandten Kochsalze zu entwickelnden beträgt — während der Rest vom Muffelofen aus direkt in die Kondensationsapparate geleitet wird — passirt zunächst, gemischt mit der für die spätere Zersetzung nöthigen Menge Luft, ein langes Röhrensystem. Daselbst soll eine Abkühlung der Gase und damit eine Kondensation des denselben beigemengten Wasserdampfes, welcher die Zersetzung sehr schädlich beeinflussen würde, bewirkt werden. Ein trockener Koksthurm, durch welchen die Gase schliesslich geleitet werden, ehe sie in den Ueberhitzer eintreten, dient zur Kondensation der letzten Reste Feuchtigkeit, wobei auch Salzsäuregas unter Bildung einer verhältnissmässig koncentrirten wässrigen Salzsäure (16—18^0 Bé) zurückgehalten wird. Die Luft wird schon in der Sulfatschale eingesaugt, und dient zur Regulirung der Menge derselben ein am Schluss des ganzen Apparatsystems angebrachter Exhaustor.

Die getrockneten Gase strömen in den Ueberhitzer (Heater). Es ist dies ein Ofen von quadratischem Querschnitt, welcher nach Art der Winderhitzungsapparate bei Hochöfen konstruirt ist. Derselbe enthält 24 Röhren, welche senkrecht gestellt und so miteinander verbunden sind, dass die Gase beim Durchgang möglichst wenig Widerstand finden.

Das den Ueberhitzer passirende Gasgemisch soll darin auf 450—470^0 C. erhitzt werden und in so vorgewärmtem Zustande in den Zersetzer (Decomposer) eintreten. Die Einrichtung des letzteren hat seit der ersten Einführung des Verfahrens durch Deacon die verschiedensten Wandlungen durchgemacht, bis sich in

neuerer Zeit die nachstehende in Fig. 15 a und b dargestellte Form
(nach Lunge, Sodaind. 3. Bd., S. 344, Fig. 135 u. 136) herausgebildet
hat. Ein mit einem Mauermantel *b* umgebener gusseiserner Cylinder *a*,

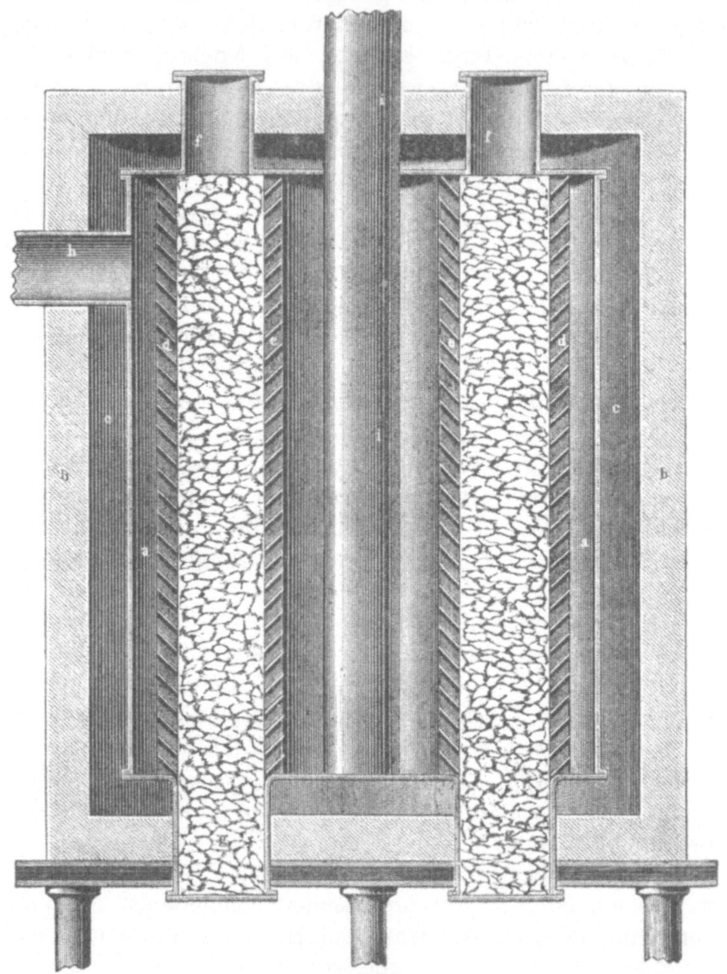

Fig. 15 a.

von 3,7—4,6 m Durchmesser und der gleichen Höhe, enthält in
Acht- oder Zwölfeckform angeordnete, jalousieartig schräg gestellte
Eisenplatten *d* und *e*, zwischen welchen sich ein ringförmiger Raum
von etwa 1 m Breite zur Aufnahme der Kontaktsubstanz befindet.
Dieser Raum ist durch radiale, undurchbrochene Zwischenwände.

aus Eisen in sechs voneinander getrennte Abtheilungen zerlegt, von denen jede eine Füllöffnung f und eine Oeffnung zur Entfernung der Kontaktsubstanz g besitzt.

Der Zwischenraum c zwischen dem eisernen Cylinder a und dem gemauerten Mantel b dient für die Cirkulation der vom Ueberhitzer abströmenden Feuergase.

Durch h tritt das im Ueberhitzer vorgewärmte Gasgemisch in den Zersetzer ein, gelangt durch die Jalousien d in die mit der Kontaktsubstanz gefüllten Abtheilungen und wird hier zerlegt. Das hierbei entstehende Gemenge von Chlor, Wasserdampf, Stickstoff, überschüssigem Sauerstoff und unzersetztem Salzsäuregas gelangt

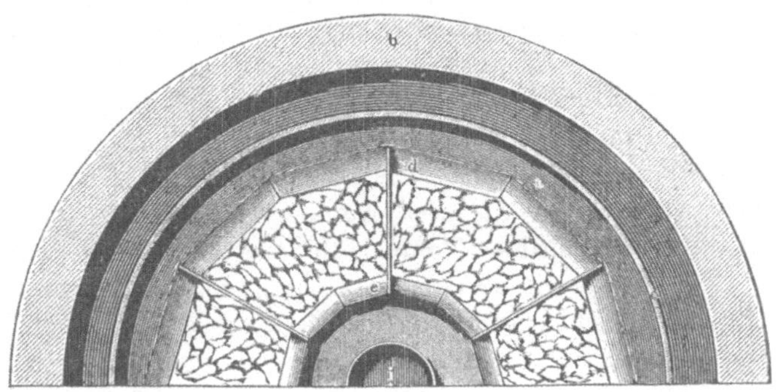

Fig. 15b.

nun durch die Jalousien e nach i und von dort weiter nach den Kondensationsapparaten für die überschüssige Salzsäure.

Ueber die der Zersetzung günstigste Temperatur sind die Angaben sehr verschieden und schwanken zwischen 370 und 470° C.; erstere Temperatur ist entschieden zu niedrig und geht dabei die Zersetzung nur sehr unvollständig vor sich. Nach Deacon soll bei 425° C. schon eine Verflüchtigung von Kupferchlorid stattfinden, was aber nicht den Erfahrungen der Praxis entspricht, wonach eine solche Verflüchtigung erst bei viel höherer Temperatur erfolgt. Am vortheilhaftesten wird die Temperatur zwischen 450 und 460° C. gehalten, doch steigt der Zersetzungsgrad der Salzsäure schon von 400° C. an ziemlich rasch. Die Regulirung der Temperatur gelingt bei der vorbeschriebenen neueren Konstruktion des Zersetzers sehr leicht durch die vom Ueberhitzer kommenden Feuergase. Bei den älteren, in verschiedenen Fabriken noch im Gebrauch befindlichen Zersetzern, welche aus einem einzigen Behälter ohne Zwischenwände bestehen, ist diese Regulirung schwieriger.

3*

In Fabriken, welche mit solchen Apparaten arbeiten, wird, falls die Temperatur des Zersetzers unter 360° C. fällt, das Durchleiten des Salzsäure-Luft-Gemisches unterbrochen und nur Luft durch den Apparat geleitet. Dabei sinkt die Temperatur im Zersetzer nach dem ersten Tage um weitere 60—80° C., steigt aber am folgenden Tage um denselben Betrag, worauf wieder Salzsäure durchgeleitet wird. Hierbei steigt die Temperatur dann wieder über 400° C. Die Messung der Temperatur geschah früher durch ein von Deacon angegebenes Metallpyrometer, welches sich aber nicht bewährte. Man ging deshalb zu einer kalorimetrischen Methode über, welche darin besteht, dass in die Kontaktsubstanz von der Decke des Apparates aus ein 3 cm weites, unten geschlossenes eisernes Rohr eingelassen wird, in welches man ein mit einer Oese versehenes Eisenstück von bekanntem Gewichte versenkt. Nachdem das letztere die Temperatur der Umgebung angenommen hat, wird es mittels eines eisernen Hakens, der in die Oese fasst, herausgezogen und in eine bestimmte Menge Wasser von bekannter Temperatur versenkt. Aus der Temperaturzunahme des Wassers lässt sich die ursprüngliche Temperatur des Eisenstückes und somit diejenige des Zersetzers berechnen. Gegenwärtig dürfte das Pyrometer von Le Chatelier wohl das empfehlenswertheste sein. Es ist sehr darauf zu achten, dass der Zersetzer aus möglichst wenig Theilen besteht, da, wenn auch bei etwaigen Undichtheiten der Verbindungsstellen wegen des Durchsaugens der Gase mittels Exhaustors kein nennenswerther Gasverlust stattfinden kann, durch Einsaugen der Feuergase nach innen eine Verdünnung und Verunreinigung des Gasgemisches, insbesondere mit Kohlensäure, stattfindet. Als Kontaktmasse wurden früher und werden zum Theil auch jetzt noch poröse Thonkugeln (Pillen) verwendet, welche mit Kupferchlorid oder -sulfat getränkt sind, doch benutzt man jetzt auch vielfach unregelmässige Ziegel- oder Thonstücke, die mit vorgenannten Kupferverbindungen imprägnirt sind.

Es stellte sich sehr bald heraus, dass die Kontaktsubstanz, welche nach den ersten Angaben von Deacon eine unbegrenzte Haltbarkeit besitzen sollte, verhältnissmässig rasch unwirksam wird. Allerdings giebt es Fälle, in welchen Deacon-Apparate ein Jahr und länger im Betriebe sind, ohne dass sich eine Auswechslung der Kontaktsubstanz als nothwendig erweist — in der weitaus grösseren Mehrzahl der Fälle jedoch ist eine solche schon nach zwei bis vier Monaten nöthig — mitunter sogar noch früher.

Die Ursachen dieser raschen Abnahme der Wirksamkeit der Kontaktsubstanz können mannigfache sein. Mitunter tritt eine Abscheidung von Eisenchlorid ein, welches sich durch Einwirkung der Salzsäure auf die eisernen Röhren des Ueberhitzers bei Gegenwart von Luft bildet. Dasselbe setzt sich zwischen den Thonkugeln, namentlich in der Nähe des Gaseintrittes, ab und verhindert einerseits die freie Gascirkulation, anderseits wird auch die Kontaktsubstanz davon umhüllt und unwirksam gemacht. Bei zu hoher Temperatur im Zersetzer kann auch eine Verflüchtigung von Kupferchlorid eintreten.

Eine Hauptursache für das Unwirksamwerden der Kontaktsubstanz ist jedoch, wie schon früher erwähnt, nach den Untersuchungen Hasenclevers der Gehalt des Gasgemisches an Schwefelsäure. Dadurch können ganz plötzlich Stockungen im Betriebe eintreten, indem die Salzsäure nahezu unzersetzt durch den Apparat durchgeht.

Die Unwirksamkeit der Kontaktsubstanz kann dadurch erklärt werden, dass die wirksame Kupfersulfatschicht mit durch Einwirkung der Schwefelsäure auf die Thonsubstanz entstehenden Sulfaten überzogen wird, sowie dadurch, dass die Schwefelsäure in Berührung mit den glühenden Sulfaten in schweflige Säure und Sauerstoff zerlegt wird, welch erstere wieder auf das bereits gebildete Chlor unter Rückbildung von Salzsäure einwirkt.

Nach Lunge sollen die gebrauchten Thonstücke durch Neuimprägnirung nicht wieder nutzbar gemacht werden können, doch findet thatsächlich in einzelnen Fabriken eine Reinigung und Wiederverwendung der gebrauchten Kontaktsubstanz statt.

Die Auswechslung der Kontaktsubstanz kann bei dem auf S. 34 und 35 abgebildeten Zersetzer ohne Unterbrechung des Betriebes dadurch vorgenommen werden, dass man die einzelnen Abtheilungen nach einander von unten entleert und oben wieder füllt. Bei den älteren, aus einer einzigen Kammer bestehenden Zersetzern ist die Auswechslung mit viel grösseren Umständen verbunden, da ein solcher Apparat ausser Betrieb gesetzt werden muss, und erst nach erfolgter Abkühlung das Mauerwerk und der eiserne Behälter geöffnet werden können. Da diese Operationen gewöhnlich mehrere Wochen in Anspruch nehmen, sind in den Fabriken, welche mit solchen Apparaten arbeiten, meist zwei Zersetzer vorhanden, welche abwechselnd eingeschaltet werden.

Trotzdem kommt es oft nach einer vielmonatlichen tadellosen Betriebsperiode vor, dass plötzlich, nach Erneuerung der Kontaktsubstanz oder Einschaltung eines neuen Apparats, wochenlang ein normaler Betrieb nicht zu erreichen ist.

Dies ist auch eine der Ursachen, weshalb der Deacon-Process, trotz seiner bei regelmässigem Gange geringeren Betriebskosten,

hinsichtlich seiner Verbreitung in der Industrie hinter dem theureren
Weldon-Processe bedeutend zurückblieb.

Ueber den Einfluss der Zusammensetzung des Gasgemisches
und der Temperatur liegen ausser den in der ersten Zeit nach
Bekanntwerden des Deacon-Processes veröffentlichten experimentellen
Studien Deacon's und Hurter's eingehende Untersuchungen von
Lunge und Marmier (Ztschr. f. ang. Chem. 1897, S. 105) vor.

Im Nachstehenden sind die Resultate dieser Arbeiten, welche
im Wesentlichen unter einander und mit den Ergebnissen der
Praxis übereinstimmen, angeführt.

a. Einfluss der Zusammensetzung des Gasgemisches.

Sowohl die Versuche Deacon's und Hurter's, als auch diejenigen
von Lunge und Marmier ergaben, dass ein Gemisch von Salzsäuregas und Luft, welches der Theorie nach glatt in Chlor, Wasserdampf und Stickstoff zersetzt werden müsste, nur zum Theil nach
der Reaktion $2HCl + O = H_2O + Cl_2$ sich umsetzt.

Während aber Deacon und Hurter bei einem Gehalt des Gasgemisches an Chlorwasserstoff von $42\,^0/_0$ nur eine Zersetzung von
26,2 Procenten des letzteren bei einer Versuchstemperatur von 443^0 C.
erzielten, werden nach Lunge und Marmier bei 430^0 C. und $42\,^0/_0$
Chlorwasserstoff, also unter nahezu denselben Bedingungen, $48\,^0/_0$
des Chlorwasserstoffs umgesetzt. Letztere Resultate stimmen auch
mit den von Jurisch (Dingl. Polyt. Journ. 1876, 221, 362) angegebenen überein. Derselbe erhielt nämlich bei einem Gemisch,
enthaltend $50\,^0/_0$ HCl 40 bis $52\,^0/_0$ von letzterer zersetzt.

Bei Abnahme des Salzsäuregehalts im Gasgemisch steigt der
Zersetzungsgrad, und zwar geben Deacon und Hurter als oberste
Grenze ein $15,7\,^0/_0$ HCl enthaltendes Gemisch, in welchem $83,8\,^0/_0$
HCl zersetzt werden, an. Lunge und Marmier erhielten bei $6,6\,^0/_0$
HCl $79\,^0/_0$ der theoretischen Ausbeute.

Da es sich für die Praxis vor allem darum handelt, einerseits
keine zu verdünnte Salzsäure anzuwenden und anderseits einen
möglichst hohen Zersetzungsgrad zu erzielen, trachteten sowohl
Deacon und Hurter als auch Lunge und Marmier die hierfür
günstigsten Verhältnisse zu finden. Erstere stellten fest, dass bei
einem Gehalt des Gasgemisches an HCl von 19 bis $22\,^0/_0$ die Zersetzung 69 bis $60,5\,^0/_0$ beträgt; bei höherer Koncentration fällt der
Zersetzungsgrad rapid (bei $30\,^0/_0$ HCl $40,3\,^0/_0$ Zersetzung). Lunge
und Marmier machten die Versuche sowohl mit bei 50 und bei 35^0
mit Feuchtigkeit gesättigten, als mit trockenen Gasgemischen.
Erstere zeigten bei 15 bis $40\,^0/_0$ HCl-Gehalt eine Zersetzung von

60 bis 25 $^0/_0$, letztere bei einem HCl-Gehalte von 15 bis 50 $^0/_0$ eine Zersetzung von 75 bis 40 $^0/_0$.

Es zeigt sich also, dass die Resultate Lunges und Marmiers günstiger sind als die von Deacon und Hurter.

Erstere konstatirten weiter, dass bei feuchten Gasgemischen der Zersetzungsgrad ein bedeutend geringerer ist als bei trockenen und dass dieser Unterschied bei 20 $^0/_0$ und mehr HCl-Gehalt 20 bis 30 $^0/_0$ beträgt, immer die Versuchstemperatur von 430 ^{0} vorausgesetzt. Bei einer Steigerung der Temperatur auf 440 ^{0} und darüber bis 530 ^{0} vermindert sich dieser Unterschied jedoch. Ueber letzterer Temperatur ist aber die Wirkung der Kontaktsubstanz bereits eine unregelmässige.

b. Einfluss der Temperatur.

Nach Deacon und Hurter findet bei Temperaturen unter 400 ^{0} kaum eine Zersetzung statt, und bei 500 ^{0} wird das Maximum derselben erreicht, doch hindert die Flüchtigkeit des Kupfersalzes die Anwendung so hoher Temperaturen.

Aehnliche Resultate erzielten Lunge und Marmier, welche von 430 bis 490 ^{0} ein kontinuirliches, sich allmählich verlangsamendes Ansteigen des Zersetzungsgrades beobachteten. Während sich unter 450 ^{0} trockene und feuchte Gasgemische, wie bereits erwähnt, verschieden verhalten, hören diese Unterschiede über 450 ^{0} nahezu ganz auf. Bei 490 bis 530 ^{0} tritt ein langsames Abfallen des Zersetzungsgrades ein.

c. Einfluss der Geschwindigkeit des Gasstromes.

Hierüber stellten Lunge und Marmier keine Versuche an. Nach Deacon und Hurter ist die Zersetzung des Salzsäuregases eine desto unvollständigere, mit je grösserer Geschwindigkeit das Gasgemisch den Zersetzer passirt. Dies deckt sich auch mit den Erfahrungen der Praxis.

Als ebenfalls mit den Betriebserfahrungen übereinstimmende Schlussfolgerungen der früheren Betrachtungen wären die nachstehenden Ergebnisse anzuführen:

Der Gehalt des Gasgemisches an Salzsäure soll 15 bis 25 $^0/_0$ betragen, die Temperatur am besten zwischen 450 bis 460 ^{0} gehalten werden, möglichst aber nicht unter 430 ^{0} sinken, da sich dann der Feuchtigkeitsgehalt der Gase sehr schädlich geltend macht. Letztere Bedingung ist bei Apparaten älterer Konstruktion, bei welchen der Zersetzer aus einer einzigen, mit Kontaktsubstanz gefüllten Kammer besteht, nur schwer einzuhalten, da bei denselben, wie schon erwähnt, Temperaturerniedrigungen selbst unter 400° öfter vorkommen.

Das aus dem Zersetzer austretende Gasgemisch, welches aus dem entstandenen Chlor, unzersetztem Chlorwasserstoff, Sauerstoff aus dem angewendeten Luftüberschusse, ferner Stickstoff aus der gesammten angewendeten Luftmenge und, bei der Zersetzung gebildetem Wasserdampf besteht, muss nun von den für seine weitere Verwendung nachtheiligen Beimengungen befreit werden.

Es sind dies in erster Linie das überschüssige Salzsäuregas und der Wasserdampf, während der beigemengte Sauerstoff und Stickstoff nur verdünnend wirken, im übrigen aber sich bei einer etwaigen Verwendung des Chlors zur Chlorkalkfabrikation indifferent verhalten.

Da durch blosse Abkühlung des Gasgemisches eine vollständige Kondensation des Chlorwasserstoffs und des Wasserdampfs als wässerige Salzsäure nicht zu erreichen ist, muss nach dem Zersetzer ein System von Kondensationsapparaten eingeschaltet werden, wie solche bei der Salzsäuregewinnung in Verwendung stehen. Es ist dies eine Kombination von trockenen Koksthürmen, Steintrögen oder Tourills und nassen Koksthürmen oder besser Lunge'schen Plattenthürmen (siehe Lunge, Sodaind., 2. Aufl., 2. Bd., S. 271 bis 334), wobei die Anordnung so zu treffen ist, dass eine möglichst vollständige Durchführung des Gegenstromprincips zwischen Wasser und Gas stattfindet.

Unter diesen Umständen wird auch dem von vielen, namentlich englischen Fabriken empfundenen Uebelstande abgeholfen, dass die aus den Deacon-Gasen kondensirte Salzsäure sehr schwach und daher nur einer beschränkten technischen Anwendung fähig ist. Bei den Kondensationseinrichtungen neuerer Fabriken wird ein grosser Theil des Chlorwasserstoffs als starke Salzsäure (ca. 18° Bé) gewonnen.

Zur Trocknung des von Salzsäure befreiten Gasgemisches verwendet man einen mit koncentrirter Schwefelsäure berieselten Koksthurm, welcher, falls das Chlor zur Herstellung von chlorsaurem Kali oder von flüssigem Chlorkalk Verwendung finden soll, natürlich überflüssig ist.

Zwecks Betriebskontrolle ist es von Wichtigkeit, an verschiedenen Stellen des Apparatesystems Zugmessungen und theilweise auch Analysen der aus dem Zersetzer austretenden Gase zu machen. In letzteren wird das freie Chlor, die Salzsäure und eventuell der Wasserdampf bestimmt.

Eine bestimmte, aus dem Zersetzer abgesaugte Gasmenge wird zunächst durch einen mit koncentrirter Schwefelsäure beschickten

Kugelapparat geleitet, woselbst das Wasser zurückgehalten wird, und geht von hier in mit titrirter Natronlauge gefüllte Absorptionsflaschen, wo Chlor als Hypochlorit und Salzsäure als Chlorid zurückgehalten werden. Ein Theil der erhaltenen Lösung wird mit einem Ueberschuss einer mit Permanganat titrirten Ferrosulfatlösung versetzt und aufgekocht, worauf der durch das Hypochlorit nicht oxydirte Antheil des Ferrosulfats mit Permanganat zurücktitrirt wird.

Ein anderer Theil der Natronlauge, durch welche das Gasgemisch geleitet wurde, wird mit SO_2 unter Aufkochen behandelt, die vom Hypochlorit nicht oxydirte schweflige Säure mit einigen Tropfen Permanganat zerstört, die Lösung neutralisirt und mit Silberlösung unter Anwendung von Kaliumchromat als Indikator titrirt. Aus dem erhaltenen Resultate, welches die Summe des im Hypochlorit und im Chlorid enthaltenen Chlors angiebt, wird der Salzsäuregehalt der Gase unter Berücksichtigung des nach vorerwähnter Methode bestimmten freien Chlors berechnet.

Obzwar man bei oberflächlicher Betrachtung annehmen sollte, dass das Deacon-Verfahren deshalb, weil es sich zur Oxydation der Salzsäure des billigsten Oxydationsmittels — der atmosphärischen Luft — bedient, alle anderen Verfahren der Chlorentwicklung aus Salzsäure hätte überflügeln müssen, ist dies thatsächlich nicht der Fall gewesen.

Der Grund liegt in den bereits erörterten Uebelständen des Verfahrens, insbesondere in der mangelhaften Ausnützung der Salzsäure, aus welcher günstigstenfalls durchschnittlich 40 % Chlorwasserstoff als Chlor nutzbar gemacht werden können, während der Rest wieder als Salzsäure gewonnen wird.

Andere Methoden, welche die Darstellung von Chlor aus Salzsäure mittels atmosphärischen Sauerstoffs zum Gegenstande haben, kamen über das Versuchsstadium nicht hinaus. Dieselben wurden in eingehender Weise von Lamy (Bull. Soc. Chim. 1873, 20, S. 2; Wagner, Jahresber. 1873, S. 269) studirt. Letzerer zog die Einwirkung eines Gemisches von Salzsäure und Luft auf Bimsstein, Porcellan, reine Kieselsäure, ferner auf eine Reihe von Metalloxyden in den Kreis seiner Untersuchungen. Es zeigte sich, dass mittels der erstgenannten Verbindungen auch bei heller Rothgluth nur ein sehr geringer Procentsatz an Salzsäure in Chlor verwandelt wird. Anders verhält es sich mit der Einwirkung von Salzsäure und Luft oder von Salzsäure allein auf Metalloxyde und deren Verbindungen.

Kupfersalze geben auch nach Lamy die grösste Ausbeute bei der verhältnissmässig niedrigen Temperatur von ca. 450°, während Eisen-, Chrom- und Manganoxyd bei dieser Temperatur nur eine geringe Ausbeute an Chlor geben; erst bei schwacher Rothgluth werden 50 bis 75°/₀ Chlor damit erhalten, doch sind dann die als Zwischenverbindung sich bildenden Chloride in nicht unbeträchtlichem Maasse flüchtig.

Keines dieser Oxyde fand eine nennenswerthe Anwendung in der Chlorindustrie, und auch Monds Verfahren (E. P. No. 8308, 1886), welches auf der Anwendung von Nickeloxyd als Kontaktsubstanz beruht (die anderen im Patente angeführten Oxyde scheinen nie ernstlich in Betracht gekommen zu sein), erfüllte die vom Erfinder gehegten Erwartungen nicht. Das Verfahren besteht darin, dass Bimssteinstücke mit Nickelchlorür imprägnirt werden und man dann erhitzte Luft darüber leitet. Dadurch wird freies Chlor und Nickeloxyd gebildet. Wenn über letzteres Chlorwasserstoffgas geleitet wird, findet wieder eine Regenerirung des Nickelchlorürs statt, welches dann neuerlich zur Chlordarstellung dient. Die Operation wird in mit säurefestem Material ausgefütterten Gusseisenretorten durchgeführt. Nach Mond's Angaben soll eine vollständige Umwandlung der Salzsäure in Chlor stattfinden, was, wenn es wirklich der Fall wäre, dem Verfahren sicher einen hervorragenden Platz in der Chlordarstellung gewonnen hätte. Auch die Untersuchungen, welche Lunge und Marmier (Ztschr. f. ang. Chem. 1897, S. 137) über das Verfahren anstellten, bestätigen Mond's Angaben nicht.

Das Verfahren wurde übrigens von Mond nur als Zweigverfahren des später zu besprechenden Verfahrens zur Darstellung von Chlor aus dem Chlorammonium der Ammoniak-Sodafabrikation gedacht.

Darstellung von Chlor durch Oxydation von Salzsäure mittels Salpetersäure oder Nitraten.

Schon frühzeitig wurden Versuche darüber angestellt, Chlor aus Chloriden durch Oxydation mittels Salpetersäure darzustellen, aber erst Dunlop hatte mit diesem Gedanken praktischen Erfolg, indem er 1847 ein Verfahren beschrieb, nach welchem Natronsalpeter mit Kochsalz und Schwefelsäure in eisernen Cylindern erhitzt, und das erhaltene Gasgemisch erst durch Schwefelsäure zwecks Absorption der Stickstoffsäuren geleitet und dann mit Wasser gewaschen wird, um die Salzsäure zu absorbiren.

Trotzdem dieses Verfahren jahrelang in einer englischen Fabrik in Anwendung stand, hatte dasselbe doch im Vergleiche zum Braunsteinverfahren beträchtliche Nachtheile aufzuweisen, deren hauptsächlichster darin bestand, dass eine eigentliche Regenerirung der Salpetersäure aus den niederen Stickstoffoxyden nicht stattfand, sondern die erhaltene Nitrose nur in der Schwefelsäurefabrikation Verwendung finden konnte.. Erst in neuerer Zeit, insbesondere seit die Theerfarben- und die Sprengstoffindustrie einen so gewaltigen Aufschwung nahmen und die Salpetersäure in einer Reihe von Processen als Oxydations- und Nitrirungsmittel benutzt wird, wurden die Bedingungen einer möglichst vollständigen Regeneration der Salpetersäure für den Grossbetrieb ermittelt.

Diese Regenerationsprocesse wurden so vervollkommnet, dass die Salpetersäureverluste nur äusserst geringe sind und die Säure in der That fast nur als Sauerstoffüberträger fungirt. Lunge und Pellet veröffentlichten eine ausführliche Arbeit über die neueren Salpetersäure-Chlorverfahren und die dabei stattfindenden chemischen Vorgänge (Ztschr. f. ang. Chem. 1895, 3), worauf hiermit verwiesen wird, da hier nur ganz kurz die Hauptvorgänge bei der Einwirkung von Salpetersäure auf Salzsäure erörtert werden können. Bei Einwirkung von 3 Molekülen HCl auf 1 Molekül HNO_3 findet, wie schon Goldschmidt (Ber. d. kais. Akad. d. Wissenschaften 1879, 242) nachwies, unter Bildung von Nitrosylchlorid (NOCl) folgende Umsetzung statt:

$$3\,HCl + HNO_3 = H_2O + NOCl + Cl_2.$$

Eine Vermehrung der Salpetersäure vermindert die Menge des als Nitrosylchlorid übergehenden Chlors und erhöht diejenige des freien Chlors.

Wenn die beiden Säuren in koncentrirtem Zustande angewendet werden, so färbt sich ein im Molekularverhältniss $3\,HCl + 1\,HNO_3$ angestelltes Gemisch schon bei 14^0 gelb, und bei 35^0 fängt deutliche Gasentwicklung an; beim weiteren Erhitzen steigt die Temperatur bis $108,9^0$ und bleibt dann konstant. Nimmt man verdünntere Säuren, so beginnt die Gasentwicklung erst bei höheren Temperaturen; der Endpunkt ist aber immer $108,9^0$, wobei die (inzwischen durch Wasserbildung verdünnten) Säuren unverändert überdestilliren. Anfangs entweicht, hauptsächlich wegen seiner geringeren Löslichkeit, freies Chlor, dann kommt immer mehr Nitrosylchlorid, stets mit ein wenig unverändertem Chlorwasserstoff; bei 90 bis 100^0 ist die Gasentwicklung beendigt, die Lösung ist nun farblos, und von jetzt an destilliren wässerige Salzsäure und

Salpetersäure, bis der konstante Siedepunkt von 108,9° C. erreicht ist. Das Nitrosylchlorid zersetzt sich in Berührung mit Wasser oder Schwefelsäure nach folgender Gleichung:

$$NOCl + H_2O = NOOH + HCl.$$

Die angeführten Reaktionen geben nur einen ganz allgemeinen Hinweis über den Verlauf dieser Processe, die im Detail unter verschiedenen Bedingungen sehr verschieden verlaufen.

Von der grossen Reihe der auf diesen Reaktionen beruhenden Verfahren dürfte heute keines mehr in Anwendung stehen, obzwar einige davon sehr scharfsinnig ausgedacht sind und ohne die nunmehr die Chlorindustrie beherrschenden elektrolytischen Verfahren sicher eine Zukunft gehabt hätten.

Es sollen daher hier nur einige der wichtigsten Salpetersäure-Chlorverfahren besprochen werden.

Verfahren von Wallis.

Das in den D. R.-P. No. 71 095, 84 238 und 90 736 beschriebene Verfahren beruht auf der Einwirkung von Salpetersäure und Schwefelsäure auf wässerige Salzsäure. In das Zersetzungsgefäss wird Schwefelsäure kontinuirlich herabträufeln gelassen und gleichzeitig Salzsäure und Salpetersäure von oben mittels automatisch wirkender Schöpfgefässe zugeführt, wodurch ein für die Reaktion günstiges Durchmischen der Flüssigkeiten erzielt wird. Dieses Rühren kann noch durch mechanische Mittel oder durch Lufteinblasen unterstützt werden, um das Entweichen der Gase zu begünstigen. Die am einen Ende des Zersetzers anlangende Schwefelsäure wird stark erhitzt und dabei in stetigem Strom derart dem Auslauf am einen Ende der Kammer zugeführt, dass die Zurückmischung weiter vorgelaufener Theile mit den nachströmenden nicht möglich ist.

Durch die Erhitzung werden einmal alle etwa noch vorhandenen Theile der Salzsäure oder Salpetersäure zur Zersetzung gebracht und die nitrosen Verbindungen ausgetrieben und zweitens Wasserdampf entwickelt. Der letztere steigt nach aufwärts und befördert dabei an der Mischungsstelle der drei Säuren die Reaktion, und die nicht in Reaktion tretenden Theile befördern den Abzug der gebildeten Gase. Es ist zweckmässig, die Erhitzung bis zum Kochen zu treiben, da die dann gleichzeitig eintretende lebhafte Bewegung und Durchmischung der Flüssigkeit die Reaktion der Säuren aufeinander am Gefässboden und die Entfernung der nitrosen Verbindungen begünstigt.

Die ablaufende Säure zieht durch mehrere Abtheilungen am Zersetzerboden, welche geheizt, vortheilhaft einzeln regulirbar und durch enge Verbindungswege miteinander verbunden sind. Die abfliessende Säure wird in einer Koncentrationspfanne auf ihre ursprüngliche Stärke zurückgebracht und dem Vorrathsbehälter in ständigem Strom unter Zuhilfenahme eines Schöpfwerkes heiss zugeführt.

Die aus dem Zersetzer entweichenden Gase reissen beträchtliche Mengen der auf einander einwirkenden Säuren mechanisch mit und werden nun durch ein Kühlsystem geleitet, von wo die Kondensationsprodukte gleich wieder in das Zersetzungsgefäss zurückfliessen. Die Gase gelangen nun in einen Schwefelsäure-

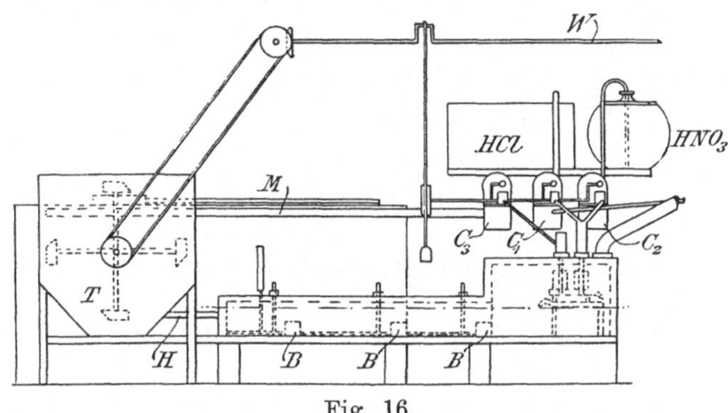

Fig. 16.

thurm, wo das Nitrosylchlorid unter Salzsäurebildung zersetzt und die salpetrige Säure zurückgehalten wird. Am besten wendet man aber einen solchen Ueberschuss von Salpetersäure an, dass alle Salzsäure in Chlor übergeht. Das aus dem Schwefelsäurethurm entweichende Gas wird nun behufs Reinigung des Chlors von beigemengter Salzsäure erst in einem mit salzsäurehaltigem Wasser und dann in einem mit reinem Wasser beschickten Thurm gewaschen.

Der Apparat ist in Fig. 16 in Ansicht und in Fig. 18 in Draufsicht dargestellt. Fig. 17 ist eine Draufsicht des Zersetzerbodens.

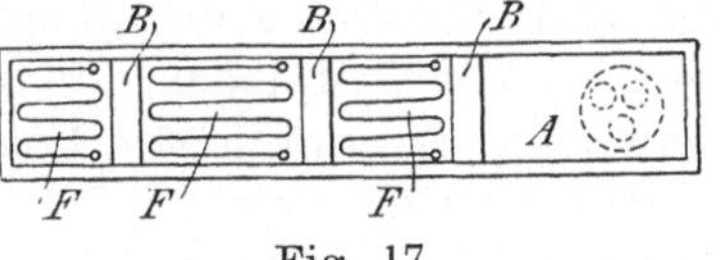

Fig. 17.

Von den automatischen Schöpfwerken C_1 C_2 C_3 wird C_1 aus dem Vorrathsbehälter HCl mit Salzsäure, C_2 aus dem Vorrathsbehälter HNO_3 mit Salpetersäure und C_3 aus der Koncentrationspfanne J

mit Schwefelsäure durch das Rohr M gespeist, und diese Säuren werden in den vorbestimmten Verhältnissen durch Betrieb der Schöpfwerke von der Welle W aus beständig automatisch dem Zersetzer A zugeführt. Dieser kann aus einem Thurm bestehen, wie in dem Patent No. 71095 angegeben, oder aus einem Gefäss aus säurebeständigem Material, mit Bleimantel umgeben, wie in der Zeichnung angegeben.

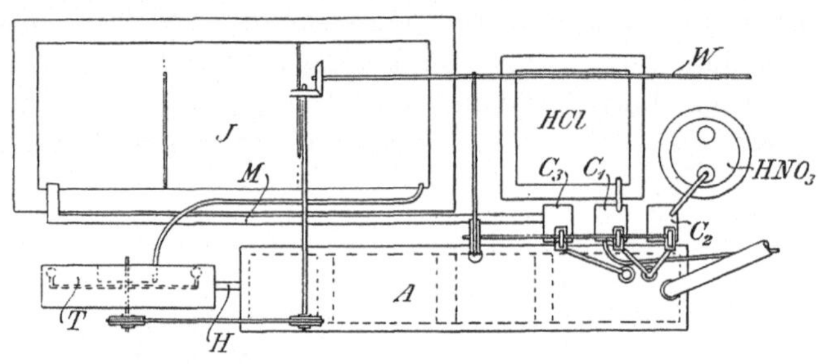

Fig. 18.

In dem Zersetzer fliessen die Säuren zwecks inniger Mischung über ein System über einander angeordneter Teller, von welchen der Ueberlauf des einen Tellers in den nächst tieferen Teller fällt, und gelangen auf den Boden, nachdem der Haupttheil der Reaktion vollendet ist. Die auf dem Boden sich sammelnde Schwefelsäure fliesst über Schwellen B nach dem hinteren Ende des Zersetzers ab, unter fortwährender Erhitzung durch Heizschlangen F, welche sowohl Wasser wie Salzsäure und nitrose Dämpfe aus ihr austreiben.

Die Schwellen B sind vorhanden, um bei den lebhaften Reaktionen im Zersetzer eine Vermischung der mehr gereinigten Schwefelsäuremassen am hinteren Ende (dem linken in der Zeichnung) des Gefässes mit den ungereinigten zu verhindern. Anstatt der Schwellen können auch Zwischenwände mit je einer Oeffnung an dem einen Ende derselben angeordnet werden, so dass die Säure in einer Zickzacklinie die Abtheilungen durchfliessen muss.

Die Schwefelsäure gelangt durch das Rohr H in das Sammelgefäss T, aus welchem sie in die Koncentrationspfanne J geleitet und von hier durch das Rohr M dem Behälter des Schöpfwerkes C_3 zugeführt wird, um wieder in den Process einzutreten. Eventuell kann auch das Gefäss T schon zur Koncentration dienen.

Das Verfahren von Wallis soll von der Firma The Wallis Chlorine Syndicate Ltd. ausgeübt worden sein, ebenso wie das gleichfalls auf der Einwirkung von flüssiger Salzsäure und Salpeter-

säure bei Gegenwart von Schwefelsäure beruhende Verfahren von
Sadler und Wilson (E. P. No. 15866 — 1894), das auch sonst mit
dem vorbesprochenen Verfahren viele Aehnlichkeiten besitzt.

Eine Reihe von Verfahren beruht darauf, dass gasförmige,
direkt aus Sulfatöfen stammende Salzsäure mit Salpetersäure bezw.
Salpetersäure und Schwefelsäure behandelt wird. Hierher gehören
die Verfahren von Davis (E. P. No. 6416,
6698 und 6831 — 1890), Taylor (E. P.
No. 13025 — 1884), das von Alsberge
(D.R.-P. No. 86079) verbessert wurde u. a.

Verfahren von Alsberge.

Die Salzsäuredämpfe werden me-
thodisch mit Salpetersäure von allmählich steigender Koncentration, und die
nitrosen Chlorverbindungen mit immer
weniger nitrose Verbindungen enthal-
tender Schwefelsäure in Berührung gebracht, wobei folgende Processe vor
sich gehen:

$$HNO_3 + 3\,HCl = NOCl + 2\,H_2O + Cl_2$$
$$NOCl + Cl_2 + H_2SO_4 = NO_2HSO_3 + HCl$$
$$+ Cl_2.$$

Die Ausführung der ersten Reaktion
geschieht in einem Thurm I (Fig. 19[1]),
welcher mit durch Flüssigkeit verschliessbaren Scheidewänden A, A', A'',
versehen ist. In dem Thurm wird die
oben bei E zugeführte reine Salpetersäure mit dem unten bei G einströmen-
den gasförmigen Chlorwassersoff in Berührung gebracht und zwar so, dass die
an HCl reichsten Gase mit der schwäch-

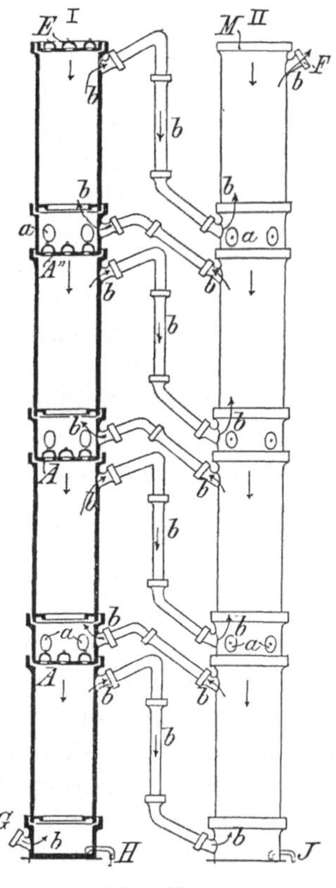

Fig. 19.

sten Salpetersäure und die an HCl ärmsten mit der stärksten Salpetersäure zusammentreffen.

Die Ausführung der 2. Reaktion geschieht in einem — in
gleicher Weise wie der vorbeschriebene — eingerichteten Thurme II,
durch welchen koncentrirte Schwefelsäure (Einlauf bei M) fliesst.
Die beiden Thürme sind durch Röhren so verbunden, dass die

---

[1] Nach Ztschr. f. ang. Chem. 1896, S. 270, Fig. 101.

Gase den durch die Pfeile *b* angedeuteten Lauf nehmen, wobei sie abwechselnd im Thurm I der Einwirkung der Salpetersäure und im Thurm II der Einwirkung der Schwefelsäure ausgesetzt werden.

Nach den vorhin angeführten Reaktionen werden $^2/_3$ der am unteren Theile des Thurmes I eintretenden Chlorwasserstoffsäure dort oxydirt und geben im unteren Raum des Thurmes II Chlor ab. Das übrig bleibende Drittel an HCl geht zwecks neuerlicher Oxydation unmittelbar über der Scheidewand *A* wieder nach I. Hierauf gehen die erhaltenen Gase wieder nach II, wo sie mit der schon weniger nitrose Verbindungen enthaltenden Schwefelsäure in Berührung gebracht werden.

Nach Zersetzung des Nitrosylchlorids bestehen die austretenden Gase grösstentheils aus Chlor, und, da anderseits die Salpetersäure, ehe sie in Reaktion kommt, eine bedeutende Menge Chlorwasserstoffsäure auflöst, so dient der Thurm I von diesem Zeitpunkte an nur zur Auflösung des dem Chlor beigemengten Chlorwasserstoffs, und Thurm II bewirkt die Trocknung des Chlors, welches dann bei *F* aus dem Apparate austritt. Es würden also auch je zwei Scheidewände in den Thürmen für die Durchführung des Processes genügen.

Ueber jeder Scheidewand sind in den Wandungen der Thürme Oeffnungen *a* angebracht und durch eingekittete Pfropfen verschlossen, wodurch die Kontrolle und Reinigung der einzelnen Apparatbestandtheile ohne Zerlegung des Apparats ermöglicht wird.

Aus Thurm I fliesst bei *H* eine mit HCl gesättigte und salpetersäurefreie Flüssigkeit.

Aus II fliesst bei *J* nitrose Schwefelsäure, welche denitrirt werden muss. Vorher wird jedoch die in der Schwefelsäure enthaltene geringe Menge Chlorwasserstoff ausgetrieben, was durch Zusatz einer entsprechenden Menge Salpetersäure geschieht.

Hierbei wird die Salzsäure sofort zu Chlor oxydirt, welches — in koncentrirter Schwefelsäure unlöslich — entweicht. Die Denitrirung der Salpetersäure geschieht in einem gewöhnlichen Denitrifaktor. Die durch die Denitrirung verdünnte Schwefelsäure wird wieder koncentrirt.

Von anderen, ebenfalls mit gasförmiger Salzsäure arbeitenden Verfahren seien noch diejenigen von Donald (D. R.-P. No. 45 104), Vogt und Scott (D. R.-P. No. 73 962) und vom Verein chemischer Fabriken in Mannheim (D. R.-P. No. 78 348 und 86 976) erwähnt, über deren technische Anwendung nichts verlautet, von denen aber das letztgenannte Verfahren technisch sehr gut durchgearbeitet ist.

Die für die vorbeschriebenen Verfahren so wichtige Frage der Regenerirung der Salpetersäure aus Nitrose studirten **Lunge** und **Pellet** (Ztschr. f. ang. Ch. 1895, S. 3) und kamen zu dem Resultate, dass durch Luft allein die Oxydation der nitrosen Gase nur mangelhaft stattfindet (nur $30-50^0/_0$ davon), dass dagegen bei Anwendung von Luft und Wasser die Menge der regenerirten Säure $94-96^0/_0$ beträgt, was auch mit den Resultaten jener Fabriksanlagen, welche über gute Regenerationseinrichtungen verfügen, übereinstimmt.

Verfahren zur direkten Gewinnung von Chlor aus Chloriden.

Hierher gehören zunächst die meisten der zahlreichen Vorschläge, welche sich mit der Verwerthung des in vielen Betrieben — in erster Linie beim Ammoniaksodaprocess — in kolossalen Mengen als Abfallsprodukt auftretenden Chlorcalciums befassen.

Solvay beschäftigte sich sehr eingehend mit diesem Problem, dessen Lösung für seinen Ammoniaksodaprocess von hervorragendster Bedeutung sein musste, und legte die Resultate seiner Arbeiten in einer Reihe von Patenten nieder. Alle seine Vorschläge beruhen auf dem Princip, das Chlorcalcium mit indifferenten Körpern (Sand, Thon, Ziegelbrocken etc.) zu mischen und in Apparaten verschiedenster Konstruktion mit heisser Luft nach dem Gegenstromprincip zu behandeln. Die Resultate waren bei keiner der vorgeschlagenen Modifikationen befriedigend, und zwar wie Hurter (Journ. Soc. Chem. Ind. 1883, S. 103) nachwies, der grossen Wärmemenge wegen, welche zur Spaltung des Chlorcalciums nothwendig ist, da dasselbe eine sehr hohe Wärmetönung besitzt.

Ein anderes Chlorid, bei welchem sich diese Verhältnisse günstiger gestalten und das sich daher auch vortheilhafter zur direkten Darstellung von Chlor verwerthen lässt, ist das Chlormagnesium.

Das Chlormagnesium wird in grösster Menge als Abfallsprodukt bei der Verarbeitung der Stassfurter Salze gewonnen. Auch im Meerwasser sind beträchtliche Mengen davon enthalten. Die Versuche, Salzsäure sowie Chlor aus Chlormagnesium zu erhalten, reichen geraume Zeit zurück.

Weldon schlug zuerst vor (E. P. 1539, 1872), die Magnesia statt des Kalks in der Ammoniaksodafabrikation zur Zersetzung der Chlorammoniumlaugen zu verwenden und aus dem erhaltenen Magnesiumchlorid unter Wiedergewinnung von Magnesia Chlor zu entwickeln. Auch Solvay machte sich fast zur selben Zeit diesen Process zu nutze, welcher nachher noch von mehreren Seiten aufgegriffen wurde. Die Umsetzung zwischen Chlorammonium und Magnesia ist aber längst nicht so bequem und billig wie bei Anwendung von Kalk und ist daher trotz der zahlreichen Vorschläge, welche in dieser Richtung gemacht wurden, nirgends in grösserem Maassstabe mit Erfolg angewendet worden.

Dagegen führten die Versuche, welche behufs direkter Gewinnung von Chlor sowie von Salzsäure gemacht wurden, schliesslich auf ein Verfahren, das an verschiedenen Orten mit Erfolg industriell angewendet wurde. Es ist dies das Verfahren von Weldon und Péchiney.

Verfahren von Weldon und Péchiney.

Dasselbe wurde von Weldon und Péchiney unter Mitwirkung von Boulouvard ausgearbeitet und zuerst in Salindres fabriksmässig durchgeführt. Die einzelnen Etappen des Verfahrens sind in einer Reihe von Patenten zerstreut, und erst Dewar gab in einem in der Society of Chemical Industry gehaltenen Vortrage eine ausführliche Beschreibung der Anlage von Salindres (Journ. Soc. Chem. Ind. 1887, S. 775), welcher die nachstehenden Angaben entnommen sind.

Das Princip des Verfahrens besteht darin, dass Chlormagnesium unter Zusatz von Magnesia in Magnesiumoxychlorid verwandelt wird, welch letzteres sich beim Erhitzen und Ueberleiten eines heissen Luftstromes in Magnesia, Chlor und Salzsäure zerlegt. Dabei sollen ca. $42-45\,^0/_0$ des Chlors als freies Chlor, allerdings in verdünntem Zustande, gewonnen werden.

Bei der Durchführung des Verfahrens wird die aus einer früheren Operation stammende Magnesia in Salzsäure gelöst, die ebenfalls grösstentheils als Nebenprodukt dieses Processes erhalten wurde.

Die Neutralisation geschieht in einem dem Sumpf des alten Weldonverfahrens (S. 19) ähnlichen Gefässe und muss langsam, mit zeitweisen Unterbrechungen vor sich gehen, damit keine zu starke Erwärmung eintritt. Man wendet einen geringen Ueberschuss an Magnesia an, um die Verunreinigungen (Eisenoxyd, Thonerde etc.) auszufüllen. Das durch den Gehalt der Salzsäure an Schwefelsäure entstehende Magnesiumsulfat wird durch einen Chlorcalciumzusatz umgesetzt.

Das bei der Neutralisation erhaltene Chlormagnesium wird so weit eingedampft, dass auf 1 Mol. $MgCl_2$ noch 6 Mol. Wasser vorhanden sind, und gelangt dann in den in Fig. 20 und Fig. 21 dargestellten Apparat, wo die Umwandlung in Oxychlorid stattfindet.

Das auf Rollen a ruhende, ringförmige Eisenblechgefäss A nimmt die eingedampfte Magnesiumchloridlösung auf und wird durch das Zahnrad b und Getriebe c in langsame Umdrehung versetzt. In dem fixen Rahmen M sind die Rührer G, D, E und die

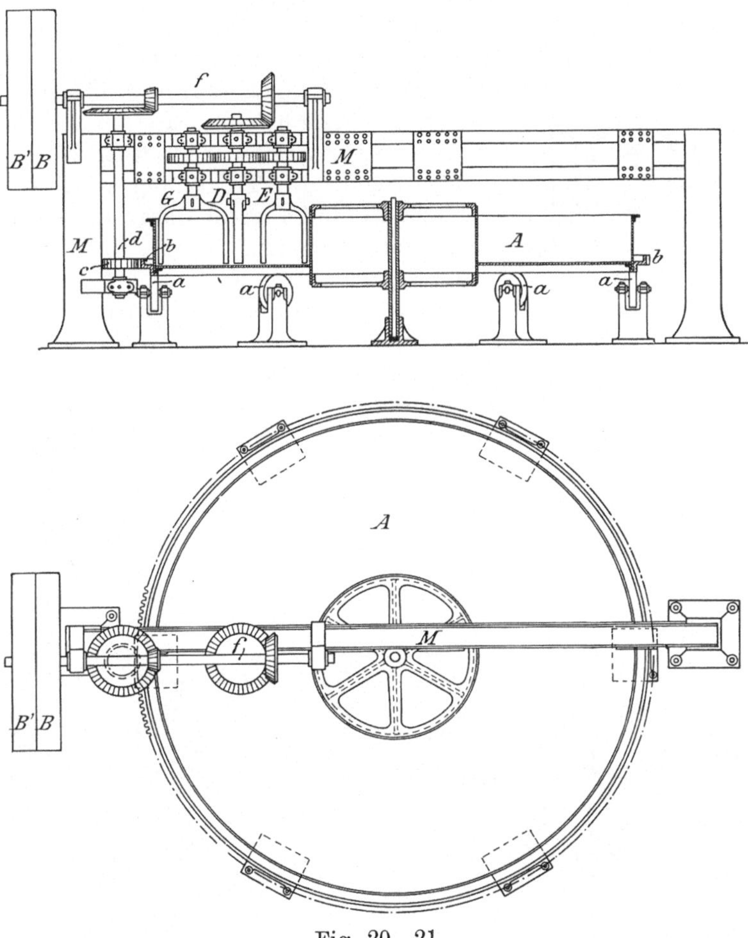

Fig. 20—21.

Wellen d und f befestigt. Letztere dienen zur Bewegung der Rührer.

Die Magnesia fällt aus einem Becherwerk durch ein Sieb in die langsam rotirende und beständig durchgerührte Chlormagnesiumlösung. In Salindres werden auf 1 Aequivalent $MgCl_2$ ungefähr $1\tfrac{1}{8}$ Aequivalente MgO verwendet. Dabei erhöht sich die Temperatur sehr stark und das Gemenge erhärtet allmählich zu festen Stücken, welche dann zwischen Stachelwalzen etwa auf Wallnussgrösse zerkleinert werden. Die Trennung von den pulverförmigen Antheilen, welche wieder der Chlormagnesiumlösung zugesetzt werden, geschieht durch Sieben. Die so erhaltenen Oxychloridstücke müssen nun, damit sie bei der Erhitzung nicht grösstentheils Salzsäure und nur wenig Chlor ergeben, getrocknet werden.

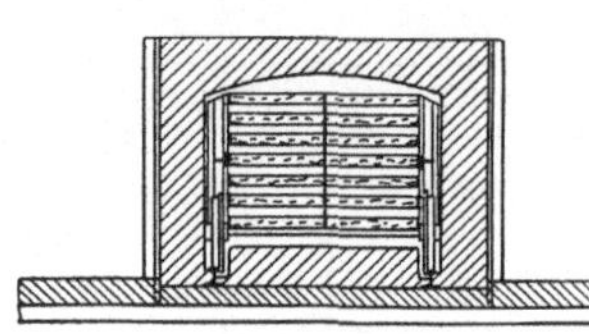

Fig. 22.

Dies geschieht durch Erhitzung der Masse in einem heissen Gasstrome bei einer Temperatur, welche nicht über $250-300^0$ steigen soll. Die Trocknung wird in dem in Fig. 22 und Fig. 23 dargestellten Apparate vorgenommen.

Es ist dies ein Kanal von ungefähr 1 qm Querschnitt, in welchen das Trockengut auf kastenförmigen Wagen mit Hürdeneinsätzen eingebracht wird. Das Oxychlorid wird auf den Hürden in 5—6 cm hohen Schichten ausgebreitet. Dies geschieht mittels eines eigenen, ziemlich komplicirten Apparates. Die heissen Gase, welche von den Zersetzungs-

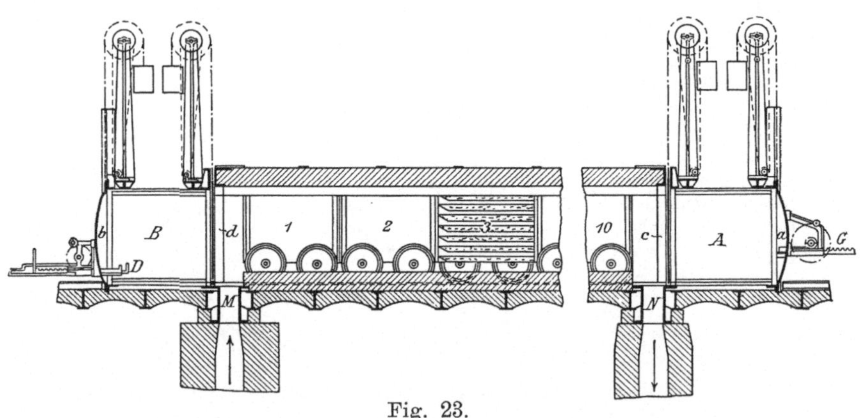

Fig. 23.

apparaten kommen, durchströmen den Trockenkanal im Gegenstrome und entziehen dem Oxychlorid etwa $60^0/_0$ seines Wassergehalts und $5-8^0/_0$ seines Chlors in Form von Salzsäure. Um die Wagen ein- und ausbringen zu können, ohne dass das Innere des Wagens mit der Aussenluft in Verbindung tritt, wodurch Zugstörungen vermieden werden, sind Vorkammern A und B an beiden Enden des Kanals angebracht, welche durch Thüren a und b nach aussen und durch

Schieber c und d nach innen abgeschlossen werden können. Bei M findet der Gaseintritt, bei N der Gasaustritt statt.

Das in der beschriebenen Weise getrocknete Magnesiumoxychlorid gelangt nun in den Zersetzungsapparat. Dieser wurde ursprünglich als von aussen geheizte Retorte gedacht, in welcher das Oxychlorid einem Strome von trockener Luft ausgesetzt werden sollte. Da es jedoch sehr schwierig gewesen wäre und zu lange gedauert hätte, den Inhalt der Retorte gleichmässig auf Rothgluthtemperatur zu bringen und zu erhalten, der Procentsatz des freien

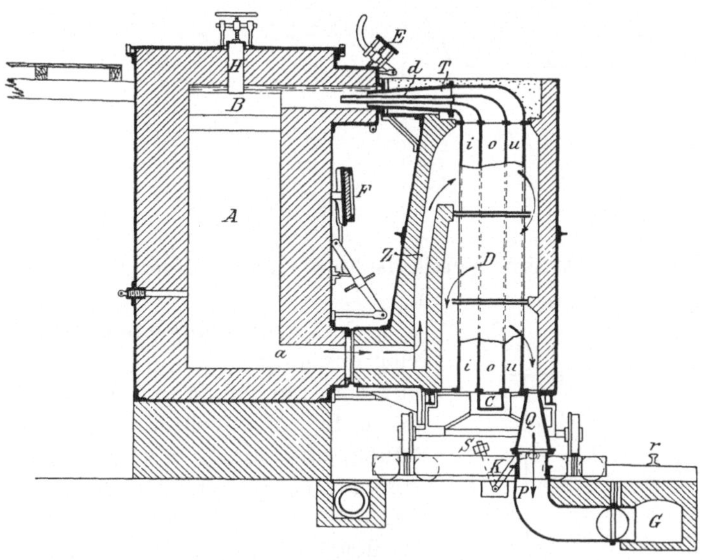

Fig. 24.

Chlors im Verhältnisse zur Salzsäure aber bei längerer Dauer des Processes sehr abnimmt, hat Boulouvard es vorgezogen, die in den Zeichnungen Fig. 24, 25 und 26 dargestellten Apparate zu verwenden.

Fig. 24 zeigt einen senkrechten Schnitt durch den Ofen selbst und einen zur Heizung desselben dienenden beweglichen Regenerativbrenner, welch letzterer abwechselnd bei den in grösserer Anzahl vorhandenen Zersetzungsöfen verwendet wird.

Fig. 25 zeigt einen Horizontalschnitt durch denselben Ofen und den beweglichen Regenerativbrenner. Der Schnitt geht durch den linken oberen und den rechten unteren Theil des in Fig. 24 im Vertikalschnitt dargestellten Ofens. Der bewegliche Regenerativofen ist in den Fig. 24 und 25 in der Stellung gezeichnet, welche er während seiner Verbindung mit dem Zersetzungsofen einnimmt, um die Arbeitskammern des letzteren zu heizen.

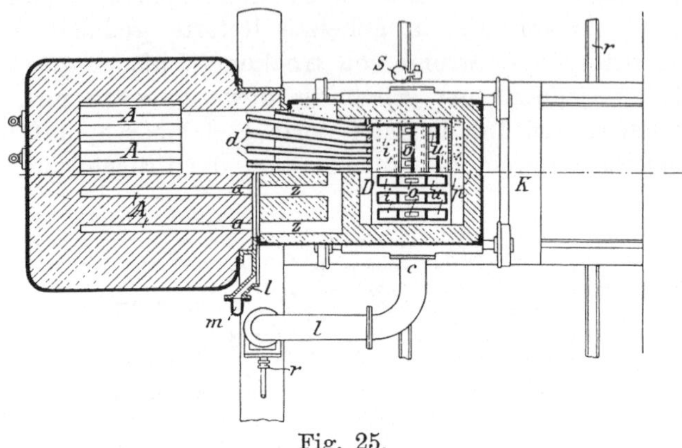

Fig. 25.

Fig. 26 ist ein Vertikalschnitt durch den Zersetzungsofen senkrecht zum Schnitt in Fig. 24.

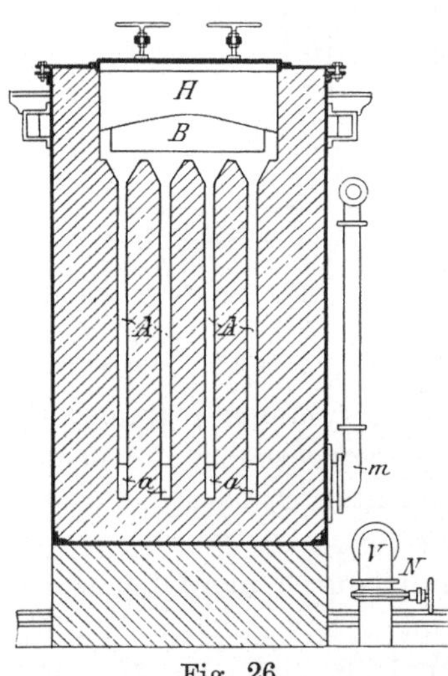

Fig. 26.

Der Zersetzungsofen besteht aus vier engen Zersetzungskammern $A\,A$ ... mit sehr dicken Wänden, welche sich oben in die Verbrennungskammer B öffnen und unten mit den vier Horizontalkanälen a in Verbindung stehen. An den Zersetzungsofen angeschlossen ist der bewegliche Regenerativbrenner. Derselbe besteht aus einem System von gusseisernen Röhren, umgeben von Mauerwerk, mit einem stark armirten eisernen Aussenmantel. Die gusseisernen Röhren haben rechteckigen Querschnitt und sind jede durch zwei senkrechte Scheidewände in drei Abtheilungen i, o, u getheilt. Die mittleren Abtheilungen o führen Generatorgas, die seitlichen i und u Luft in die Verbrennungskammer B.

Das Generatorgas kommt von dem Haupt-Leitungsrohr durch das Ventil N (Fig. 25), die Röhren V und C, den Kanal C (Fig. 24) und im Boden befindliche Oeffnungen in die mittleren Abtheilungen o, in denen es aufsteigt und durch die kleinen Röhren d, d in die

Verbrennungskammer B gelangt. Die Verbrennungsluft tritt unten
in die Abtheilungen i und u ein, steigt in diesen auf und gelangt
oben durch das breite, flache Rohr T nach B (Fig. 24). Wie aus
Fig. 24 zu ersehen ist, gehen die kleinen Röhren d, d durch T
hindurch und sind etwas länger als dieses.

Die an dem festen Hauptgasrohre sitzende Röhre V und die
an dem beweglichen Brenner sitzende Röhre C können bei U schnell
verbunden oder getrennt werden. Aus B treten die Feuergase in
die schmalen Kammern A oben ein, durchziehen dieselben nach
unten und gelangen durch die Kanäle a und z in den beweglichen
Brenner, wo sie um die rechteckigen Gusseisenröhren herum cirkuliren und durch das Rohr P nach dem Kanal G abgeführt werden.
Auf diesem Wege werden das Generatorgas, welches durch die
Abtheilungen o — und die Luft, welche durch die Abtheilungen i
und u nach aufwärts strömt — vorgewärmt. P kommunicirt durch
Q mit dem Gasabführungsrohre, und durch den Hebel S kann Q
gehoben oder gesenkt werden. Die Arbeitsweise mit dem Apparate
ist die folgende:

Die vier Arbeitskammern A werden durch den transportablen
Brenner auf die erforderliche Temperatur gebracht und dann durch
Abschluss des Ventils N die Zufuhr der Feuergase nach A abgestellt. Es wird nun das Verbindungsrohr C vom Rohr V gelöst,
das Rohr P gesenkt und der bewegliche Brenner zu einer anderen
Zersetzungskammer, behufs Anheizung derselben gebracht. Nach
Abschluss der bisherigen Ein- bezw. Austrittsstelle für die Feuergase durch die Thüre E bezw. F, werden die Zersetzungskammern A möglichst schnell durch die Oeffnung H mit dem zu
kleinen Stücken zerkleinerten Magnesiumoxychlorid gefüllt und die
Oeffnung H wieder geschlossen, worauf man durch Oeffnungen in
der Thüre E Luft in die Kammern A mittels eines Aspirators
einsaugen lässt. Das Oxychlorid wird durch die in den dicken
Ofenmauern aufgespeicherte Wärme rasch erhitzt. Dabei entweicht
ein Gasgemenge, das neben Chlor auch Salzsäure enthält und durch
die Kanäle a, den Raum bei F, und den Kanal l in das Rohr m
zieht. Von m aus wird das Gasgemisch zunächst nach Kondensationsapparaten geleitet, um die Salzsäure daraus zu entfernen,
und hierauf erst zu den Apparaten für die Chlorabsorption.

Wenn die Zersetzung des Oxychlorids hinreichend weit vor-
geschritten ist, wird die Luftzufuhr in die Zersetzungskammern
abgestellt, die Thüre F geöffnet und das in den Kammern A enthaltene Oxyd durch die Kanäle a mittels einer Art Harke entfernt.
Der Deckel H wird nun wieder aufgesetzt, die Thüre E geöffnet

und der bewegliche Brenner behufs neuerlicher Anheizung der Zersetzungskammern angeschlossen.

Der Chlorgehalt des Gasgemisches steigt in der ersten Stunde der Entwicklung rapid und erreicht nach dieser Zeit das Maximum von ca. $8^1/_2\,^0/_0$. Am Ende der zweiten Stunde fällt derselbe auf $6\,^0/_0$, nach einer weiteren Stunde auf $5\,^0/_0$ und in den folgenden zwei Stunden bis auf $1^1/_2\,^0/_0$, worauf man die Arbeit unterbricht.

In den späteren Stadien des Processes wird die Luftzufuhr etwas verringert, damit die Gase nicht zu sehr verdünnt werden.

Von dem in Form von Oxychlorid eingeführten Chlor werden $42-45\,^0/_0$ im freien Zustande entwickelt, $38-40\,^0/_0$ entweichen als Salzsäure und $15-19\,^0/_0$ bleiben unzersetzt zurück.

Ein Zwei-Glocken-Aspirator, dessen Abschluss durch eine koncentrirte Chlorcalciumlösung bewirkt wird, in welcher das Chlor nahezu unlöslich ist, saugt das Gasgemisch aus dem Zersetzer ab,

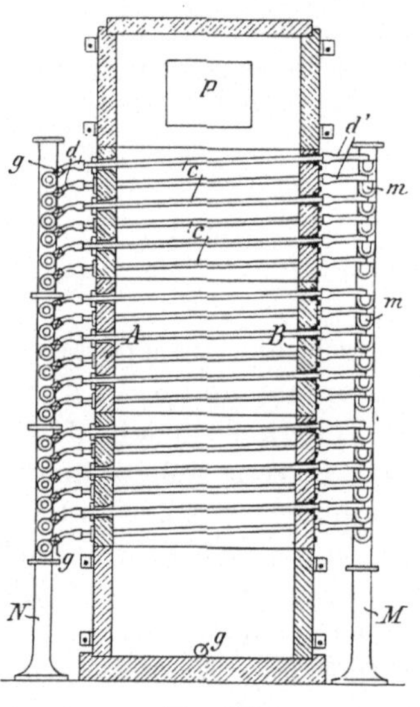

Fig. 27.

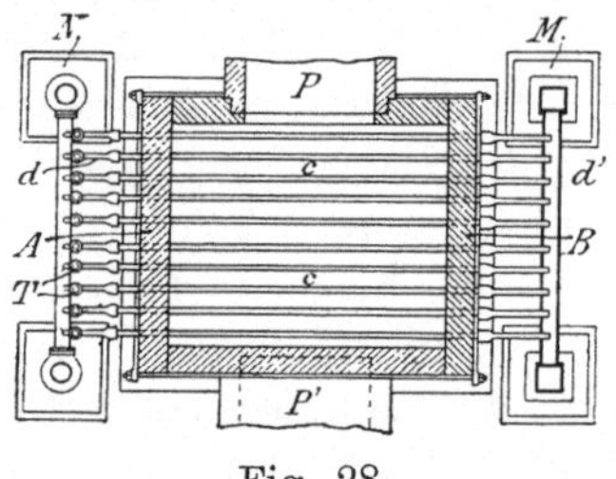

Fig. 28.

nachdem dasselbe eine Reihe von Kondensationsapparaten passirt hat. Letztere bestehen der Reihe nach aus einem Glasrohrkühler, einer Anzahl von Tourils und einem Koksthurme. Der Glasrohrkühler (Fig. 27 und 28) besteht aus einem Steinthurme A, dessen gegenüberliegende Seitenwände von zahlreichen Löchern durchbohrt sind, und zwar in der Weise, dass Glasrohre c schräg durch die korrespondirenden Löcher durchgeführt werden können. Diese Glasrohre sind an den niedrigeren Enden durch Kautschukschläuche d mit Wasserzuleitungsröhren T, welche aus der hohlen Säule N gespeist werden, an den höheren Enden d' mit Abflussrinnen m verbunden, aus welchen das Wasser durch die Säule M abfliesst. Das fortwährend durchströmende kalte Wasser kühlt das von oben zugeleitete Gas, welches die Kühlröhren umspült; die im Thurme kondensirte Flüssigkeit fliesst unten aus.   Damit die Glasröhren nicht springen, müssen sie stets gefüllt erhalten werden.   Die Anordnung des Tourils und des Koksthurmes ist die sonst übliche, und zeigt die durch Kondensation gewonnene Salzsäure gemischt eine Koncentration von 12^0 Bé und darüber.   Das verdünnte, gereinigte Chlorgas wird nun nach dem Aspirator gesaugt, dort gesammelt und hierauf nach dem Verbrauchsorte weiter geleitet.

Nach Kingzett (Journ. Soc. Chem. Ind. 1888, S. 286) ist es wahrscheinlich, dass die Chlorentwicklung aus dem Magnesium-Oxychlorid nicht allein auf eine Spaltung desselben in Chlor und Magnesiumoxyd zurückzuführen ist, sondern es dürfte das bereits gebildete Magnesiumoxyd dem durch Einwirkung der Feuchtigkeit entstandenen Chlorwasserstoff gegenüber als katalytische Substanz wirken, in ähnlicher Weise wie das Kupfersalz beim Deaconprocess, und auf diese Weise das als Verunreinigung auftretende Salzsäuregas zum Theil in nutzbares Chlor verwandeln.

Die aus dem Zersetzungsofen kommende Magnesia wird in einer mit Rührwerk versehenen Kühlvorrichtung abgekühlt und dann auf einem rotirenden Siebe gesiebt.   Der grösste Theil fällt durch das Sieb; nur ca. $^1/_7$ bleibt als nahezu unverändertes Oxychlorid zurück und wird, mit dem neu zu zersetzenden Oxychlorid gemischt, wieder verwendet.

Das als $MgCl_2$ eintretende Chlor vertheilt sich nach Dewar während der Durchführung des Processes in folgender Weise:

Mechanische Verluste	$5,00^0/_0$	
Verluste beim Trocknen	$6,27^0/_0$	$11,27^0/_0$
Mit dem Rückstande wieder in den		
Process eingeführt	$13,30^0/_0$	$48,59^0/_0$
In Form von kondensirter Salzsäure	$35,29^0/_0$	
In freiem Zustande gewonnen		$40,14^0/_0$
		$100,00^0/_0$

Der nach diesem System in Salindres erbaute Ofen bestand aus zwei Abtheilungen mit je neun Kammern von 3 m Höhe, 1 m Länge und 0,08 m Breite.   Eine solche Abtheilung lieferte pro Operation 170 kg Chlor.   Die Heizeinrichtung war aber derart, dass in beiden Abtheilungen zusammen in 24 Stunden nur zwei Operationen gemacht werden konnten.

Dewar erhoffte sich durch Verbesserung der Heizeinrichtungen eine wesentliche Vermehrung der in 24 Stunden auszuführenden Operationen, dürfte sich aber damit getäuscht haben, da das Verfahren in Salindres aufgegeben wurde und auch in Stassfurt trotz der dort vorhandenen günstigen Bedingungen, nach sorgfältiger Prüfung, nicht zur Einführung gelangte.

In der Ammoniaksodafabrik in Szakowa (Galizien) wurde das Verfahren zur Verarbeitung von Chlormagnesium angewendet, das aus dem abfallenden Chlorcalcium der Ammoniaksodafabrik nach dem Verfahren von Schaffner-Helbig mit Magnesia und Kohlensäure erhalten wurde.

Apparat von Naef (Oe. P. No. 1957).

Der Apparat ist von wesentlich einfacherer Konstruktion als der von Péchiney & Weldon und besteht aus zwei kontinuirlich arbeitenden Drehöfen, in welchen ein Gemisch von Chlormagnesium und Magnesia nach einander der Wirkung von erhitzter Luft ausgesetzt wird, und zwar in der Weise, dass dem zweiten Drehofen in Winderhitzern vorgewärmte Luft zugeführt wird, während das am andern Ende des Ofens entweichende Gemisch von Luft und Chlorgas von neuem in Winderhitzern erwärmt und hierauf dem ersten Drehofen zu weiterer Einwirkung auf frisches Chlormagnesium zugeführt wird. Hierdurch soll es möglich sein, ein koncentrirtes Chlorgas mit sehr geringem Ueberschuss von Luft zu erzeugen.

Die Einrichtung der Drehöfen ist eine derartige, dass sie eine höchst innige Mischung von festem Material und Gas gestattet. Das Material wird kontinuirlich in den oberen Ofen eingeführt; ebenso fällt es kontinuirlich aus demselben in ein Sammelgefäss, aus welchem es in den unteren Ofen gelangt. Nachdem es letzteren passirt hat, besteht es hauptsächlich aus Magnesiumoxyd.

Die Luft wird vor dem Eintritt in den unteren Ofen in Winderhitzern erhitzt und tritt dort in innige Berührung mit dem schon grossentheils in Magnesiumoxyd verwandelten Material. Das aus dem unteren Ofen abgezogene verdünnte Chlorgas wird nun in Winderhitzern wieder auf höhere Temperatur gebracht und tritt in den oberen Ofen ein.

Zur Erhitzung der Luft und des verdünnten Chlorgases können kontinuirliche Erhitzer verwendet werden; gewöhnlich werden aber diskontinuirliche Oefen, wie sie z. B. zur Erhitzung der Luft für Hochöfen dienen, angewendet.

In der Zeichnung (Fig. 29) sind *1* und *2* die beiden Drehöfen, in denen die Umsetzung stattfindet. Dieselben ruhen auf Rollen *5*, und *V*-förmige Rollen *6* verhindern das Herabgleiten der Cylinder. Jeder Ofen wird mit Hilfe eines Schneckenrades *7* angetrieben, welches in einen den Cylinder umgebenden Zahnkranz *8* eingreift. Innen sind die Cylinder mit einer feuerfesten Auskleidung *3* ver-

sehen, sowie mit durchlochten Scheidewänden zum Heben und
Rühren des Materials. Die Scheidewände bewirken eine höchst
feine Vertheilung des Materials, indem sie es in feinem Regen über
den ganzen Querschnitt des Ofens fallen lassen. Am oberen Ende
ist jeder Ofen durch eine stationäre Platte *11* geschlossen, welche
gegen die sich drehende Endplatte *9* abdichtet. Die Platte *11* hat
eine Einmündung für festes Material und ein Abführungsrohr für
Gas. Unten ist jeder Ofen durch eine Endplatte *10* abgeschlossen,
die sich mit dem Ofen dreht; dieselbe hat Löcher *12* zum Austritt
des festen Materials. Die Löcher *12* werden von einem dicht an-

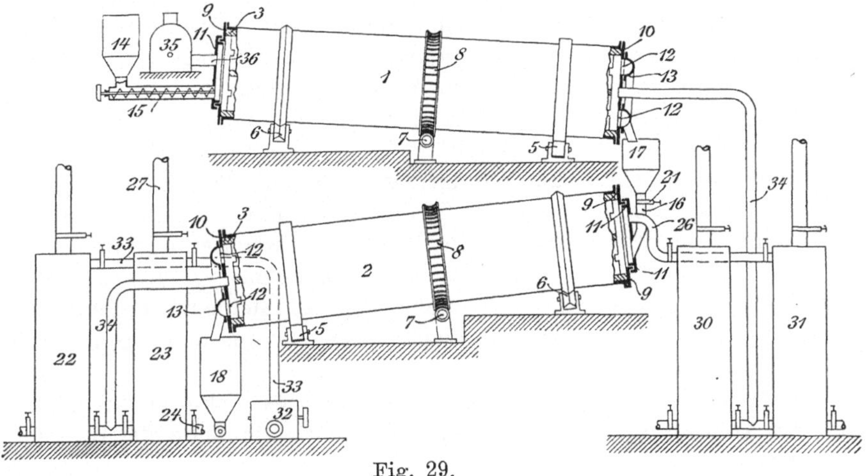

Fig. 29.

schliessenden Ring *13* überdeckt, in welchen das Material entleert wird.

　　Die Mischung von Magnesiumoxyd und Magnesiumchlorid wird
in das Gefäss *14* gefüllt; die Transportschnecke *15* schiebt diese
Mischung kontinuirlich in den Ofen *1*. Nachdem das Material
durch den Ofen gegangen ist, fällt es in das Gefäss *17* und durch
Röhre *16* in den Ofen *2*. Das Gefäss *17* dient dazu, um einen
der Oefen kurze Zeit zwecks Reparatur abstellen zu können, ohne
den andern ausser Betrieb zu setzen. Es wird dann ein Schieber *21*
eingestossen, welcher aber sonst geöffnet ist. Nachdem das Material
auch den Ofen *2* passirt hat, gelangt es in das Gefäss *18*. Das
feste Produkt besteht aus Magnesiumoxyd, welches für technische
Zwecke verwendet werden kann.

　　Die Luft, welche in den Ofen eingeführt wird, wird in den
Winderhitzern *22* und *23* erhitzt. Diese arbeiten abwechselnd,

während durch den einen Luft geht, wird der andere erhitzt. Angenommen *23* wird erhitzt und durch *22* geht die Luft. Eine
Mischung von Gas und Luft tritt bei *24* in *23* ein und wird dort
verbrannt. Die heissen Verbrennungsgase steigen durch das feuer-
feste Material, mit welchem der Erhitzer gefüllt ist, auf und entweichen, nachdem sie den grössten Theil der Wärme an das feuer-
feste Material abgegeben haben, durch den Kamin *27*. Gleichzeitig tritt die Luft vom Gebläse *32* oben in den andern Erhitzer *22*
durch die Röhre *33* ein. Dieselbe wird beim Durchgang durch
das heisse Füllungsmaterial erwärmt und tritt in erhitztem Zustande durch Röhre *34* in den Ofen 2 ein. Die heisse Luft wirkt
in diesem Ofen auf das schon im oberen Ofen theilweise zersetzte
Material und bewirkt eine vollkommenere Zersetzung des Chlorids,
als dies mit den meisten andern Verfahren möglich ist.

Das aus dem unteren Ofen entweichende, verdünnte Chlorgas,
welches nun bedeutend abgekühlt ist, tritt durch die Röhre *26*
abwechselnd in einen der Winderhitzer *30* und *31*, welche in derselben Weise arbeiten, wie die Erhitzer *22* und *23*. Das erhitzte,
verdünnte Chlorgas verlässt die Erhitzer abwechselnd unten und
geht durch die Röhre *34* in den oberen Ofen. In diesem wirkt
das verdünnte Gas auf das mehr Magnesiumchlorid enthaltende
Material, und es entweicht koncentrirtes Chlor aus dem Ofen durch
Röhre *36*.

Um in dem ganzen Apparat ein kleines Vakuum zu halten,
ist der Ventilator *35* zum Abziehen der Gase am Ende des Systems
angeordnet.

Der Apparat arbeitet automatisch und soll einen kontinuirlichen
Strom von Chlor von annähernd gleicher Stärke liefern.

Mit der Verwendung von Magnesiumoxychlorid zur Chlordarstellung befassen sich noch eine Anzahl anderer Patente, welche
alle grössere oder geringere Aehnlichkeit mit dem Péchiney-Weldon-
Verfahren zeigen, ohne dass es jedoch gelungen wäre, eines dieser
Verfahren in die Praxis einzuführen.

Eine andere Reihe von Versuchen, die zum Theil in Form
von Patenten niedergelegt sind, und welche grösstentheils in der
Stassfurter Gegend ausgeführt wurden, beschäftigte sich mit der
Darstellung von wasserfreiem Chlormagnesium unter solchen Umständen, dass möglichst wenig Salzsäure abgespalten wird, um das
erhaltene $MgCl_2$ dann durch Luft in Magnesia und Chlor zu spalten.
Die Verfahren gelangten sämmtlich nicht zur Ausführung oder
wurden nach kurzer Zeit wieder aufgegeben.

Darstellung von Chlor aus Chlorammonium.

Um das bei der Ammoniaksodafabrikation entstehende Chlorammonium wieder nutzbar zu machen, wurden ausser der üblichen Kalkbehandlung und den bereits erwähnten zahlreiche andere Vorschläge gemacht. Dazu gehört auch eine Anzahl von Verfahren, nach welchen das Chlor des Chlorammoniums in freiem Zustande gewonnen wird.

Das Grundprincip aller dieser Verfahren beruht darauf, dass, wenn Salmiak in Dampfform über heisse Metalloxyde geleitet wird, die betreffenden Chloride, ferner Wasserdampf und Ammoniak gebildet werden. Die Metallchloride werden dann mit heisser Luft unter Rückbildung der Oxyde und Entwicklung von Chlor zersetzt.

Namentlich die nachstehenden Metalloxyde wurden für diesen Zweck vorgeschlagen:

Manganoxydul oder -oxyd, Nickeloxyd und Magnesiumoxyd.

Unter diesen hat nur das Magnesiumoxyd Anwendung in grösserem Maassstabe gefunden. Eine Reihe von Patenten Mond's schildert die Entwicklung des Verfahrens und sind daraus auch die beträchtlichen Schwierigkeiten zu erkennen, welche sich demselben von Anfang an entgegenstellten. Die Gewinnung des Salmiaks aus den Laugen erfolgt nach Mond durch Ausfrieren unter Anwendung von Kältemaschinen.

Als Auskleidungsmaterial für die Salmiakverdampfungsapparate wurden anfangs Kobalt und Nickel vorgeschlagen, welche jedoch, abgesehen von ihrer Kostspieligkeit, zu wenig widerstandsfähig waren und sich zum Theil als Metallchloride verflüchtigten. Deshalb wurde schliesslich zum Antimon gegriffen, welches den Salmiakdämpfen sehr gut widerstand.

Da dasselbe jedoch bei verhältnissmässig niedriger Temperatur schmilzt, wird die Verdampfung des Salmiaks in der Weise bewirkt, dass das mit Antimon ausgekleidete gusseiserne Verdampfgefäss so weit, als es der Wärmequelle direkt ausgesetzt ist, mit geschmolzenem Chlorzink gefüllt wird, in welches das Chlorammonium mittels einer geeigneten Beschickungsvorrichtung in kleinen Mengen in festem Zustande und, entweder kontinuirlich oder mit Unterbrechungen, einfallen gelassen wird, so dass es rascher Verdampfung unterliegt. Der der Ofenhitze nicht direkt ausgesetzte, also obere Theil der Retorte muss auf einer Temperatur von etwa 350⁰ C. gehalten werden, damit die Chlorammoniumdämpfe sich nicht wieder an der Retortenwandung verdichten.

Die in diesen verbesserten Apparaten erzeugten Chlorammoniumdämpfe werden mittels Leitungen, welche aus ebenfalls mit Antimon bezw. Antimonlegirung ausgekleideten gusseisernen, oder aus Thonröhren zusammengesetzt sind und ebenfalls auf einer oberhalb 350° liegenden Temperatur gehalten werden, in stehende Cylinder geleitet, in welchen das zur Zerlegung dienende Oxyd bezw. Oxydgemisch enthalten ist. Letzteres besteht aus Magnesia, welcher etwas Chlorkalium, Kaolin und Kalk zugesetzt ist. Man darf nicht zu dichte Magnesia verwenden. Sehr geeignet ist das Produkt, welches man durch Ausfällung aus Salzsoole, Seewasser oder anderen chlormagnesiumhaltigen Flüssigkeiten mittels Kalk erhält. Man wäscht den Niederschlag, am besten in Filterpressen, mittels Wasser und treibt dann das Hydratwasser durch mässige Erhitzung aus. Gute Resultate werden erhalten, wenn man zu je 100 Theilen Magnesia 75 Theile Kaolin und 6 Theile Kalk mischt. Diese Substanzen werden gut unter einander gemengt, in einer Mühle gemahlen und dann unter Zusatz von 12—13° Bé starker Chlorkaliumlauge in eine dicke Paste verwandelt; aus letzterer werden Kügelchen von 1—1,5 cm Durchmesser geformt, die man zunächst sorgfältig trocknet und dann bei Dunkelrothgluth brennt. Zum Trocknen bewegt man die Kügelchen mittels endlosen Bandes durch eine heisse Kammer; das Brennen wird in einer stehenden Eisenretorte kontinuirlich vorgenommen. Man erhält so sehr harte Magnesiakügelchen, welche die abwechselnde Chlorirung und Oxydirung für lange Zeit aushalten.

Mit den fertigen Kügelchen werden cylindrische Gefässe bis zur Höhe von ca. 2—2½ m angefüllt, und ruhen sie am Boden derselben auf einem Doppelboden aus gebranntem Thon oder einer Schicht zerbrochener Ziegel oder einer Schicht von in gleicher Weise zubereiteten Magnesiakugeln von grösserem Durchmesser auf. Diese Cylinder sind oben und unten geschlossen und werden aus guten, feuerfesten Steinen unter Verbindung mittels einer Mischung von schwefelsaurem Baryt mit so viel einer starken Wasserglaslösung, als zur Bildung einer plastischen Masse nöthig ist, aufgemauert. Die Wandungen der Cylinder werden ziemlich dick und am zweckmässigsten so gemauert, dass man sie aus mehreren durch Hohlräume getrennten koncentrischen Mänteln bildet, zwischen denen man schlecht wärmeleitendes Material, z. B. wasserfreie Magnesia, packt, um Wärmeausstrahlung möglichst zu verhüten. Diese Cylinder werden aussen noch mit Mänteln aus Eisen umschlossen, um sie gasdicht zu machen, und dann so in den Ofen eingesetzt, dass man ihnen, wenn nöthig, auch von aussen noch Wärme zuführen kann. Die Cylinder haben Einlässe im oberen Theil, welche mittels Ventilen, Pfropfen oder Schiebern (aus gebranntem Thon oder Nickel) beliebig geöffnet und geschlossen werden können; einer der Einlässe steht mit der Chlorammoniumretorte in Verbindung und dient zur Einführung der Chlorammoniumdämpfe; durch die übrigen werden die bei dem Process nöthigen inerten Gase bezw. Luft zugeführt. Die Ableitung dieser, bezw. der sich bildenden Gase aus dem Cylinder findet vom Boden aus statt.

Die Heizung dieses Apparates geschieht mittels eines heissen inerten Gasstromes, um die darin enthaltenen Magnesiakügelchen auf etwa 350^0 C. zu erhitzen. Ist diese Temperatur erreicht, so stellt man die Zufuhr des Heizgases ab und lässt nun den Chlorammoniumdampf in solcher Menge und mit solcher Geschwindigkeit einströmen, als die eingefüllte Menge von Kügelchen zulässt. Das sich entwickelnde Ammoniak wird am Boden des Cylinders ab- und in einen geeigneten Absorptionsapparat eingeleitet. Ist genügend Chlorammoniumdampf eingeleitet worden, um die Reaktionsfähigkeit der Magnesiakügelchen zu erschöpfen, so sperrt man die Chlorammoniumzuleitung ab und lässt nun einen, zuvor auf 500 bis 550^0 C. erhitzten inerten Gasstrom (zweckmässig Kohlensäure) durch die Cylinder streichen.

Letzterer führt noch durch einige Zeit eine gewisse Menge Ammoniak und wird behufs Absorption desselben durch einen Waschapparat geleitet.

Endlich hört der Gasstrom auf, Ammoniak zu führen, dagegen enthält er alsdann einen gewissen Procentsatz Salzsäure. Sobald letztere auftritt, stellt man die Gasabführung so um, dass sie den salzsäurehaltigen Gasstrom in zur Absorption der Säure geeignete Apparate leitet. Ist endlich alle Salzsäure aus den Cylindern ausgetrieben, so haben die Kügelchen gewöhnlich eine Temperatur von 500 bis 550^0 C. angenommen. Ist diese Temperaturerhöhung nicht eingetreten, so lässt man den Gasstrom noch so lange hindurchstreichen, bis dieselbe erreicht ist.

Man leitet nun trockene, auf 800 bis 1000^0 erhitzte Luft durch den Cylinder; dabei wird das Chlormagnesium rasch und vollständig zerlegt. Das entweichende Gas enthält 7 bis $10^0/_0$ Chlor. Gegen Ende der Operation, wenn der Chlorgehalt sich bereits beträchtlich verringert, erhitzt man das Gas wieder auf 800 bis 1000^0 und leitet es dann durch einen mit frischen Magnesiakügelchen gefüllten Cylinder.

Durch den Cylinder, aus welchem das Chlor abgetrieben wurde, leitet man nun kalte Luft, bis derselbe auf ca. 400^0 abgekühlt ist. Die daraus entweichende, nunmehr erwärmte Luft wird zur Vorwärmung eines frisch gefüllten Cylinders benutzt;

durch den damit abgekühlten Cylinder lässt man neuerlich Chlorammoniumdämpfe strömen, so dass ein continuirlicher Kreislauf
der Operationen hergestellt ist.

Der Apparat ist in Fig. 30 im centralen Vertikalschnitt dargestellt. Fig. 31 ist ein Schnitt senkrecht darauf durch den Konverter H.

A ist die stehende, innen mit Antimonfutter a^1 versehene eiserne
Retorte; sie wird von der centralen Säule D getragen und seitlich
von Widerlagern d gestützt. a ist das bis über das obere Niveau
der letzteren reichende Chlorzinkbad, in welches das Chlorammonium

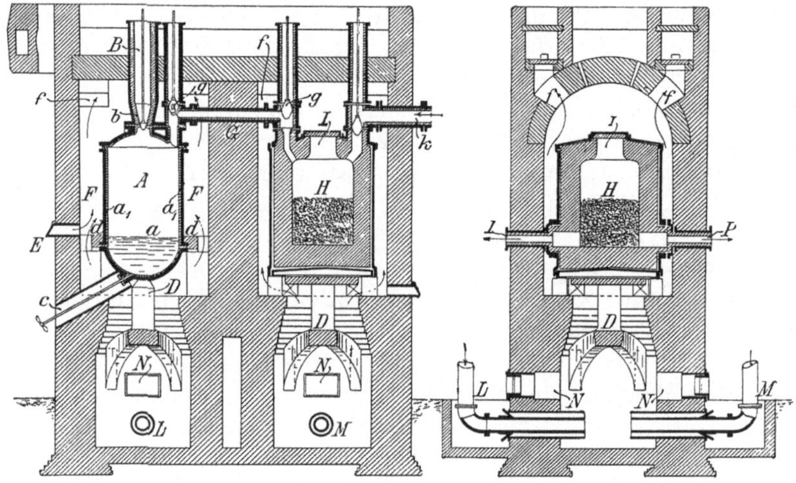

Fig. 30—31.

durch Ventil (Pfropfen, Schieber) b regulirbar aus dem Einfüll-
trichter B fällt. Die Retorte steht am Deckel durch die mittels
Ventile (Schieber, Pfropfen) g und g^1 regulirbare und ebenfalls
mit Antimon gefütterte Ableitung G in Verbindung mit dem oberen
Theil des mit den Magnesiakügelchen beschickten Cylinders (Kon-
verters) H. E ist ein regulirbarer Luftzulass, um den oberhalb
der Widerlager d befindlichen Theil der Retortenkammer durch
Zuführung von frischer Luft zu kühlen. C ist ein vom Boden der
Retorte geneigt nach aussen geführtes absperrbares Rohr zum Entleeren und Auswaschen der Retorte. Die Heizung erfolgt durch
Verbrennung von Generatorgasen in dem Raum unterhalb der
Säule D, die Feuergase umspülen den unteren Retortentheil mit
ihrer vollen Wärme, streichen durch die Oeffnungen zwischen d in
den oberen Raum der Retortenkammer, wo sie durch Zufuhr von

frischer Luft (durch E) gekühlt werden, und ziehen oben durch die Züge f ab. Ist das Ventil g^1 in seiner höchsten Lage, so ist der Abzug G frei; ist g^1 geschlossen, dagegen g offen, so kann Luft nach A treten; ist g geschlossen und g^1 offen, so kann Luft in den Konverter H treten. Die Beschickung des letzteren mit den Magnesiakügelchen findet von oben durch I statt; J ist die Ableitung für Chlorgas, P die Ableitung für das Ammoniak, K die Zuleitung für inertes Gas oder Luft, L die Zuleitung für die Generatorgase und M für die Verbrennungsluft. N sind Mannlöcher.

Ist das Zinkchloridbad in der Retorte bereitet und der Konverter mit den Magnesiakügelchen beschickt, sowie auch letzteren die nöthige Temperatur mitgetheilt, so wird aus B gepulvertes Chlorammonium in Portionen in das Bad einfallen gelassen; die entwickelten Chlorammoniumdämpfe ziehen durch G nach H, durchstreichen dessen Beschickung von oben nach unten, wobei die Zersetzung in Chlor und Ammoniak stattfindet; letzteres entweicht durch die offene Ableitung P, während ersteres gebunden wird. Infolge ihrer Entwicklung in der mit Antimon ausgekleideten Retorte langen die Chlorammoniumdämpfe in reinem Zustande, d. i. frei von anderen Chloriden (vom Retortenmaterial herrührend), im Konverter an. Hat sich die chlorbindende Kraft der Magnesiakügelchen genügend erschöpft, so stellt man die Zufuhr von Chlorammonium in die Retorte ein oder man leitet die Dämpfe in einen zweiten, indess vorbereiteten Konverter, während man den ersten mittels g^1 absperrt, in welchem nun der zweite Theil des Verfahrens in der angegebenen Weise durchgeführt wird.

Darstellung von Chlor durch Elektrolyse.

Während früher der Elektrolyse von Chloriden nur ein rein wissenschaftliches Interesse entgegengebracht wurde und man eine industrielle Verwerthung der längst bekannten Zerlegung von Chloriden mittels des elektrischen Stromes nicht für möglich gehalten hatte, sind heute, dank der Fortschritte der Elektrotechnik und der Elektrochemie, diese Processe diejenigen, welche den älteren Chlorgewinnungs-Verfahren zum mindesten ebenbürtig zur Seite stehen und sie wohl in absehbarer Zeit ganz in den Hintergrund drängen werden.

Als Ausgangsmaterial für die Chlordarstellung durch Elektrolyse können Metallchloride oder auch Salzsäure dienen. In erster Linie kommen dabei die Chloralkalien in Betracht.

Da eine ausführliche theoretische Erörterung der bei der

Elektrolyse in Betracht kommenden Faktoren nicht in dem Rahmen dieses Buches liegt, so sei in dieser Hinsicht nur das Nothwendigste erwähnt und im übrigen auf die betreffenden Specialwerke verwiesen.

Die Einwirkung des elektrischen Stromes zwecks Zerlegung der Chloralkalien kann entweder auf die wässerige Lösung derselben oder auf die in geschmolzenem Zustande befindlichen Chloride erfolgen. Auf beiden Principien sind technische Verfahren der Chlordarstellung aufgebaut.

Die Elektrolyse der Chloralkalien in wässeriger Lösung kann in verschiedener Weise ausgeführt werden, je nach den gewünschten Endprodukten.

Leitet man einen elektrischen Strom durch eine solche Lösung, so tritt an der Anode das Chlor, an der Kathode das Alkali auf, welch letzteres sich alsbald in Aetzalkali umsetzt. Werden nun keine Vorkehrungen getroffen, um im Verlaufe des Processes die Einwirkung des Chlors auf die Aetzalkalilauge zu verhindern, so tritt Hypochloritbildung, und unter gewissen Bedingungen Chloratbildung ein. Die Vermischung der Anoden- und Kathodenflüssigkeit erfolgt theils durch Flüssigkeitsströmung, theils durch den molekularen Vorgang der Diffusion. Die Flüssigkeitsströmungen werden theils durch die Gasentwicklung an den Elektroden, theils durch die bei der Elektrolyse auftretende Aenderung des specifischen Gewichts der Flüssigkeit an den Polen, theils durch den Zu- und Ablauf des Elektrolyts bedingt. Um die daraus resultirenden Nachtheile für die Chlordarstellung zu eliminiren, hat man verschiedene Wege eingeschlagen.

Man versuchte zunächst, die in Bewegung befindlichen Flüssigkeiten in den Elektrodenräumen durch eine stehende Flüssigkeitsschicht zu trennen.

In schematischer Weise ist dies in Fig. 32 angedeutet. Durch die Scheidewände M und N wird der Flüssigkeitsquerschnitt bei x und y verkleinert und so die Möglichkeit einer Flüssigkeitsströmung von einem Pol zum andern sehr verringert. Durch die Verlängerung des vom Strom zurückzulegenden Weges und die Verengung desselben bei x und y wird jedoch der elektrische Widerstand sehr erhöht; auch wird ein Vermischen der Flüssigkeit nicht ganz vermieden. Einrichtungen, welche auf diesem Princip basiren, sind von W. Bein in den

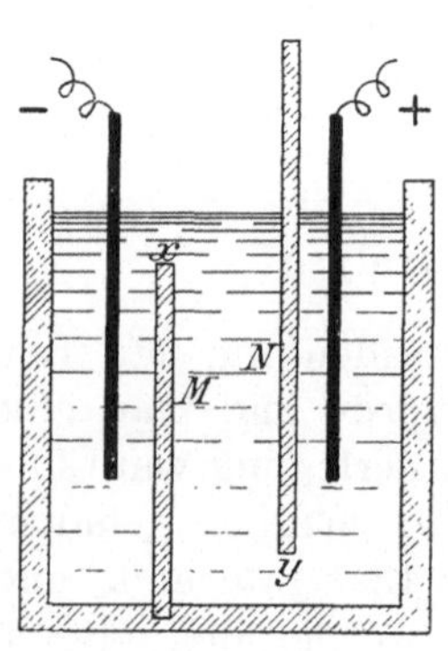

Fig. 32.

D. R.-P. No. 84 547 und 107 917 beschrieben, jedoch nicht industriell ausgeführt.

Auch das angeblich in St. Helens in Lancashire in Betrieb befindliche Verfahren von Richardson und Holland (E. P. No. 2296 und 2297, 1890), sowie die ferneren Patente von Richardson (E. P. 19704, 1891 und 5694, 1893, A. P. 508 241 stützen sich auf die gleiche Basis. Die Elektroden werden nach den ersteren Patenten horizontal angeordnet, die Kathode unten, die Anode oben. Das sich an der Kathode ausscheidende, specifisch schwere Aetznatron soll unten bleiben, während das Chlor nach oben entweicht.

Die Polarisation der Kathode durch den dort entwickelten Wasserstoff und die dadurch bedingte Bewegung der Flüssigkeit, welche das Getrennterhalten der beiden Flüssigkeitsschichten hindert, soll durch einen Kupferoxydüberzug der Kathoden verhindert werden, der dabei zu Kupfer reducirt wird, aber leicht wieder oxydirt werden kann.

Die Scheidung zwischen Chlor und Aetznatron ist trotzdem eine sehr unvollkommene. Auch die Verbesserungsversuche durch Anordnung von Trichtern aus nicht porösem Material über den Elektroden, um die bei der Elektrolyse entstehenden Körper getrennt zu entfernen (aus einer Trichterspitze das Chlor, aus der anderen das Aetznatron und den Wasserstoff), können nicht als glückliche Lösungen des Problems bezeichnet werden.

Glockenverfahren.

Einen wesentlichen Fortschritt unter den auf diesem Princip beruhenden Verfahren bedeutet das im E. P. No. 16129, 1898 beschriebene, sogenannte Glockenverfahren des Oesterr. Vereins für chem. und metallurg. Produktion in Aussig a. d. Elbe. Die aus Kohlenstäben zusammengesetzte Anode a (Fig. 33) befindet sich innerhalb einer Glocke b, deren untere Kante in ziemlicher Tiefe unter a liegt. Zu beiden Seiten der

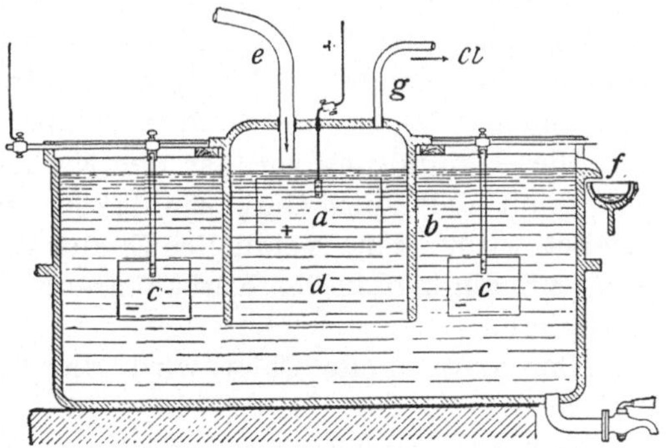

Fig. 33.

Glocke sind die aus Eisenplatten bestehenden Kathoden c angebracht, welche mit einander ausserhalb des Bades durch einen Kupferstab verbunden sind. In dem Zwischenraume *d* zwischen *a* und der Glocken-kante, der für den Erfolg des Verfahrens von grösster Bedeutung ist, bildet sich während der Elektrolyse eine Flüssigkeitsschicht in der Weise, dass die mit Chlor gesättigte Anodenflüssigkeit über der Kathodenflüssigkeit zu liegen kommt. Letztere nimmt von oben nach unten an Stärke zu und erreicht das Maximum an der Glocken-öffnung und im übrigen Kathodenraum ausserhalb der Glocke. Im weiteren Verlaufe der Elektrolyse nähert sich die trennende Schicht, die sowohl nahezu chlor- wie alkalifrei ist, in dem Maasse, als die Alkalilösung sich vermehrt, mehr und mehr der Anode *a*. Es ist jedoch sehr wichtig, behufs Vermeidung sekundärer Reaktionen, diese neutrale Flüssigkeitsschicht in konstanter Lage zu erhalten, damit die Anoden- und Kathodenflüssigkeit getrennt bleiben. Dies wird dadurch am besten erzielt, dass die Zuströmung des Elektro-lyten in einer der Wanderung der Hydroxyl- oder Chlor-Ionen ent-gegengesetzten Richtung erfolgt.

Man leitet also am besten durch das Rohr *e* kontinuirlich oder in kurzen Zwischenräumen den Elektrolyten in die Glocke. Diese Art der Zuleitung ist wesentlich verschieden von dem Verfahren von Bein und von anderen. Während nach den älteren Methoden die Vermischung der Anoden- und der Kathodenflüssigkeit durch eine eingeschobene Schicht von frisch zugeführtem Elektrolyt ver-mieden werden sollte, wird nach dem vorliegenden Verfahren durch Einführung des Elektrolyten von oben in den Anodenraum die Flüssigkeit hier stets auf gleicher Stärke gehalten und der frische Elektrolyt mit der Flüssigkeit vermischt. Das frei werdende Gas unterstützt diesen Mischprocess.

Nach der Geschwindigkeit der aufwärts strebenden Alkalilösung, die sich nach der Stromquantität richtet, regulirt man die Menge des bei *e* eintretenden Elektrolyten, wodurch die Lage der neutralen, trennenden Schicht unverändert bleibt.

Die Alkalilösung verlässt den Kathodenraum durch den Ueber-lauf *f* mit derselben Geschwindigkeit, mit der der Elektrolyt zu-geleitet wird. Ein eventuelles Eindringen der mit Chlor gesättigten Anodenflüssigkeit in den Kathodenraum hat nur geringe nachtheilige Wirkungen.

Das entwickelte Chlor wird durch *g* abgeleitet, der Wasser-stoff an der Kathode entweicht in die Atmosphäre.

Der Apparat lässt sich auch verschieden modificiren; so kann die Oeffnung der Glocke durch ein Diaphragma verschlossen wer-den, welches für den Strom und die übertretende Flüssigkeit ge-nügend durchlässig sein muss. Bei Anwendung der letzten An-

ordnung gehört der Apparat nicht mehr in die Gruppe der vorher
charakterisirten Elektrolyseure.

Die Wirkungsweise des Apparates der in der Fabrik des Vereins für chemische und metallurgische Produktion in Aussig a. E.
in Verwendung steht, über dessen Detailkonstruktion jedoch nichts
verlautet, soll eine wesentlich günstigere sein, als die der anderen,
auf ähnlichen Principien beruhenden Einrichtungen. Die Stromausbeute beträgt 85—90% der Theorie. Nach neuesten Mittheilungen
aus der Praxis soll dieses Verfahren der Choralkali-Elektrolyse
unter getrennter Gewinnung von Chlor und Alkali alle anderen
weit überragen und demnächst schon in einer Reihe von Fabriken
(u. a. in der chemischen Fabrik „Elektron“), welche bisher mit
Diaphragmen arbeiteten, eingeführt werden.

Ein anderes Princip, das vorgeschlagen wurde, um die bei
der Elektrolyse der Chloralkalien entstehenden Produkte getrennt
zu erhalten, besteht darin, dass man den Elektrolyten von der
Mitte der Zelle aus den Elektroden nach entgegengesetzter Richtung
kontinuirlich zuführt und an den entsprechenden Enden der Zelle
wieder abfliessen lässt.

Einrichtungen hierfür wurden verschiedene vorgeschlagen.

Im D. R.-P. No. 73651 der Farbwerke vorm. Meister Lucius
& Brüning wird die Flüssigkeit entweder durch ein Rohrsystem in
der Mitte derart zugeführt, dass die Theilung in zwei Ströme erst
beim Austritt in den Raum zwischen den Elektroden erfolgt, oder
die Zufuhr findet durch zwei Rohrsysteme — für jede Elektrode
besonders — statt, wobei letztere Einrichtung
besonders dann getroffen wird, wenn man
die abgeleitete Flüssigkeit nochmals der
Elektrolyse unterwerfen will.

Bei Fig. 34 fliesst die Flüssigkeit aus
einem hochstehenden Reservoir — also unter
Druck — mittels zwischen den Elektroden
senkrecht über einander angeordneter Röhr-
chen r_1, r_2, r_3 ... r_4, welche auf ihrer ganzen
Länge oben mit nach rechts und links gerichteten Oeffnungen versehen sind, in die
Zersetzungszelle. Die Ableitung der Flüssig-

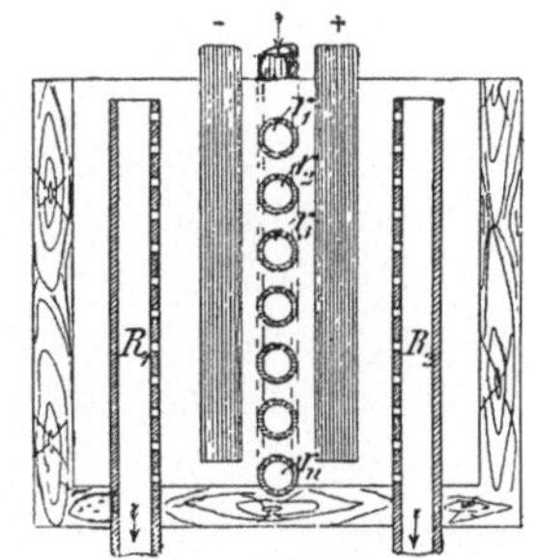

Fig. 34.

keit erfolgt mittels zweier an den äusseren Seiten der Elektroden,
senkrecht angeordneter Rohre R_1 und R_2, welche auf ihrer ganzen
Länge mit kleinen Löchern versehen sind.

Die ablaufenden Flüssigkeiten sammeln sich in zwei Reser-
voirs, in welchen sie wieder auf ihre ursprüngliche Koncentration

gebracht und hierauf in das hochstehende Reservoir geschafft werden.

Fig. 35 zeigt eine Einrichtung, bei welcher die Flüssigkeit in zwei getrennten Rohrsystemen zugeleitet wird. Eine technisch brauchbare Trennung der durch die Elektrolyse erhaltenen Produkte wird durch die letztbeschriebenen Einrichtungen nicht erzielt.

Auch die von P. L. Hulin (D. R.-P. No. 81893) beschriebenen Filterelektroden basiren auf dem gleichen Trennungsprincip.

Es werden poröse Elektroden, welche gleichzeitig die Elektricität leiten und filtrirend wirken, angewendet, z. B. solche aus poröser Kohle oder schwammartigem Metall,

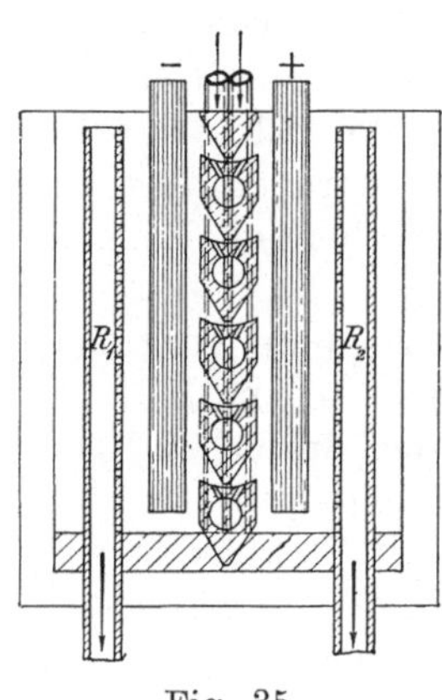

Fig. 35.

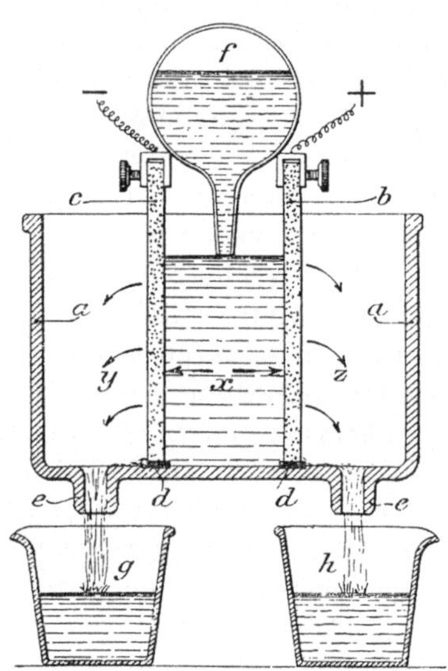

Fig. 36.

welche Materialien dann durch ein Gitterwerk zusammengehalten werden können.

Der Elektrolyt steht auf einer Seite mit Elektroden in Berührung, und die auf dieser Seite entstehenden Ionen treten unmittelbar durch den Elektrodenkörper auf die andere Seite der Elektroden, wo sie gesammelt und einfach abgelassen werden können.

Diesen Vorgang kann man durch Druck auf der Elektrolytseite oder durch ein Vakuum auf der entgegengesetzten Seite befördern.

In Fig. 36 ist ein Beispiel eines derartigen Apparats veranschaulicht.

Ein rechteckiges Gefäss a aus isolirender Masse ist durch zwei einander zugekehrte und parallele Platten bc aus leitender poröser

Kohle mit Hülfe von Dichtungen d von den Seitenwänden und dem Boden in drei Kammern y, x, z getheilt. Die beiden äusseren (Ableitungskammern) y, z sind an dem Boden mit Auslässen e, e ausgestattet, welche die Ionen nach Auffangbehältern g, h führen. Die mittlere (Elektrolysirungskammer) wird aus einem Niveaubehälter f gespeist, durch welchen der Flüssigkeitsstand in dieser Kammer gleich hoch gehalten wird.

So vortheilhaft diese Art der Ionenscheidung auf den ersten Blick erscheinen mag, so weist dieselbe doch so ernste Nachtheile auf, dass eine industrielle Verwerthung ausgeschlossen ist. Abgesehen von der geringen Widerstandskraft aller als Filterelektroden verwendbaren Materialien gegen das entwickelte Chlor, müsste, um einerseits eine kochsalzarme Natronlauge, anderseits eine ganz verdünnte Kochsalzlösung, bei dem nothwendigerweise nur einmaligen Durchgange durch die Zelle zu erzielen, der Elektrolyt nur äusserst langsam durchströmen, da die Geschwindigkeit der von der Kathode weg zur Anode wandernden Chlor-Ionen auch nur eine sehr geringe ist. Bei so geringer Geschwindigkeit werden aber die sich entwickelnden Gase die Flüssigkeit durchrühren und damit die angestrebte Ionenscheidung hindern.

Die an der Anodenseite ablaufende Kochsalzlösung kann, da sie chlorhaltig ist, auch nicht durch Anreicherung direkt wieder verwendungsfähig gemacht werden, denn der Chlorgehalt würde bei der Wiedereinführung in die Zersetzungszelle das Aetznatron an der Kathode verunreinigen. Wenn trotz der oben angeführten Bedenken die Strömungsgeschwindigkeit vergrössert würde, so wäre der Aetzalkaligehalt der Kathodenflüssigkeit ein so geringer, dass die Gewinnung nicht mehr rentabel wäre. Eine Zurückführung der Lauge in den Apparat wäre aber auch nicht zulässig, da deren Alkalität die Chlorentwicklung an der Anode verhindern würde.

Wie aus dem bisher Gesagten hervorgeht, haben die besprochenen Trennungsprincipien zwischen Anoden- und Kathodenprodukten mit Ausnahme des beim Glockenverfahren erörterten Princips keine technische Anwendung gefunden.

Zwei weitere, in mannigfachen Variationen angewendete Methoden zur Trennung der Anoden- und Kathodenprodukte sind:

a) die Anordnung einer porösen, nichtleitenden Zwischenwand (Diaphragma) zwischen den Elektroden,

b) die Anwendung eines Materials als Kathode bezw. in Verbindung mit der Kathode, welches die Alkali-Ionen aufnimmt, um sie dann an eine andere Flüssigkeit unter Bildung von Alkalilauge wieder abzugeben. Als derartiger Mittelleiter eignet sich vorzugsweise Quecksilber.

Beide Methoden erfreuen sich in der Technik einer ausgedehnten Anwendung.

Elektrolytische Chlordarstellung unter Anwendung von Diaphragmen.

Was die auf der Anwendung von Diaphragmen beruhenden Verfahren anbelangt, so kommt es bei denselben in erster Linie auf die Eigenschaften des Diaphragmas selbst an. Die Haupteigenschaften eines guten Diaphragmas müssen geringer elektrischer Widerstand sowie entsprechende Stabilität und Haltbarkeit gegen chemische und mechanische Einflüsse sein.

Das Diaphragma wird in der Regel nicht als einfache Scheidewand in die Zersetzungszelle eingebaut, sondern es wird aus dem porösen Material ein der Form der Zelle angepasstes, entsprechend kleineres Gefäss geformt und in die Zelle eingesetzt, wobei eine Elektrode innerhalb, die andere ausserhalb dieses Diaphragmas angeordnet wird.

Die Haltbarkeit aller Diaphragmen ist eine begrenzte, unterscheidet sich bei den einzelnen jedoch sehr beträchtlich und dauert von wenigen Tagen bis zu mehreren Jahren. Die Vorschläge, welche auf einer häufigen, wenn auch noch so einfachen und bequemen Auswechslung der leicht zerstörbaren Diaphragmen beruhen, sind, der immerhin einen ständigen Faktor bildenden Betriebsunterbrechungen wegen, unbrauchbar.

Die nachstehenden Diaphragmen können u. a. als in diese Kategorie gehörig bezeichnet werden:

Das ursprünglich von Le Sueur angewendete Albumindiaphragma, das alle 48 Stunden erneuert werden musste (gegenwärtig verwendet derselbe nach Parsons[1]) Asbestdiaphragmen, deren Haltbarkeit grösser ist [3 Wochen] und die technische Anwendbarkeit des Processes ermöglicht); ferner das Seifendiaphragma von Kellner (D. R.-P. No. 79258).

Auch die Diaphragmen von Waite (E. P. No. 2586, 1890), bezw. von Riekmann (D. R.-P. No. 71378), bestehend aus einem Gemenge von Chromleim mit Asbest oder thierischen oder pflanzlichen Fasern — wobei der Chromleim durch Belichtung oder mit Thiosulfat unlöslich gemacht werden kann — sind von geringer Haltbarkeit.

---

[1] Journ. Am. Chem. Soc. 20, 11, 868.

Die Pukall'sche Thonzelle ist zwar von erheblicher Widerstandskraft gegen chemische Einflüsse, hat aber verhältnissmässig hohen elektrischen Widerstand.

In einer Reihe von Diaphragmen bildet Asbest das Hauptmaterial, während zur Versteifung etc. Beimengungen von Kaolin, Kieselguhr und diverse widerstandsfähige Materialien, die wieder mit verschiedenen Lösungen zu plastischen Massen angerührt werden, dienen, wenn man nicht vorzieht, diese Versteifung z. B. durch Drahtnetze, gelochte Metallplatten etc., zwischen welche dann die Asbestmasse eingestampft wird, vorzunehmen. Ein solches asbesthaltiges Diaphragma, das in einer Variation in den „Elektrochemischen Werken" in Bitterfeld in Anwendung stehen soll, wird von Kiliani und Rathenau im Amer. Pat. No. 562304 beschrieben.

Bei diesem Diaphragma wird die asbesthaltige Membran c (Fig. 37—41) mittels zweier Reihen von Stangen oder Stäben a, b aus säure- und alkalifestem Material, wie Glas oder Porcellan, versteift. Diese Stäbe sind entweder einander gegenüber (Fig. 37), alternirend (Fig. 38), in der gleichen Ebene (Fig. 39) oder endlich senkrecht zueinander angeordnet (Fig. 40).

Die Form dieser Diaphragmen ist aus Fig. 41 ersichtlich. Die

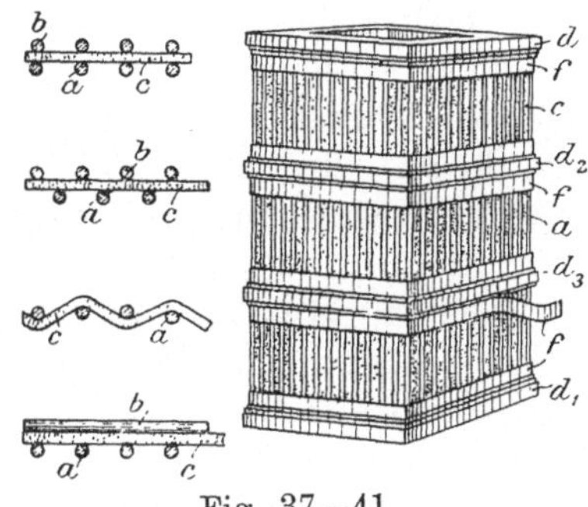

Fig. 37—41.

eigentliche Diaphragmenmasse ist um die Rahmen $d\,d_1$ gespannt, die mit einer Reihe von Nuthen oder Einkerbungen versehen sind, in welche die Enden der inneren Stabreihe b eingefügt werden, während die Enden der äusseren Stäbe a durch Gummibänder f oder durch Drahtumwicklungen in die entsprechende Lage gebracht werden. Wenn das Diaphragma sehr gross ist, werden noch einzelne Rahmen $d_2\,d_3$ mit Bändern f zwischen die beiden Endrahmen $d\,d_1$ eingefügt.

Gut bewährt hat sich auch das aus Kalksteinblöcken oder aus einem Gemisch von gepulvertem Kalkstein und gebrannter Magnesia unter Druck geformte Diaphragma der „Anciennes salines domaniales de l'Est, Act.-Ges." in Dieuze (D. R.-P. No. 82253). Da Chlor auf kohlensauren Kalk nur einwirkt, wenn sich letzterer in fein gemahlenem und aufgeschlemmtem Zustande befindet, nicht aber auf grössere Kalksteinstücke, so ist auch die Haltbarkeit dieser Diaphragmen eine befriedigende. Die grösste Widerstands-

kraft gegen chemische Einflüsse und dabei auch sonst die vortheilhaftesten Eigenschaften besitzen die in hervorragenden deutschen
elektrochemischen Werken, insbesondere in den Fabriken der
Aktiengesellschaft „Elektron" in Frankfurt a. M. zu Bitterfeld seit
Jahren mit Erfolg angewendeten Cementdiaphragmen, welche in
verschiedener, meist sehr streng geheim gehaltener Weise porös
gemacht werden.

Eine ältere Methode dieser Art wird von Matthes & Weber in
Duisburg (D. R.-P. No. 34 888) angegeben. Der Cement wird hiernach nicht mit reinem Wasser, sondern mit koncentrirten Salzlösungen oder mit solchen Säuren (z. B. Salz- oder Salpetersäure)
angerührt, welche mit einzelnen Bestandtheilen des Cements lösliche
Verbindungen bilden. Beim Erhärten entzieht der Cement jenen
koncentrirten Salzlösungen das Wasser, wodurch die festen Salze
fein vertheilt im Cementkörper ausgeschieden werden. Wird letzterer
nunmehr ausgelaugt, so erhält man einen sehr gleichmässigen
porösen Körper, der sich als Diaphragma vorzüglich eignet. In
der Regel wird Kochsalzlösung zum Anrühren des Cements verwendet. Ein neuerer Vorschlag von Ochs (D. R.-P. No. 109 362)
geht dahin, als Zusatz zum Cement ein wasserlösliches Salz zu
verwenden, welches aber durch einen dünnen Ueberzug eines
wasserunlöslichen, das Abbinden des Cements nicht störenden
Körpers, wie Paraffin, Wachs etc. beim Formen und Erhärten der
Masse nicht verändert wird. Nach der Erhärtung wird zunächst
der Ueberzugsstoff durch Auslaugen, Ausschmelzen etc. entfernt,
worauf dann die Extraktion des Salzes erfolgt.

Dieses Verfahren soll gegenüber dem vorher beschriebenen
den Vorzug haben, dass dabei nicht, sowie durch die Salzlösung,
das Abbinden des Cementes und damit dessen Erhärtung beeinträchtigt wird.

Eine weitere Vervollkommnung der Cementdiaphragmen besteht
darin, dass man der plastischen Cementmasse fein gepulverten
Schwefel beimengt und letzteren nach dem Erhärten des Cements
mit Schwefelkohlenstoff wieder extrahirt.

Da der Schwefel die Erhärtung des Cements auch nicht beeinträchtigt und zweifellos noch feiner und gleichmässiger vertheilt
werden kann, als etwa nach dem vorher beschriebenen Verfahren
die mit Paraffin überzogenen Salztheilchen, so dürfte die Anwendung von Schwefel zur Erzielung einer porösen Cementmasse den
Vorzug verdienen.

Ein Vorschlag der Farbwerke vorm. Meister Lucius & Brüning in Höchst a. M. (D. R.-P. No. 73 688) um die Diaphragmen gegen

die Angriffe der gasförmigen Zersetzungsprodukte zu schützen, geht dahin, erstere auf einer oder auf beiden Seiten mit jalousieartigen Streifen zu umkleiden. Die Jalousien sind schräg nach oben gerichtet und derart angebracht, dass der tiefste Punkt eines Jalousiestreifens nicht höher liegt, als der höchste Punkt des nächsten darunter liegenden Streifens (Fig. 42).

Anschliessend an die Diaphragmen soll hier auch die Herstellung der Elektroden besprochen werden.

Als Elektrodenmaterial werden ausser Platin vorzugsweise Kohle als Anode und Eisen als Kathode verwendet.

Ein grosser Nachtheil der Kohle ist deren chemische Angreifbarkeit bei der Elektrolyse. Insbesondere durch die Einwirkung von freier unterchloriger Säure entstehen organische Produkte, welche die Lösungen dunkel färben und verunreinigen, und Kohlensäure, welche mit dem Chlorgas entweicht und die Verwendbarkeit des letzteren für die Chlorkalkdarstellung beeinträchtigt. Auch durch mechanisches Abbröckeln wird der Zerstörungsprocess der Elektroden sehr befördert.

Die Widerstandskraft der Kohle gegen chemische Einflüsse wird durch Ueberführung

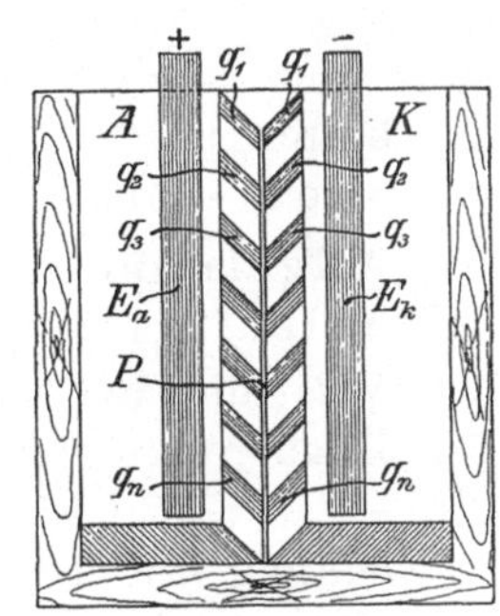

Fig. 42.

des Kohlenstoffs in Graphit wesentlich erhöht. Namentlich Acheson beschäftigte sich mit der Herstellung künstlich graphitirter Anodenkohlen sehr eingehend und stellt in der Fabrik der Acheson Co. in Niagara Falls Elektroden von sehr geringer Angreifbarkeit her. Der Graphit muss sehr dicht sein und im Dünnschliff kleine punktförmige, nicht kanalförmige Poren zeigen, da dann der Elektrolyt nicht so tief in das Innere der Kohle eindringt.

Ueber vergleichende Versuche hinsichtlich der Haltbarkeit verschiedener Elektrodenkohlen etc. berichtete Förster in einem Vortrage, gehalten auf der Hauptvers. d. Ver. d. Chemiker 1901 (Ztschr. f. ang. Chem. 1901, S. 647).

Auch andere Anodenmaterialien wurden vorgeschlagen, haben jedoch ausser dem Platin wegen geringer Widerstandskraft keine nennenswerthe Verbreitung gefunden. Höpfner (D. R.-P. No. 68748) empfiehlt die Anwendung von Ferrosilicium. Diese Anoden sollen durch Giessen oder Schneiden hergestellt werden oder durch elektrolytisches Niederschlagen des Ferrosiliciums auf Kohle oder Eisen. Eine Kieselsäureschmelze wird bei einer der Schmelztemperatur des Gusseisens nahe liegenden Temperatur unter An-

wendung einer Kohlenanode und einer Eisenkathode elektrolysirt.
Dabei erhält letztere einen siliciumhaltigen Ueberzug und kann
nun bei der Chloralkali-Elektrolyse als Anode angewendet werden.

Von Parker und Robinson (E. P. No. 6007, 1892) werden
Anoden aus Phosphorchrom in Vorschlag gebracht.

Auch Magnetit wurde vorgeschlagen.

Am angenehmsten gestaltet sich die Anwendung von Platin
oder einer Legirung von Platin und Iridium ($10^0/_0$ Ir), deren chemische Angreifbarkeit bei der Elektrolyse von Kochsalz bezw.
Salzsäure eine äusserst minimale ist. Als Kathodenmaterial wird
ausser Eisen auch die Anwendung von Kupferoxydplatten, und
zwar von Richardson und Holland (vgl. S. 67) vorgeschlagen.
Am besten bewährt sich auch hierfür — abgesehen von der Kostspieligkeit — das Platin und Platiniridium.

**Allgemeine Bedingungen für die Elektrolyse von
Chloralkalien.**

Was die bei der Elektrolyse von Chloralkalilösungen in der
Praxis angewendeten Spannungen anbelangt, so betragen dieselben
$3^1/_2$—$5^1/_2$ Volt. Die theoretisch geringste mögliche Spannung bei
Anwendung von Diaphragmen beträgt ca. 2,11 Volt.

Die Alkaliausbeute nimmt ihrem Gesammtwerthe nach immer
mehr ab, je mehr die Koncentration des Alkalihydrats im Kathodenraum wächst. Es ist dies einer der wesentlichsten, dem Dia-
phragmenprocess anhaftenden Mängel.

Die Stromdichte soll nicht sehr hoch gewählt werden und
0,01 Amp. pro qcm für praktische Zwecke nicht überschreiten.
Bei geringerer Alkalikoncentration und kleinerer Stromstärke wird
auch einerseits der Einfluss der Diffusion, andererseits die Verminderung der Stromausbeute kleiner.

Diese Verhältnisse wurden in eingehender Weise von Förster
und Jorre (Ztschr. f. anorg. Ch. XXIII, 158), ferner von Winteler
(Ztschr. f. anorg. Ch. XXIII, S. 196) u. a. studirt, auf welche Arbeiten
verwiesen sei, da hier nur die Grundbedingungen für die praktische
Durchführung der Elektrolyse kurz angeführt werden können.

Als Stromausbeute an Alkalihydrat wurden bei der Elektrolyse von $20^0/_0$ iger Chlorkaliumlösung, unter Anwendung einer
Pukall'schen Thonzelle als Diaphragma, ca. $68 — 69^0/_0$ erhalten,
wenn die Kathodenlauge eine Koncentration von $11,2$—$11,3^0/_0$ erreicht hatte.

Die Chlorausbeute ist, wie dies auch theoretisch begründet ist,
geringer als die Alkaliausbeute. Namentlich im ersten Stadium der

Elektrolyse ist der Unterschied zwischen der Chlor- und der Alkaliausbeute ein beträchtlicher.

Verfahren von Greenwood.

Von den älteren, mit Diaphragmen arbeitenden Verfahren wäre
das von Greenwood (D. R.-P. No. 62912) zu erwähnen, das eines der
ersten elektrolytischen Verfahren war, welches im Grossbetriebe angewendet wurde, heute aber nur mehr ein historisches Interesse bietet.

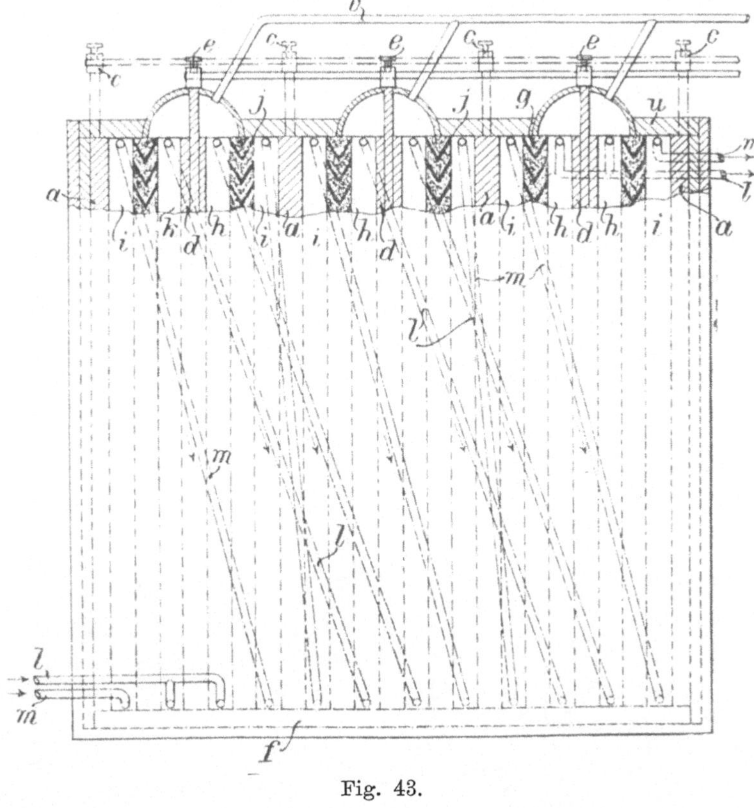

Fig. 43.

In Fig. 43 und Fig. 44 ist eine derartige Zelle schematisch
im Längs- und Querschnitt dargestellt, während Fig. 45 die Ansicht einer solchen Anlage zeigt.

Das Zersetzungsgefäss wird durch die quer bis zu den Seitenwänden reichenden Anoden- und Kathodenplatten d und a sowie
durch die porösen Zwischenwände g in eine Reihe von Anoden-
und Kathodenräumen h bezw. i getheilt.

Gewöhnlich sind 10 Anoden- und 10 Kathodenabtheilungen vorhanden. Die Anoden sowohl wie die Kathoden sind unter ein-

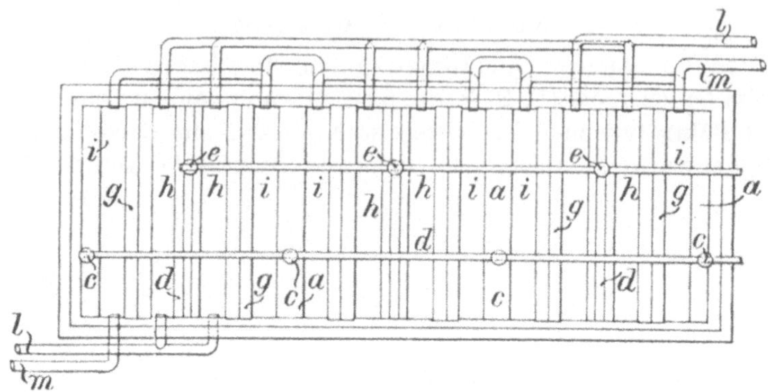

Fig. 44.

ander parallel geschaltet, während die 5 Bädergruppen hinter einander geschaltet sind.

Fig. 45.

Das Diaphragma besteht aus einer Anzahl von jalousieartig über einander angeordneten $\bigvee$förmigen Trögen j aus Porcellan oder Schieferplatten, zwischen welchen Asbestfasern k und Speck-steinpulver eingepresst werden. Die Anode wird durch eine Metall-kohleplatte gebildet, die so hergestellt wird, dass man die mit ein-ander zu vereinigenden Flächen zweier Kohleplatten elektrolytisch mit einem Metallüberzuge (z. B. Kupfer) versieht, diesen verzinnt und die Kohleplatten dann so in eine Gussform stellt, dass die Metallflächen einander zugekehrt sind und nun zwischen dieselben ein geschmolzenes Metall, z. B. Letternmetall giesst.

Um die Kohle unporös zu machen und dadurch das Metall gegen die Angriffe des Chlors zu schützen, schlägt Greenwood vor, sie mit einer Paste aus Bleisuperoxyd einzureiben und dann zu poliren. Als Kathoden werden Gusseisenplatten angewendet. Die Räume h und i werden von unten durch die Rohre l und m mit halbgesättigter Kochsalzlösung gefüllt, welche die fünf etagen-förmig aufgestellten Zersetzungsgefässe der Reihe nach durchfliesst, indem sie immer unten eintritt und oben wieder abfliesst. Mittels einer Pumpe wird dann der Elektrolyt von dem untersten Gefäss wieder in das oberste befördert, um neuerlich die Zersetzungs-gefässe zu passiren, und dies so lange fortgesetzt, bis der praktisch günstigste Effekt der Elektrolyse erreicht ist. Die ersten über das Verfahren bekannt gewordenen Resultate lauteten sehr ungünstig. Es wurde mit einer Stromdichte von 0,01 Amp. pro qcm und einer Spannung von 4,4 Volt eine Lösung erhalten, welche $2,21\,^0/_0$ NaHO auf $10,76\,^0/_0$ Kochsalz enthielt. Die Chlorausbeute war dem ent-sprechend gering und wurde das Chlor in Kalkmilch aufgefangen, um eine verdünnte Bleichlösung zu erhalten.

Später soll der Aetznatrongehalt auf $10\,^0/_0$ gesteigert worden sein, doch ist das Verfahren trotzdem längst durch andere, zweck-mässigere verdrängt worden.

Ueber die in Deutschland in Ausübung befindlichen, mit Diaphragmen arbeitenden Verfahren der elektrolytischen Chlordar-stellung wird ein sehr sorgfältiges Geheimnis gebreitet und ist nur bekannt, dass von den beiden grössten Unternehmungen dieser Art die Akt.-Ges. Griesheim-Elektron in Frankfurt a. M. in ihren Fabriken in Griesheim, Bitterfeld und Ludwigshafen sowie in Frankreich heisse Chlorkaliumlösung unter Anwendung poröser Cementdiaphragmen (siehe S. 74) elektrolytisch zerlegt, während die „Elektrochemischen Werke in Bitterfeld" ebenfalls mit Chlor-kaliumlösung, jedoch in der Kälte und unter Anwendung einer Modifikation des Diaphragmas von Kiliani und Rathenau (siehe S. 73) arbeiten. Obzwar die Leitfähigkeit von 80^0 warmer Chlorkaliumlösung ungefähr doppelt so gross ist, als solcher von gewöhnlicher Temperatur (20^0), so wiegen die Kosten der Erhitzung im ersten Falle ungefähr den erhöhten Verbrauch an elektrischer Kraft auf. Man arbeitet auf eine Kathodenlauge von $8-10^0/_0$ Aetzkali bei einer Badspannung von $3-3^1/_2$ Volt. Der Wirkungsgrad des Stromes, bezogen auf Aetzkali und Chlor, soll nicht über $80^0/_0$ gehen. Die Diaphragmen sollen einen 2jährigen Betrieb überdauern, dagegen müssen die Kohlenanoden öfter erneuert werden. Das Chlor wird zur Chlorkalkfabrikation verwendet.

Verfahren von Le Sueur.

Ein Verfahren der Alkalielektrolyse, das ursprünglich mit grossen Schwierigkeiten zu kämpfen hatte, heute aber in grossem Maassstabe (allerdings unter besonders günstigen Kraftverhältnissen) in Amerika in industrieller Anwendung steht, ist das Verfahren

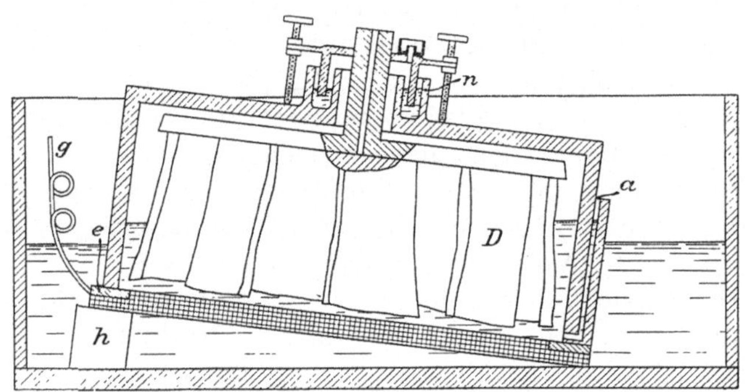

Fig. 46.

von Le Sueur (E. P. No. 5983, 1891). Parsons[1]) machte darüber in einem im August 1898 vor der Amer. Chem. Society in Boston gehaltenen Vortrage ausführliche Mittheilungen und sind die nachstehenden Daten daraus entnommen.

Die Zelle in ihrer ursprünglichen Form besteht der Hauptsache nach aus einer Steinzeugglocke, Fig. 46, welche die Anoden aus Retortenkohle umschliesst. Ihre Oeffnung wird durch ein Diaphragma (gegenwärtig werden Asbestdiaphragmen angewendet) verschlossen, an welches die aus Eisendrahtnetz bestehende Kathode fest anliegt. Das Ganze wird in eine mit Salzlösung gefüllte eiserne Wanne getaucht; die Höhe der Lösung in der Glocke soll grösser sein als die Lösung im äusseren Gefäss.

---

[1]) Journ. Am. Chem. Soc. 20, 11, 868; Ztsch. f. Elektroch. V, 291.

Bei der Nähe beider Elektroden ist der innere Widerstand nur gering. Die Anode setzt sich aus einer Reihe von Gaskohlenplatten zusammen, die oben in Blei gefasst sind; die Zwischenräume zwischen den einzelnen Platten werden mit kleinen Kohlestücken ausgefüllt. Auf diese Weise wird eine möglichst grosse Oberfläche erhalten (vgl. Fig. 47—49). Die Eisendrahtkathode kommt mit dem Chlorgas gar nicht in Berührung; von der Natronlauge wird sie kaum angegriffen und bildet mit der eisernen Zellwand den dauerhaftesten Theil des Apparates. Die poröse Asbestwand muss binnen einigen Wochen erneuert werden.

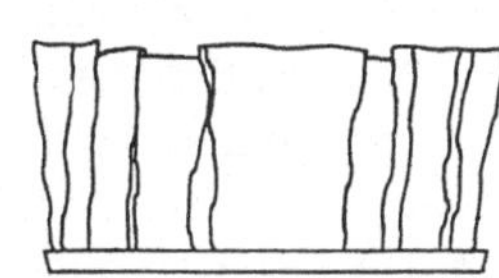

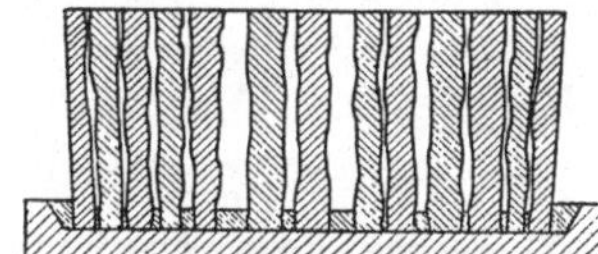

Fig. 47.   Fig. 48—49.

Die Zelle gab ca. 70 $^0/_0$ Ausbeute bei einer angewendeten Spannung von 4 Volt. Da sich das Material der Steingutglocke bald als für den vorliegenden Zweck nicht praktisch erwies, weil sie leicht zersprang, so wurde ein ähnlicher Behälter aus Schieferplatten mit Fichtenholzrahmen konstruirt, der nur mit der Alkalilösung in Berührung kommt und wenig angegriffen wird.

Durch die Scheidewand allein konnte das Durchtreten von Natronlauge und die dabei auftretenden Nebenreaktionen — insbesondere die Bildung von Hypochlorit und von Kohlensäure (letztere aus der Anodenkohle) — nicht ganz vermieden werden und wurde daher in nachstehender Weise ausgeglichen:

Der Flüssigkeitsspiegel im Anodenraum wird stets höher gehalten als der im Kathodenraum, wodurch der Eintritt der Natronlauge erschwert wird; ausserdem muss die Anodenflüssigkeit immer schwach sauer bleiben, damit etwa entstehendes Hypochlorit sofort zersetzt und die Salzsäure selbst zu freiem Chlor oxydirt wird. Dabei findet naturgemäss kein Chlorverlust statt, da eben die Menge des entwickelten Chlors um die Menge des als Salzsäure eingeführten zunimmt.

Gegenwärtig besitzt die Le Sueur'sche Zelle zwar äusserlich die gleiche Form wie die eben beschriebene ältere Konstruktion, ist aber grösser und weist einige Vereinfachungen und Verbesserungen auf.

Statt der Kohlenanoden wird eine besonders geformte, von Le Sueur angegebene Platinanode verwendet. In Fig. 50 ist diese Form der Zelle wiedergegeben.

Die äussere Wanne ist ca. 1,5 m breit, 2,5 m lang und 0,5 m hoch und besteht aus ca. 6 mm starkem Stahlkesselblech. Die eigentliche Anodenzelle ist gänzlich aus Fichtenholz, Ziegelsteinen, Portlandcement, Sand und Schiefer gebaut.

Diese Materialien sind in der Weise in der Zelle vertheilt, dass diese möglichst widerstandsfähig ist; das Holz ist nur der schwach angreifenden Aetzlauge ausgesetzt. Die Anoden führen durch den Deckel der Zelle und können einzeln, ohne Störung des

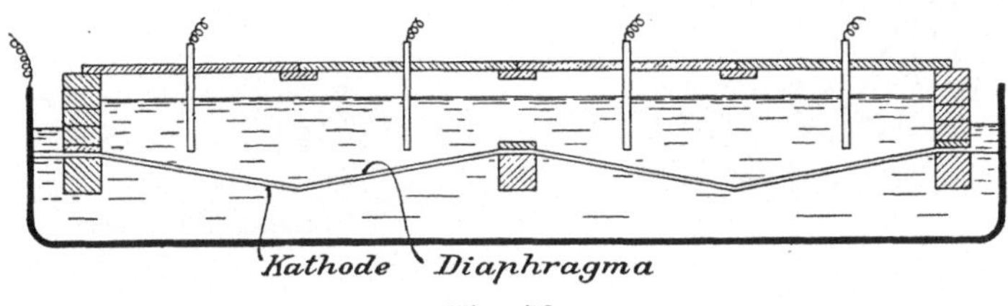

Fig. 50.

Betriebes, herausgenommen werden. Schwer zu dichtende Verbindungen werden durch einen besonders plastischen Cement verkittet.

Das Asbestdiaphragma ist schwach gegen die Horizontale geneigt, um die Wasserstoffblasen entweichen zu lassen. Der in der Wanne befindliche Boden der Zelle besteht aus einem rechteckigen Fichtenholzrahmen.

Der Rahmen wird durch einen Querbalken in zwei Abtheilungen getheilt, auf welchen die die Kathoden tragenden eisernen Rippen aufruhen. Diese bestehen aus vier parallel gelegten Bandeisenstücken, von denen eines breiter ist als die übrigen. Dieses breitere Stück ist beiderseits an der äusseren Wanne befestigt und erhält von derselben den Strom, der weiter zu den Kathoden fliesst. Das Diaphragma liegt direkt auf der Kathode auf. Der von den geneigten Rippen gebildete Trog ist etwa 10 cm tief.

An den Enden der an den Querbalken hängenden Eisenstücke ist eine geeignete Vorrichtung angebracht, um den aufsteigenden Wasserstoff in Röhren zu sammeln. Der Zwischenraum zwischen der oberen Kante der Querbalken und den kürzeren Seiten des Rahmens wird von einer Schieferplatte ausgefüllt. Diese Platte hält Diaphragma und Kathode fest zusammen. Auf den oberen Balkenflächen des Rahmens ist eine vier Steine hohe, mit Cement gedichtete Ziegelmauer errichtet, deren Innenseiten gleichfalls mit Cement beworfen sind. Das gleiche ist bei der kleinen Holzfläche oberhalb der Kathode der Fall, die sonst mit der Anodenflüssigkeit in Berührung kommen würde. Der Deckel der Zelle setzt sich aus einer Reihe von Schieferplatten zusammen, die auf Querleisten von Schiefer aufliegen. Durch die Deckelplatten führen Glasröhren als Anodenträger. Die gegenwärtig gebrauchten Anoden sind aus einer Platin-Iridiumlegirung zusammengesetzt und so dünn ausgewalzt, dass mit geringen Kosten eine sehr grosse Anodenfläche erzielt wird, besonders wenn man berücksichtigt, dass als Anoden kein Metallüberzug, sondern kohärentes Metall zur Anwendung kommt. 60 derartige Anoden befinden sich durchschnittlich in einer Zelle. Parsons giebt an, dass nach dem Mitte 1898 bestehenden Marktpreise des Platins eine Anode ca. 3,05 Mark kostete.

Während des Betriebes werden die Anoden kaum angegriffen, und die Auswechslung derselben, falls ein Glashalter beschädigt ist, lässt sich auch leicht bewerkstelligen.

Die Gesammtkosten der Anoden für eine monatlich 200 tons Chlorkalk producirenden Anlage betragen ungefähr 21 000 Mk. oder 168 Mk. für eine täglich mindestens $24^3/_4$ kg Natron und 22 kg Chlor erzeugende Zelle. Die Gesammtkosten für verbrauchtes Platin einschliesslich Arbeit sollen noch nicht die Hälfte der Anschaffungskosten für die früher verwendete Kohle betragen, ganz abgesehen von den bereits mehrfach erwähnten Nachtheilen, welche der Gebrauch von Kohle im Gefolge hat.

Ein Nachtheil des Verfahrens ist zweifellos die erforderliche, verhältnissmässig hohe Spannung, welche allerdings nach Parsons bei der sehr billigen Krafterzeugung der Electrochemical Company in Rumford Falls nicht weiter ins Gewicht fällt.

Man arbeitet dort mit einer Spannung von $6^1/_2$ Volt bei 1000 Ampère Stromstärke, was wohl bei jeder anderen Stromquelle ökonomisch undurchführbar wäre.

Eine Erneuerung der Zellen ist nur wegen Abnützung der Diaphragmen nöthig. Die Kathoden werden wenig angegriffen und die Stahlbehälter sind nahezu unzerstörbar.

Die Zellen sind in drei parallel geschalteten Reihen von je 22 aufgestellt.

6*

Der entwickelte Wasserstoff wird zum Theil in die Luft abgelassen, nur ein Theil davon wird bei der Verarbeitung des Platins als Heizmaterial benutzt.

Das Chlor wird zur Chlorkalkfabrikation, zum Theil auch zur Chloratfabrikation benützt.

Apparat von Hargreaves und Bird.

Ein Apparat der Alkalielektrolyse unter Anwendung von Diaphragmen behufs Gewinnung von Chlor und Soda, das hauptsächlich in England Anwendung findet, ist der von Hargreaves und Bird. Die einzelnen Entwicklungsphasen sind in einer Reihe von Patenten beschrieben (D. R.-P. No. 76047, 83527, 85155 und 88001) und dürften mit den im österreichischen Patent No. 535 enthaltenen Verbesserungen einen gewissen Abschluss erhalten haben. Das Princip des Apparates beruht, ähnlich wie bei Le Sueur, darauf, dass der Anoden- und Kathodenraum der Zelle durch ein Diaphragma geschieden werden, an welchem jedoch die aus einem Metallgitter bestehende Kathode fest anliegt. Der Anodenraum ist mit dem Elektrolyten (Kochsalzlösung) gefüllt, während der Kathodenraum leer ist, bis auf die Flüssigkeitshaut, welche auf der mit der gitterförmigen Kathode überkleideten Diaphragmenwand haftet und die Kathodenflüssigkeit bildet. Durch Sprühregen oder Dampf wird die an dem Kathodengitter entstehende Natronlauge abgespült und läuft hierauf in ein Sammelgefäss.

Bei dieser Einrichtung treibt der hydrostatische Druck die Lauge durch die Diaphragmenwand den Hydroxyl-Ionen entgegen, welche daher schwerer in den Anodenraum einzudringen und dort Hypochloritbildung zu bewirken vermögen, als dies dann der Fall ist, wenn auch der Kathodenraum mit dem Elektrolyten erfüllt ist.

In den älteren Apparaten von Hargreaves und Bird waren die Diaphragmen horizontal angeordnet, und zwar befand sich oben der Anodenraum, unten der Kathodenraum. Die späteren Ausführungsformen zeigen alle vertikale Diaphragmen- und Anodenanordnung.

Hargreaves und Bird stellen, trotz des geringeren Verkaufswerthes von Soda im Vergleiche zum Aetznatron, ersteres Produkt dar. Sie leiten deshalb in die Kathodenräume Dampf und kohlensäurereiche Verbrennungsgase, welche die Kathodengitter unter Bildung von Sodalösung abspülen. Dadurch wird gleichzeitig auch das Diaphragma heiss erhalten und damit die elektrische Leitfähigkeit gesteigert.

Die gegenwärtige Einrichtung der Zelle von Hargreaves und Bird ist aus den Zeichnungen Fig. 51—58 ersichtlich.

Das Bad ist von parallelepipedischer Form und 1,60 m hoch, 3,20 m lang und 0,60 m breit. Der Innenraum der Zelle wird durch zwei Diaphragmen in drei Abtheilungen, einen Anodenraum und zwei Kathodenräume, getheilt.

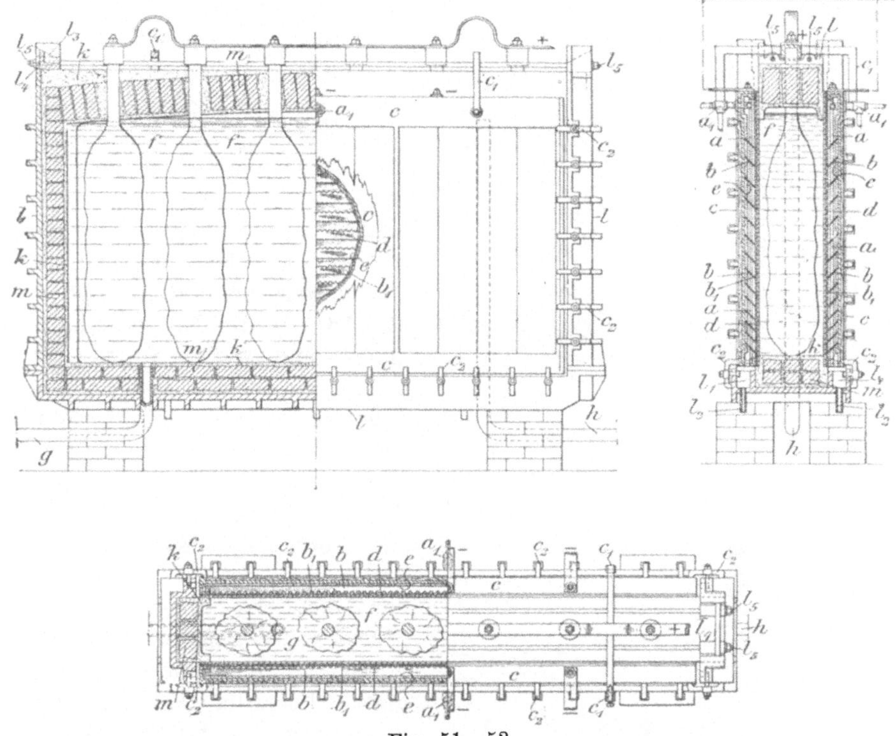

Fig. 51—53.

Fig. 51 stellt einen theilweisen Längsschnitt und eine theilweise Seitenansicht, Fig. 52 einen Querschnitt, Fig. 53 den theilweise geschnittenen Grundriss dar. Fig. 54 und 55 zeigen im Längsschnitt bezw. im Grundriss das linke Ende einer Modifikation der Zelle, ebenso veranschaulichen die Fig. 56 und 57 weitere Abänderungen. Fig. 58 stellt die Kathode im Schnitt dar.

Bei der aus Fig. 51, 52 und 53 ersichtlichen Einrichtung cirkulirt die den Elektrolyten bildende Salzlösung durch die Zelle und die erschöpfte Lösung nebst dem Chlor gelangt aus der Zelle in einen Behälter, in welchem das Chlor abgeschieden wird.

Beim Betrieb der in Fig. 54, 55, 56 und 57 veranschaulichten Zellen wird festes, trockenes Kochsalz in ein innerhalb der Anodenabtheilung befindliches Sättigungsgefäss i eingeführt.

Die Herstellung des Diaphragmas in Verbindung mit der gitterförmigen Kathode bildet die hauptsächlichste Eigenheit des Apparates.

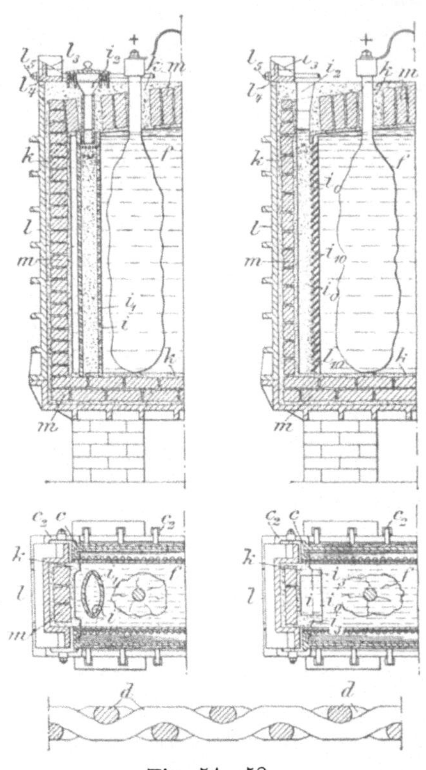

Fig. 54—58.

Dieselbe soll derart erfolgen, dass ein Gemisch von Asbestfasern und Cement mit Wasser plastisch angerührt und die erhaltene Masse auf ein Metallgitter (Eisen-) aufgestrichen und dort erhärten gelassen wird. Um die Berührung zwischen der Diaphragmenmasse und dem Drahtgewebe inniger zu gestalten, wird letzteres an den Ueberkreuzungen abgeflacht (d, Fig. 58). In der Kathodenkammer a sind weiter Serien von Streifen b aus Kupfer oder einem anderen Metalle angebracht, welche von der Deckelplatte c abwärts geneigt, bis zur Kathode d reichen. Diese Streifen oder Platten bewirken, dass der kondensirte Dampf oder die in der Kathodenkammer gebildete Flüssigkeit gegen die Kathodenoberfläche fliesst und dort rasch und vollständig das an dem Diaphragma gebildete Alkali abwäscht.

Um die geneigten Plattenstreifen in ihrer Stellung an der Deckplatte zu halten, werden sie in Cement e eingebettet, welcher ausserdem noch als schlechter Wärmeleiter die Wärmeverluste der Zelle hintanhält. Die unteren Ränder b_1, der Streifen b sind mit Ausschnitten oder Einkerbungen versehen, welche das freie Strömen des Dampfes und der Gase längs der Kathodenoberfläche ermöglichen. a_1, a_1 sind Injektoren, welche Kohlensäuregas und Dampf in die Kathodenkammern a, a einführen.

Als Anodenmaterial wird Retortenkohle angewendet, und zwar entweder vertikale Stäbe oder Platten, oder durchlöcherte Blöcke, welche auf einer Axe aus Blei-Kupferlegirung bestehend, angebracht sind. Zum Schutze gegen Zerstörung durch Kochsalz oder Chlor sind die blanken Theile der Axe mit Cement überstrichen.

Eine neuere Verbesserung in der Einrichtung der Anoden (D. R.-P. No. 114193) besteht darin, dass zur Verhütung des Zutritts des Elektrolyten zum Stromzuleiter oder dessen Verbindungsstellen mit den Anoden, der Leiter a (Fig. 59 und 60) von einem mit Oel gefüllten Behälter b umschlossen wird, durch dessen Wandung die Verbindung des Leiters mit der Anode e mittels gegen letztere durch isolirte Schraubenbolzen angedrückte durchbohrte Klötzchen aus Kohle hergestellt wird. Die aussen liegenden Anoden werden von dem Behälter durch auf die Klötzchen aufgeschobene, nichtleitende Hülsen isolirt. Die Muttern und die Köpfe der Schraubenbolzen werden in Vertiefungen der Anoden eingelegt und mit einer isolirenden Masse ausgefüllt.

Die Anodenzelle wird nicht aus Stein oder Schiefer, sondern aus Portland- oder anderem Cement k (Fig. 51 bis 57) hergestellt, welcher in einen äusseren metallenen Rahmen l gegossen wird. Es kann auch ein Theil des Rahmens mit Ziegeln oder Steinen m gefüllt sein.

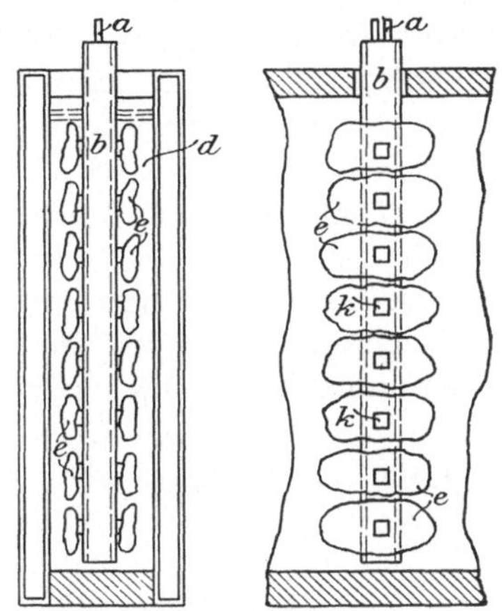

Fig. 59—60.

Zwecks besserer Abdichtung wird das Füllmaterial mit Paraffin, Wachs, Pech oder Theer, welche die Poren oder Zwischenräume der Ziegel ausfüllen, getränkt. Der Rahmen l besteht aus drei Stücken, der Basis und den beiden Endtheilen. Die Basis bildet einen mittleren Kasten zur Aufnahme von Cement k und beiderseits des Kastens je einen Kanal l_1, welche die Produkte aus der Kathodenkammer a ableitet. l_2 l_2 sind die Abflussrohre der Kanäle l_1 l_1. Die Endtheile sind an Flanschen der Grundplatte angeschraubt. Die Obertheile der Endstücke sind mit geneigten Flächen l_3 l_3 versehen, unterhalb welcher die an beiden Enden der Zelle angebrachten Keile l_4 l_4 verschoben werden können. Diese Keile ruhen auf den oberen Flächen der Endwände der Zelle und stehen durch Zugstangen l_5 l_5 miteinander in Verbindung. Durch Anziehen der an den Zugstangen l_5 befindlichen Muttern können die Keile gegeneinander bewegt werden, wobei sie einen Druck nach abwärts auf die Endwände ausüben und gleichzeitig die

Festigkeit der Decke erhöhen. Die Deckplatten $c\,c$ werden durch Klemmbügel $c_1\,c_2$ festgehalten und können mit Brettern bekleidet sein, welche den Wärmeverlust der Kathodenkammern verringern.

Was den für die Zufuhr von festem Kochsalz angebrachten Sättigungsbehälter anbelangt, so bildet derselbe, wie aus Fig. 54 und 55 ersichtlich, eine Röhre von elliptischem Querschnitt, deren Wände mit Bohrungen i_1 versehen sind. Diese Bohrungen sind vorzugsweise geneigt angeordnet (Fig. 54), um zu verhindern, dass ungelöstes Salz in den Anodenraum der Zelle gelangt. Der Sättigungsbehälter i wird durch die Oeffnung des Rohres i_2 beschickt, welches unterhalb des Niveaus des Elektrolyten in den Sättigungsbehälter mündet, wodurch das Entweichen von Chlor durch die Beschickungsöffnung vermieden wird. Die Beschickungsöffnung kann oben mittels eines Wasserverschlusses abgeschlossen sein. Bei der in den Fig. 56 und 57 dargestellten Anordnung wird der Sättigungsbehälter i dadurch gebildet, dass man eine Anzahl von geneigten Schienen i_0 in der Zelle anbringt, welche nach Art einer Jalousie geneigte Zwischenräume i_{10} freilassen, die denselben Zweck wie die geneigten Bohrungen des Rohres i erfüllen. Um das Entweichen von Chlor zu verhindern, ist die Decke der Zelle mit einem abwärts reichenden Flansch versehen, welcher bis unterhalb des Flüssigkeitsspiegels in der Zelle reicht.

Das Rohr i und die Schienen i_0 können aus Steingut, Schiefer oder Thon bestehen. Werden Ziegelplatten verwendet, so können die Enden derselben in Cement i_3 eingebettet werden.

Um das Vorhandensein von Chloraten oder Hypochloriten in dem Elektrolyten, welche Anlass zur Zerstörung der Anoden und zu Kraftverlusten geben würden, zu verhüten, wird in gleicher Weise wie nach dem Le Sueur'schen Verfahren die Salzlösung mit so viel Salzsäure versetzt, als nöthig ist, um die Chlorate und Hypochlorite gleich im Entstehungszustande zu zersetzen. Das Chlor der Salzsäure entweicht und es bleibt keine überschüssige Salzsäure zurück.

Das entwickelte Chlor wird entweder in Kalkmilch geleitet oder verflüssigt.

Das Natrium an der Kathode wird durch den zugeführten Wasserdampf und die Kohlensäure in Sodalösung verwandelt. Die daraus gewonnene Soda ist von beträchtlicher Reinheit und sollen die Verunreinigungen selten mehr als $3\,{}^0/_0$ betragen, die sich aus $NaCl$, Na_2SO_3 und Na_2SO_4 zusammensetzen. Letztere beiden Salze entstammten bei Hargreaves' Anlage einer Verunreinigung der Kohlensäure. Die Arbeitsleistung einer Zelle von der angegebenen Grösse, deren gesammte Diaphragmenfläche 924 qcm beträgt, ist folgende:[1] In 24 Stunden wurden 105,7 kg NaCl zersetzt.

Hieraus wurden gewonnen 165 kg Chlorkalk von $37^0/_0$ Chlorgehalt und 262 kg krystallisirte Soda oder 97 kg wasserfreie Soda. Die aufgewandte elektrische Energie betrug durchschnittlich 2300 Ampère bei einer Spannung von 3,9 Volt an der Zelle und 4,7 Volt an der Maschine. Die theoretische Ausbeute an trockener Soda bei einem Strom von angegebener Stärke beläuft sich auf 100 kg in 24 Stunden, so dass der elektrische Nutzeffekt von $97^0/_0$ recht hoch ist. Das Verfahren ist sehr einfach durchzuführen, doch müssen die Diaphragmen nach ungefähr einmonatlichem Gebrauche erneuert werden, was angeblich mit sehr geringem Kosten-

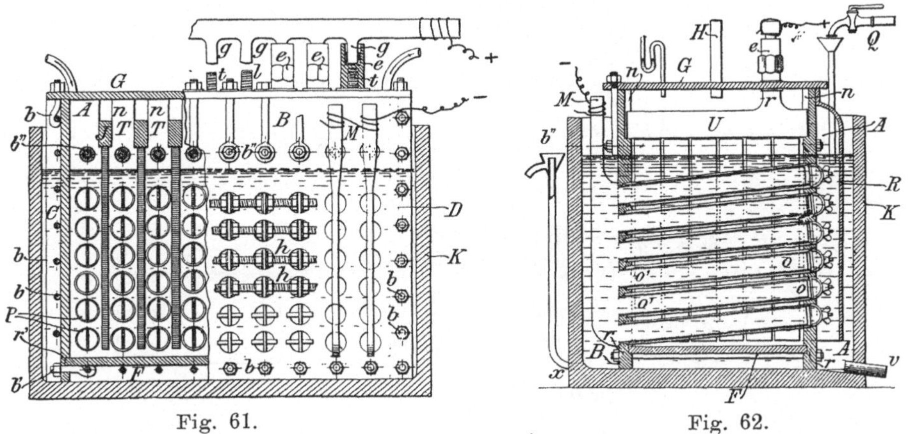

Fig. 61.
Fig. 62.

und Arbeitsaufwande möglich ist. Nach neueren Angaben von Kershaw enthält die ablaufende Sodalösung $10,44^0/_0$ Na_2CO_3 und $0,10^0/_0$ NaCl.

Apparat der Société Outhenin Chalandre Fils et Cie.

Dieser Apparat (D. R.-P. No. 73 964) ist in Fig. 61 in Seitenansicht und theilweise im Schnitt, in Fig. 62 im Querschnitt und in Fig. 63 in Ansicht von oben mit theilweise entferntem Deckel dargestellt. Fig. 64 zeigt die Anordnung der zur Verwendung kommenden Röhren, Fig. 65 einen Salzbehälter.

Der Apparat besitzt folgende Einrichtung:

Ein Kasten k aus gegen den Elektrolyten widerstandsfähigem Material umschliesst einen inneren Behälter, den eigentlichen Apparat, in welchem die Anoden und Kathoden angebracht sind.

---

[1] Eng. and Min. Journ. 1898, 611; Ztschr. f. Elektrochem. V, 150.

Die Kathoden bestehen aus Eisen. Der innere Behälter besteht, abgesehen von mehreren darin angebrachten Oeffnungen, deren Bedeutung später erörtert wird, aus einem wasserdichten Kasten, dessen Seitenwandungen mittels Metallbolzen b befestigt sind. Die beiden Seitenplatten A und B sind mit Durchbohrungen o und o_1 (Fig. 64) und Nuthen r versehen, welch letztere zur Aufnahme der Wände C und D und des Bodens F (Fig. 63) dienen. Die

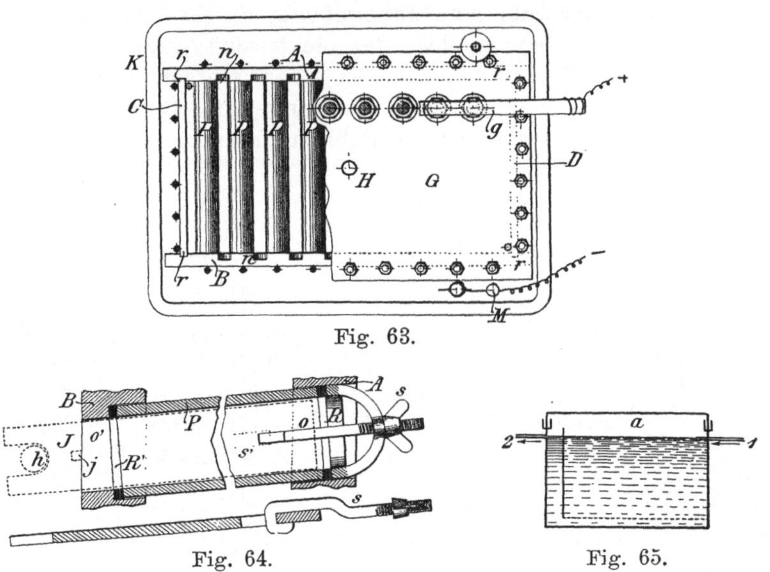

Fig. 63.

Fig. 64.   Fig. 65.

Platten A und B können auch noch im oberen Theile durch Röhren T (Fig. 61), durch welche mit Muttern versehene Schraubenbolzen b'' gehen, versteift werden (Fig. 62). Zwischen den Endflächen jedes Rohres T (welche aus Hartgummi, Porcellan etc. bestehen können) und der Oberfläche der Platten A und B sind Gummiringe eingefügt, welche die Gase oder die Flüssigkeit im Anodenbehälter verhindern, in das Innere der Röhren T einzudringen und die Bolzen anzugreifen. Der ebenfalls aus Hartgummi hergestellte Deckel G schliesst den Anodenbehälter mittels Gummi oder Mastix hermetisch ab. Das Ganze wird mittels aussen angebrachter Bolzen festgehalten.

Die Axe je zweier korrespondirender Oeffnungen o und o^1 ist wenig gegen die Horizontale geneigt. Diese Oeffnungen nehmen die aus cylindrischen porösen Porcellanröhren P, mit rundem oder flachem Querschnitt bestehenden Diaphragmen auf, welche an beiden Enden offen sind (Fig. 64). Letztere ruhen auf einem weichen

Gummiring R^1, der in der Oeffnung o^1 der Platte B angebracht ist. Ein zweiter Gummiring R liegt auf dem anderen Ende der Röhre P in der Oeffnung o der Platte A. Auf diesen Ring stützt sich ein hufeisenförmiger Bügel, durch dessen Mitte ein mit Haken versehener Bolzen S geht, der in die im Innern der Röhre P angebrachte Kathode eingreift. Mittels der auf dem Bolzen S befindlichen Flügelmutter wird die ganze Vorrichtung gegen den Lagerhals der Oeffnung o^1 angedrückt, um auf diese Weise die Gummiringe leicht zusammenzupressen und so die Enden der Röhren gegen die Wandungen des Behälters abzudichten. Auf diese Weise ist die in dem Anodenbehälter enthaltene Flüssigkeit von der in dem äusseren Kasten K befindlichen völlig getrennt. Der elektrische Kontakt ist durch die Porosität der Diaphragmen gesichert. Die Röhren liegen völlig in dem Elektrolyten und können nöthigenfalls leicht ausgewechselt werden. Die röhrenförmige Anordnung der Diaphragmen ist von Vortheil für ihre Haltbarkeit, da hierdurch ihre Oberfläche vergrössert und damit selbst bei geringerer Porosität der elektrische Widerstand nicht zu gross wird.

Die Anoden I sind zwischen je zwei Reihen der porösen Röhren angeordnet (Fig. 61) und bestehen aus Stäben oder Platten, welche in einem Kopfstück U aus Blei (Fig. 62) versenkt sind. Das Kopfstück U ruht mit seinen über die Anoden etwas hervorragenden Enden in Aussparungen n der Platten A und B. Die Bleistücke U liegen über der Flüssigkeit. Durch Bestreichen mit einem geeigneten Firniss werden die Kopfstücke gegen die Einwirkung der Gase in dem Anodenbehälter geschützt.

Die Stromzuleitung zur Anode erfolgt durch den kupfernen Schraubenbolzen t, der theilweise in das bleierne Kopfstück U versenkt ist und durch den Deckel G hindurchragt. Gegen den Deckel ist der Bolzen durch einen weichen Gummiring abgedichtet. Um hier absolute Dichtigkeit zu erzielen, wird der Ring durch eine auf den Bolzen t aufgeschraubte Mutter e (Fig. 61) angepresst. Die Mutter dient zugleich als Klemmschraube, und ein gewisses Spiel zwischen dem Ende des Bolzens und dem oberen Boden der Mutter erlaubt den Gummiring fest anzupressen. Zur Aufnahme des Stromes läuft jede Mutter e oben in einen Napf aus, der mit Quecksilber gefüllt ist und in welchen einer der Ansätze g einer Stange hineintaucht. Letztere empfängt den Strom von der Dynamomaschine.

Diese Anordnung gestattet, jederzeit die Verbindungsstellen auf ihre Unversehrtheit zu prüfen. Die Verbindungen befinden sich alle in einer Reihe auf der den Verbindungen der Kathoden mit der Stromquelle entgegengesetzten Seite. Die Kathoden sind Streifen oder Platten aus Eisen mit einem in Fig. 64 punktirt gezeichneten Ausschnitt bei J versehen. Dieselben liegen ihrer ganzen Ausdehnung nach parallel mit den Anoden. Ihre Breite ist ein wenig geringer als die lichte Weite der Röhren P, in welchen sie frei liegen; in diese werden sie durch die Oeffnungen o der Platte A eingeführt. Die Kathoden greifen mit ihrem gabelförmigen Ende frei um die Bolzen h. Durch das in der Kathode befindliche kleine Loch j wird ein Splint gesteckt, der sich gegen die Aussenseite von B stützt, wenn man die Schraube S anzieht, um die Diaphragmen zu befestigen. Der Hakenbolzen S greift in einen Schlitz S' der Kathode ein. Auf diese Weise wird der ganze Druck auf die Platte B übertragen. Jede Kathode kann leicht ausgewechselt werden.

Die Verbindung der Kathoden mit dem entsprechenden Pol der Dynamomaschine erfolgt mittels der Schraubenspindeln h, welche vor der Platte B gegenüber den horizontalen Reihen der Röhren P parallel angeordnet sind. Jede dieser Spindeln ist mit einer Anzahl von aufgeschraubten Ringen und Muttern versehen, und zwar entspricht die Zahl derselben der Zahl der, der betreffenden Spindel gegenüberliegenden Kathoden. Alle horizontalen Spindeln h sind mit einem gemeinschaftlichen Konduktor verbunden, der an den entsprechenden Pol der Dynamomaschine angeschlossen ist.

Man kann die Anordnung auch so treffen, dass man die Kathoden einer horizontalen oder einer vertikalen Reihe aus einem Stück herstellt, derart, dass sie mit ihrem durch die Platte B hindurchragenden Ende durch ein Stück verbunden sind, dessen aus der Flüssigkeit herausragendes Ende M mit dem entsprechenden Pol der Dynamomaschine verbunden ist (Fig. 61 und 62).

Wenn die Kathoden aus einem Stück hergestellt werden, so werden sie durch die Oeffnung o^1 der Platte B eingeführt. Hierbei werden die Löcher j mit den Splinten überflüssig, da die Kathoden sich mit dem erweiterten Verbindungsstück gegen die Platte B stützen, wenn die Schrauben S angezogen werden; diese sind dann in derselben Weise wie im ersten Falle angeordnet. In beiden Fällen bildet die Anordnung der Anoden und Kathoden ein Ganzes, das aus dem äusseren Kasten K zwecks Reinigung etc. herausgenommen werden kann.

Durch den Deckel G geht das Gasabführungsrohr H. Auch kann ein Thermometer, ein Manometer, ein Flüssigkeitsstandanzeiger etc. angebracht werden.

Um in dem Elektrolyten stets einen bestimmten Koncentrationsgrad zu erhalten, lässt man denselben durch einen aus Glas, Porcellan oder dergleichen verfertigten Salzbehälter (Fig. 65) in der Richtung der Pfeile hindurchfliessen.

Dieser Behälter ist durch eine vertikale, bis zu einem durchlöcherten zweiten Boden herabreichende Scheidewand in zwei ungleiche Abtheilungen zerlegt und durch einen mittels Wasser abgedichteten Deckel hermetisch verschlossen. Die Flüssigkeit tritt durch das Rohr *1* ein und fliesst durch das Rohr *2*, nachdem sie den Raum *a* passirt hat, in welchem sie ihren Salzgehalt vermehrt, in den Anodenbehälter weiter. Um eine Ansammlung von Gasen in dem freien Raume des Behälters zu verhindern, steht derselbe mit dem Rohr *H* in Verbindung.

Die Arbeitsweise mit dem Apparate bei der Elektrolyse von Chlornatrium ist die folgende: Der Kasten *K* und der Anodenbehälter werden bis zu gleicher Höhe gefüllt, und zwar der letztere mit einer gesättigten Salzlösung so weit, dass die röhrenförmigen Diaphragmen bedeckt sind, ohne dass jedoch die Kopfstücke der Kohlenanoden von der Flüssigkeit bespült werden. Der Kasten *K* wird mit gewöhnlichem Wasser gefüllt, dem, um den Widerstand bei Beginn zu vermindern, etwas Natron zugesetzt werden kann. Schliesst man jetzt den Strom, so geht die Zerlegung des Salzes sofort vor sich. An den Kathoden entwickelt sich Wasserstoff unter Bildung von Aetznatron. Wenn die Natronlösung den gewünschten Grad erreicht hat, wird sie durch das Rohr *x* abgelassen und gewöhnliches Wasser durch *Q* eingeführt (Fig. 62). Die geneigte Lage der Diaphragmen erleichtert die Entwicklung des Wasserstoffes, welche fast ausschliesslich auf der Seite der Platte *A* vor sich geht. Um den Wasserstoff nöthigenfalls zu sammeln, ist an der Platte *A* eine in die Flüssigkeit hineintauchende Scheidewand *R* (Fig. 62) befestigt, welche über alle Rohröffnungen *o* reicht. Diese Scheidewand bildet mit der Platte *A* gewissermassen eine Kammer, aus welcher das Gas auf irgend eine Weise entfernt werden kann.

An den Anoden entwickelt sich Chlor, welches nach den Absorptionsapparaten geleitet wird. Die Entwicklung bleibt gleichmässig, wenn man den Grad der Koncentration im Elektrolyten konstant erhält. Ebenso muss man den Stand der Flüssigkeit von Zeit zu Zeit wieder auf die richtige Höhe bringen.

Das Verfahren von Outhénin Chalandre fils erfreut sich in Frankreich und der Schweiz einer ausgedehnten Anwendung.

Elektrolytische Chlordarstellung unter Anwendung einer Quecksilberkathode.

Bei dieser grossen Hauptgruppe von Methoden der Chloralkali-Elektrolyse findet die Trennung der Chlor- von den Alkali-Ionen in der Weise statt, dass als Kathode eine ruhende oder bewegliche Quecksilberschicht angewendet wird, welche das bei der Elektrolyse gebildete Alkalimetall sofort im Entstehungszustande unter Amalgambildung aufnimmt.

Zur Zersetzung des so erhaltenen Natriumamalgams können verschiedene Wege eingeschlagen werden. Wenn der Apparat so eingerichtet ist, dass das Quecksilber, bezw. nach Beginn der Elektrolyse das noch wenig Natrium enthaltende Amalgam, einerseits mit der zu elektrolysirenden Kochsalzlösung, anderseits mit Wasser in Berührung steht, so wird das im ersteren (Anoden-) Raume aufgenommene Natrium im Diffusionswege nach der Kathodenseite hinüberwandern, wo die Zersetzung des Amalgams durch Wasser unter Aetznatronbildung und Wasserstoffentwicklung stattfindet. Da diese Wanderung jedoch nicht so rasch vor sich gehen wird wie die Natriumaufnahme, so würde eine Anhäufung von Natrium an der Anodenseite stattfinden, welcher man durch verschiedene Einrichtungen der Apparate zu begegnen suchte.

Der einfachste Weg ist der, dass man das Quecksilber ständig zwischen dem Amalgambildungs- und Zersetzungsraum cirkuliren lässt.

Man bedient sich zu diesem Zwecke zwei- oder dreizelliger Bäder, welche durch Quecksilber, bezw. Amalgam in leitender Verbindung stehen.

Apparat von Kellner mit beweglicher Quecksilberkathode.

In Fig. 66 ist ein zweizelliger Apparat, zugleich einer der ältesten dieser Art — der Apparat von Kellner — schematisch dargestellt und sollen daran die bei Apparaten mit Quecksilberkathode stattfindenden Vorgänge beschrieben werden.

Der Apparat von Kellner besteht aus einem Steinzeugtroge S, dessen Boden schwach geneigt ist und der durch eine unten in eine syphonartige Vertiefung c ragende Scheidewand E in zwei Räume, den Anoden- oder Amalgambildungsraum A und den Amalgamzersetzungsraum D geschieden wird. B ist die früher aus Kohle, jetzt aus Platiniridium hergestellte Anode, C die Quecksilberkathode, welche im Zersetzungsraum D als Anode wirkt. Letzterer steht eine früher aus Eisen, gegenwärtig auch aus Platiniridium hergestellte Kathode K gegenüber. a ist die Eintrittsstelle für das Quecksilber, b die Austrittsstelle aus D, P eine Pumpe zur Rückbeförderung des Quecksilbers nach a. Die Arbeitsweise mit dem Apparate ist die folgende:

A wird mit einer koncentrirten Lösung von Chlornatrium so weit gefüllt, dass die Elektrode B mit Flüssigkeit überdeckt ist. D enthält das zur Amalgamzersetzung dienende Wasser, bezw. schwache Aetznatronlösung. Beim Durchgang des Stromes findet Zersetzung des Kochsalzes statt. Das frei werdende Chlor entweicht durch ein am oberen Theile des Apparates angebrachtes Abzugrohr r, während das Natrium mit dem Quecksilber C Amalgam bildet, welches durch c nach D strömt und durch das dort befindliche Wasser unter Aetznatronbildung zerlegt wird, wobei

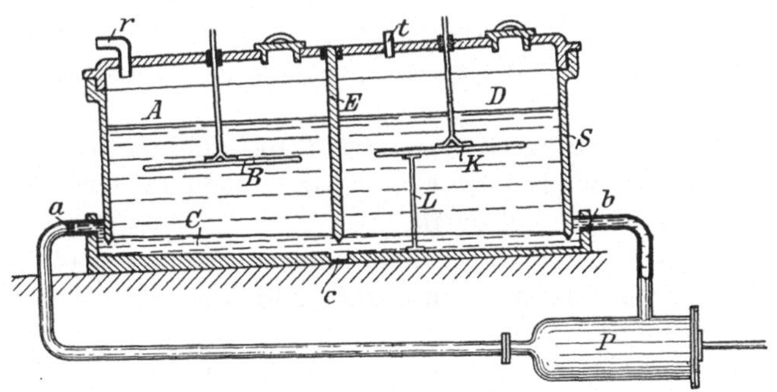

Fig. 66.

das entstehende Wasserstoffgas von der Kathode aus direkt durch das Rohr t entweicht, ohne mit dem Quecksilber in Berührung zu kommen. Durch die Pumpe P wird das Quecksilber wieder bis a gehoben und dort der Zelle neuerlich zugeführt.

Bei dieser Arbeitsweise ergeben sich aber verschiedene Mängel.

Es wird nämlich ein kleiner Theil des in A gebildeten Amalgams bereits dort vom Wasser der Salzlösung zersetzt, so dass der anodische Sauerstoff in D etwas weniger als die äquivalente Menge Alkalimetall zur Zersetzung vorfindet. Dies hat aber im Gefolge, dass in Ermangelung von Alkalimetall eine entsprechende Menge Quecksilber oxydirt wird. Das gebildete Quecksilberoxyd überzieht das Metall mit einer dünnen Haut, welche die Verwendung des letzteren sehr beeinträchtigt. Diesem Uebelstande wird am besten durch eine eigenthümliche, von Kellner gefundene Schaltweise abgeholfen, welche darin besteht, dass in D zwischen dem Amalgam und der Elektrode K eine sogenannte Sekundärelektrode L eingeschaltet wird, welche einen Kurzschluss herstellt. Es wird also die Anode B mit dem positiven Pol, die Elektrode K mit dem negativen Pol und zugleich mittels der Sekundärelektrode L mit dem Amalgam verbunden, so dass ein kurz geschlossenes Element Amalgam — Natronlauge — Platiniridium entsteht, welches nicht zur Verrichtung äusserer Arbeit, sondern zur rascheren Lösung des im Amalgam enthaltenen Natriums verwendet wird und zu wirken aufhört, sobald alles Alkalimetall gelöst ist.

Dadurch wird verhindert, dass das Quecksilber in D zum Theil oxydirt wird. Die Details der Kellnerschen Einrichtung werden streng geheim gehalten, insbesondere die Anoden- und Kathodenform und Anordnung. Als Material für beide Elektroden wird gegenwärtig, wie schon erwähnt, Platiniridium verwendet.

Die neueren Apparate von Kellner sollen nicht aus zweitheiligen, sondern aus dreitheiligen Zellen bestehen und sich auch sonst sehr an die später zu besprechenden Konstruktionen von Castner anlehnen.

Die Zellen sollen in Gruppen (zu fünf) aneinander gereiht und dabei parallel geschaltet werden. Drei solche Gruppen bilden wieder für sich einen Zellblock.

Die Kochsalzlösung cirkulirt innerhalb eines Zellblocks der Reihe nach durch alle Anodenräume und ebenso die Natronlauge durch alle Kathodenräume.

Die gesättigte Kochsalzlösung wird, da ihr Gehalt beim Passiren aller 15 Anodenräume des Zellblocks sehr verringert wird, wieder mit Kochsalz angereichert; die ursprünglich sehr verdünnt eingeführte Natronlauge reichert sich auf $24\,^0/_0$ NaHO an und wird dann direkt eingedampft.

Der Chlorgehalt des Anodengases beträgt etwa $97\,^0/_0$ und vertheilt sich der Rest auf etwas Sauerstoff, der an der Anode gebildet wird, Wasserstoff, der am Quecksilber entsteht und eine geringe Menge Luft.

Im Anodenraum wird ein ganz schwacher Minderdruck erhalten, was am einfachsten dadurch geschieht, dass sich das Chlor in eine tiefer gelegene Chlorkalkkammer hinabhebert.

Eine Anlage der eben geschilderten Art stand durch mehrere Jahre in einer Versuchsfabrik Kellners in Golling bei Salzburg in Betrieb.

Eine daselbst geplante grössere Anlage wurde technischer Schwierigkeiten halber nicht verwirklicht, dagegen steht das Verfahren in einer Fabrik in Bosnien zwar in Betrieb, hat aber auch dort infolge technischer Mängel kaum Aussicht, sich auf die Dauer zu behaupten. In den in anderen Ländern befindlichen Anlagen wird nur die Schaltweise Kellners in Verbindung mit anderen Apparaten angewendet.

Kellner hat noch eine Reihe von ingeniösen Apparaten erdacht, die aber theils ihrer Komplicirtheit, theils anderer Mängel wegen keine industrielle Anwendung fanden und von denen hier nur noch einer besprochen werden soll, an den sich der in der Praxis in Anwendung stehende Apparat von Rhodin (S. 98) stark anlehnt.

Apparat von Kellner mit ruhender Quecksilberkathode.

Dieser Apparat, der im D. R.-P. No. 80 212 beschrieben ist, besteht aus einem Behälter A (Fig. 67) zur Aufnahme des Elektrolyts und aus einem in diesem Behälter eingesetzten oder einge-

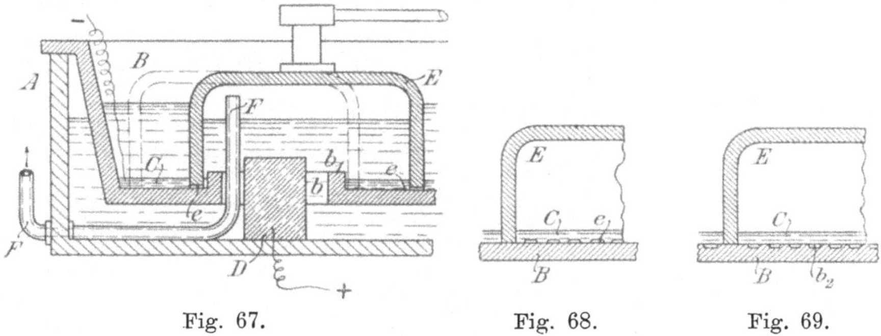

Fig. 67.   Fig. 68.   Fig. 69.

hängten Trog B, welcher im Boden Oeffnungen b besitzt, die von überhöhten Rändern b' umgeben sind, wodurch die den Boden des Troges bedeckende, als Kathode dienende Quecksilberschicht C am Ausfliessen durch die Oeffnungen b verhindert wird.

Im Elektrolytraum des Behälters A ist die Anode D horizontal oder vertikal angeordnet, welche im letzteren Falle auch durch die Oeffnungen b in den Trog B hineinreichen kann.

Jede der Trogöffnungen ist durch eine Glocke E aus nicht leitendem Material, z. B. Glas, Steinzeug, Porcellan, Ebonit etc. überdeckt, welche mit ihrem freien Rande in das Quecksilber taucht und eine grössere Breite als die Oeffnung b hat, so dass sie um ein gewisses Maass über diese Oeffnung hin- und herbewegt werden kann, wobei der nach aufwärts vorstehende Rand b' diese Bewegung begrenzt. Die Glocke umschliesst demnach den mit dem Behälter A kommunicirenden Zersetzungsraum und bildet eine den Strom nicht leitende Scheidewand, zwischen diesem und dem Bildungsraum des Troges B, welcher oberhalb der den Verschluss bildenden

Quecksilberkathode C mit Wasser, zwecks Zersetzung des Amalgams, gefüllt ist.

Um nun zu bewirken, dass das Quecksilber, bezw. das im Zersetzungsraum gebildete Amalgam abwechselnd mit dem Elektrolyten und mit dem im Bildungsraum befindlichen Wasser in Berührung kommt, wird die Glocke E in dem Trog B kontinuirlich hin- und hergeschoben. Um dabei mit dem auf dem Boden des Troges B gleitenden Rand das Quecksilber nicht zu verdrängen, sind im Glockenrand oder im Boden des Troges Schlitze oder Ausschnitte e bezw. b_2 (Fig. 68 und 69) vorgesehen.

Apparat von Rhodin.

In der eben beschriebenen Form ist der Apparat nicht zu technischer Anwendung gelangt, wohl aber in der von Rhodin patentirten Ausführungsform (D. R.-P. No. 102774), welche sich von der Kellner'schen Grundform nur durch geringfügige konstruktive

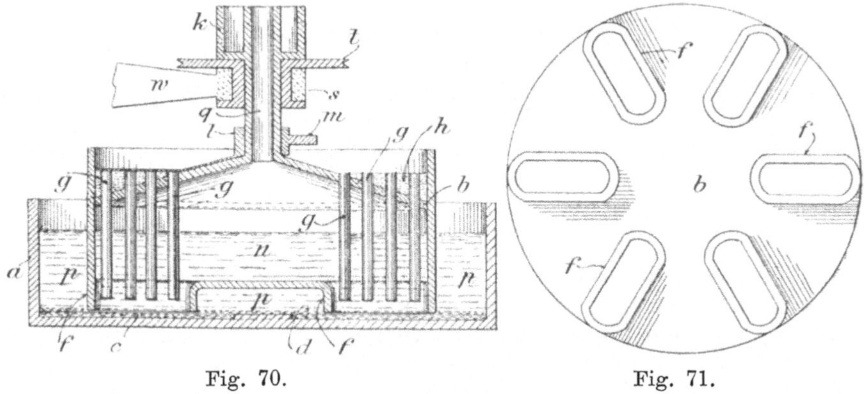

Fig. 70.   Fig. 71.

Aenderungen unterscheidet, wie aus nachstehender Beschreibung zu ersehen ist:

Der Apparat ist in Fig. 70 im Längsschnitt dargestellt, Fig. 71 zeigt die Draufsicht auf den Boden des inneren Gefässes und Fig. 72 die Draufsicht auf den Boden des äusseren Gefässes.

Der Apparat besteht aus einem aus geeignetem Material hergestellten cylindrischen oder anders geformten, oben offenen Gefäss a mit flachem Boden. Der letztere ist, wie in Fig. 72 gezeigt, mit radialen Rippen oder Erhöhungen c ausgestattet. Im Innern des Gefässes a ist koncentrisch dazu ein zweites, aus ähnlichem Material hergestelltes Gefäss b angeordnet, dessen Boden, wie aus Fig. 71 in Draufsicht ersichtlich, durch eine Reihe hohler Erhöhungen f oder Rohre von geeignetem Querschnitt durchbrochen ist. Nach oben wird dieses Gefäss durch einen Deckel geschlossen, welcher, wie in Fig. 70 gezeigt, mit dem Gefäss aus einem Ganzen hergestellt sein oder aus einem getrennten, an dem Gefäss befestigten Theil bestehen kann. Durch Oeffnungen dieses Deckels werden, dicht an diese anschliessend, eine Reihe von Kohlenstangen oder auch Anoden aus anderem Material g eingeführt, welche sich in die vorerwähnten hohlen Erhöhungen f erstrecken, ohne dass sie jedoch mit der Quecksilberschicht d in Berührung kommen, welche bei zusammengesetztem Apparat die nach abwärts gerichteten Oeffnungen der hohlen Erhöhungen verschliesst.

Diese Kohlen bezw. Anoden werden unter einander in metallischen Kontakt gesetzt, z. B. durch Eingiessen einer

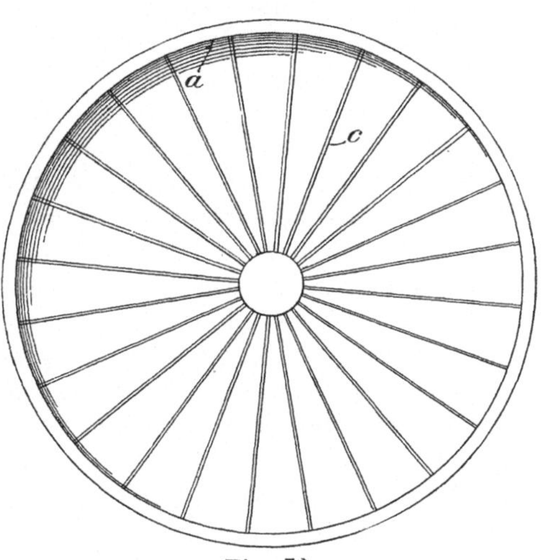

Fig. 72.

Schicht Blei h in einen durch den Deckel gebildeten ringförmigen Zwischenraum, in welchen sich die oberen Enden der Kohlen bezw. Anoden erstrecken. Die so mit einander leitend verbundenen Anoden werden mit einem Metallring l in metallische Berührung gebracht, welcher eine die Verlängerung des Gefässdeckels b bildende Röhre q umgiebt. Der Metallring l wird mittels einer Metallbürste m mit dem positiven Pol einer elektrischen Stromquelle in Kontakt gesetzt. Die Quecksilberschicht d, in welche die vorerwähnten hohlen Erhöhungen bezw. Rohre f eintauchen, bildet das Abschlussmittel für den Innenraum des Gefässes b gegen das äussere Gefäss a. Ueber der Quecksilberschicht ist im Gefäss a eine Schicht Wasser p aufgefüllt, während das Innere des zweiten Gefässes b mit der Lösung des Elektrolyten angefüllt ist, welcher die Schicht n bildet.

Weiter ist das zweite Gefäss b mit einer Vorrichtung ausgestattet, vermittels deren es in langsame Umdrehung versetzt werden kann, z. B. mit einer auf der Röhre q befestigten Scheibe t, deren Nabe in dem vom Arm w getragenen Lager s läuft. Der

Arm w verhindert gleichzeitig, dass das zweite Gefäss b den Boden des ersten Gefässes a berührt. Die Röhre q kann vermittels einer Absperrflüssigkeit oder einer sonstigen Verbindungsvorrichtung k mit einem System von Gasleitungsröhren verbunden werden. Besteht das erste Gefäss a aus Eisen, dem für den vorliegenden Zweck geeignetsten Material, so wird die Quecksilberschicht durch die Verbindung des Gefässes a mit dem negativen Pol der vorerwähnten Elektricitätsquelle in die Kathode verwandelt.

Während des Betriebes wird das zweite Gefäss b in langsame Umdrehung versetzt — im Gegensatze zu der hin- und hergehenden Bewegung bei Kellner's letztbeschriebenem Apparat.

Dabei wirken, wie schon erwähnt, die Erhöhungen f nebenher auf die Quecksilberschicht d durcheinanderrührend ein, welche jedoch durch die Rippen bezw. Erhöhungen c des äusseren Behälterbodens selbst an der Umdrehung verhindert wird. Das am Boden der Erhöhungen gebildete Amalgam wird dann mit der Hauptmenge des Quecksilbers durch die über die Quecksilber-Oberfläche gleitenden Erhöhungen und durch die zwischen dem Quecksilber und dem Amalgam stattfindende Diffusionswirkung gemischt. Das Amalgam wird so in innige Berührung und Einwirkung mit dem darüber befindlichen Wasser p gebracht und dadurch eine grössere oder geringere Depolarisation hervorgerufen. Dadurch wird weiter aber auch das Quecksilber befähigt, mehr vom Kathion aufzunehmen u. s. w. im kontinuirlichen Kreislauf. Das im Innern des Gefässes b ausgeschiedene Chlor wird durch das Rohr q seiner Verwendung zugeführt. Der Apparat soll bei nahezu 100^0 betrieben werden und angeblich einen Nutzeffekt von $95^0/_0$ bezüglich des Stromverbrauchs ergeben; die erforderliche Betriebsspannung beträgt 4 Volt.

Apparat von Castner.

Wie schon erwähnt, vermochten die Kellner'schen Apparate zur elektrolytischen Gewinnung von Chlor und Aetznatron für sich allein keinen rechten Eingang in die Praxis zu finden, und sollen nun im Nachstehenden die Apparate von Castner beschrieben werden, welche unter Anwendung der Kellner'schen Schaltweise in zahlreichen Anlagen mit Erfolg in Verwendung stehen. Die grössten dieser Art sind im Besitze der Castner-Kellner Alkali Company in Runcorn bei Widnes.

Die Apparate werden im D. R.-P. No. 77064 beschrieben. Ein solcher Apparat besteht aus einer Zelle A (Fig. 73 und 74), welche aus mittels Nuth und Feder in einander greifenden Schieferplatten hergestellt und durch die Scheidewände a in drei Abtheilungen getheilt ist, von welch letzteren die beiden äusseren b, b als Anodenräume, der mittlere als Kathodenraum (mit der Kathode T) fungirt. Die Scheidewände b ragen in die Vertiefungen c des Bodens der Zelle, durch welche die Verbindung der drei Abtheilungen der Zelle hergestellt ist. Am Boden befindet sich eine Queck-silberschichte e.

Das hintere Ende des Apparats wird von Schneiden B getragen, welche auf Metall-platten C aufruhen, die wie-derum auf einem Fundamente D angeordnet sind.

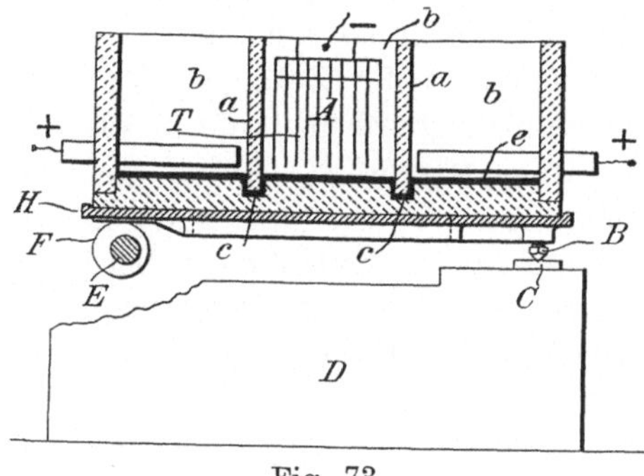

Fig. 73.

Das vordere Ende des Apparats ruht auf Excentern F, die auf einer Welle E sitzen. Diese Excenter legen sich gegen die Metallplatte H. Die Welle E läuft in den Lagen N und der Antrieb erfolgt durch eine Riemenscheibe K und Riemen L.

Durch die Drehung des Excenters wird eine Kippbewegung der Zelle hervorgerufen, bei welcher das Quecksilber, bezw.

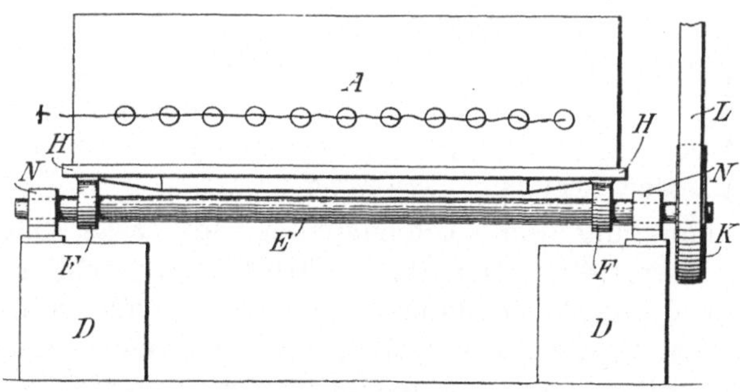

Fig. 74.

Amalgam abwechselnd unter den Scheidewänden zwischen den äusseren und der mittleren Abtheilung cirkulirt und dabei ab-wechselnd in Amalgam und Quecksilber verwandelt wird.

Die in den beiden äusseren Abtheilungen, welche mit Koch-salzlösung gefüllt sind, angebrachten Anoden sind aus massiven Kohlenklötzen gebildet; in der mittleren befindet sich innerhalb einer Aetznatronlösung eine Eisenkathode. Die Kochsalzlösung befindet sich in ständiger Cirkulation zwischen den beiden äusseren

Abtheilungen und Gefässen, in welchen dieselbe wieder neu gesättigt wird.

Das entweichende Chlor gelangt aus den einzelnen Zellen in ein gemeinsames Sammelrohr, mit welchem es durch einen hydraulischen Verschluss verbunden ist, damit der Uebergang des Gases aus dem mit der Zelle in hin- und hergehender Bewegung befindlichen Abzugsrohre in die Hauptleitung ermöglicht wird.

Das Natriumamalgam, das durch die Schaukelbewegung in die mittlere Abtheilung gelangt, wird hier zur Anode und zersetzt sich in der schon früher beschriebenen Weise. Um dabei die schon anlässlich der Besprechung der Kellner'schen Schaltweise erwähnte Oxydation des Quecksilbers zu verhindern, giebt Castner zwar verschiedene Wege an, von denen aber nur die eben genannte Schaltweise in den Grossbetrieb übernommen wurde.

In den älteren Castner'schen Apparaten wird die Bewegung des Quecksilbers nicht durch Schaukelvorrichtungen, sondern durch Rührapparate oder Pumpen bewirkt. Da diese Einrichtungen längst nicht die Einfachheit und Zweckmässigkeit der Castner'schen Schaukelzelle erreichen, so seien dieselben hier nur erwähnt.

Die Zersetzungsspannung beträgt nach älteren Angaben von Castner (Eng. and Mining Journ. 1894, S. 270) 4 Volt, bei 570 Amp. Stromstärke pro Zelle. Jede Zelle zersetzt pro Tag 28,25 kg Salz und producirt 19,25 kg Aetznatron und 17,25 kg Chlor in 24 Stunden bei Aufwendung von $3^1/_2$ indicirten HP. Die entstehende Aetznatronlösung (mit $20\,{}^0/_0$ Gehalt) liefert beim Eindampfen ein sehr reines Aetznatron ($99,5\,{}^0/_0$ig). Das gewonnene Chlor enthält 95 bis $97\,{}^0/_0$ Cl, der Rest ist Wasserstoff.

Die Abnutzung der Kohlenanoden soll zwar nach Castner wegen der Vermeidung der Hypochloritbildung sehr gering sein. doch bringt deren Anwendung andere Nachtheile mit sich. Insbesondere das Ablösen von Kohletheilchen, welche dann auf das Quecksilber fallen und dessen Oberfläche verunreinigen und von der Stromwirkung ausschalten, macht sich unangenehm fühlbar. Die zeitweise Entfernung dieser Verunreinigungen durch Abschöpfen mittels Sieben ist nur ein sehr unvollkommener Ausweg. Radikale Abhilfe dagegen bietet auch hier nur die Anwendung von Platiniridiumelektroden trotz ihres hohen Preises und der erforderlichen höheren Stromdichte. Die Quecksilberverluste sollen nach Castner nicht mehr als $5\,{}^0/_0$ betragen.

Im übrigen ist die Wirkungsweise der Zelle automatisch und bedarf keiner besonderen Ueberwachung.

Apparate von Solvay & Co.

Ausser von Castner wurden Kellner's Apparate auch von Solvay & Co., den Besitzern der Patente des letzteren für Deutschland und Belgien, verbessert (D. R.-P. No. 100560 und 104900).

Nach dem D. R.-P. No. 104900 sollen die Mängel beseitigt werden, welche dadurch entstehen, dass bei der kontinuirlichen Cirkulation des Quecksilbers beträchtliche Quecksilbermengen ständig in Bewegung erhalten werden müssen, und dass, wenn aus irgend einer Ursache der Kreislauf zum Stillstande kommt, der Zersetzungsraum von Quecksilber entblöst ist.

Um die daraus resultirenden Störungen zu beseitigen, wird die bekannte Thatsache ausgenützt, dass die Amalgambildung sich insbesondere an der Oberfläche des Quecksilbers vollzieht und dass das Amalgam infolge seines geringen specifischen Gewichtes sich an der Oberfläche zu halten strebt.

Der Apparat ist so eingerichtet, dass die Quecksilberoberfläche eine horizontale Lage einnimmt und das Amalgam an einem

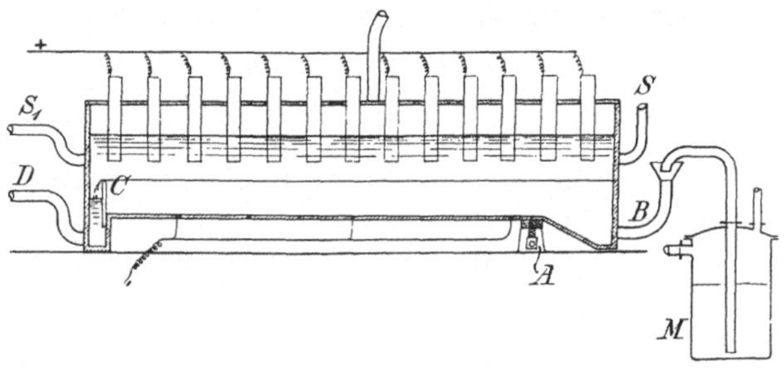

Fig. 75.

Apparatende durch einen in ungefährer Höhe des Quecksilberspiegels angeordneten Ueberlauf abfliessen kann. Der Wiedereintritt erfolgt am entgegengesetzten Apparatende in einen vertieften Theil, der zugleich ein Reservoir bildet.

Der Apparat (Fig. 75 und 76) enthält keinerlei mechanische Bewegungsvorrichtung und besteht aus einem rechteckigen Gefäss von beliebig grossen Dimensionen.

Um den Apparat behufs Reinigung vollständig zu entleeren, bringt man ihn durch einseitiges Anheben mittels der Schraube A in eine geneigte Lage oder versieht ihn an der tiefsten Stelle mit einem Hahn.

Der Wiedereintritt des regenerirten Quecksilbers vollzieht sich bei B, der Abfluss des Amalgams am entgegengesetzten Ende vermittelst der verstellbaren Ueberlaufsvorrichtung C, die so eingestellt ist, dass sie wesentlich nur die amalgamreiche Oberflächenschicht austreten lässt. Das übergelaufene Amalgam tritt durch ein Uebersteigrohr D nach dem Zersetzungsapparat.

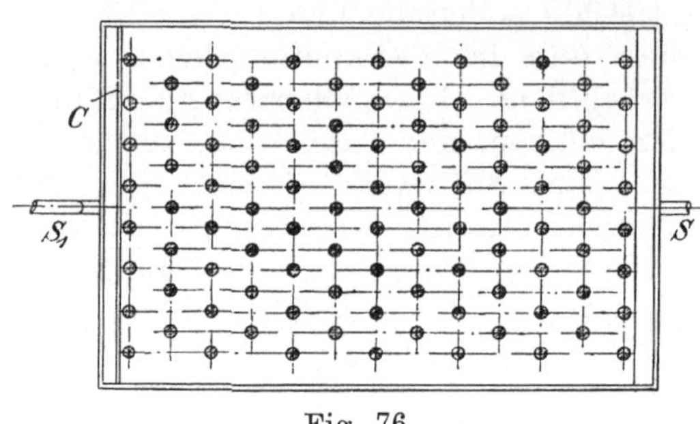

Fig. 76.

Die Dickflüssigkeit und schwere Beweglichkeit des Amalgams soll keine Schwierigkeiten bei der kontinuirlichen Cirkulation verursachen, da auch eventuell entstandenes festes, auf der Quecksilberoberfläche schwimmendes Amalgam mit Leichtigkeit abgezogen werden kann.

Der Apparat von Brunel (D. R.-P. No. 96020), der auf demselben Princip der Entfernung des Amalgams beruht, ist wesentlich komplicirter und dürfte bei einer stärkeren Anreicherung der Amalgamschicht jedenfalls nicht glatt funktioniren, weshalb auf ihn nur verwiesen sei.

Bei dem Apparate von Arlt (D. R.-P. No. 90637) wird das angereicherte Amalgam mittels eines Schiebers kontinuirlich abgestrichen, der sich innerhalb einer Streichbahn hin- und herbewegt, welche durch die Kopfwände des Elektrolysirraums abgeschlossen wird.

Das abgestrichene Amalgam gelangt durch die zwischen Streichbahn und Kopfwänden gelassenen Austrittsöffnungen aus dem Elektrolysirungsraume. Auch dieser Einrichtung mangelt die Einfachheit der Solvay'schen Konstruktion.

Solvay & Co. geben auch eine Methode an (D. R.-P. No. 100560), um die bei der Elektrolyse von Alkalichloriden unter Anwendung von Quecksilberkathoden stattfindende sekundäre Rückbildung von Chloralkali aus dem im Elektrolyten in Lösung gegangenen Chlor und dem an der Kathode freigewordenen Alkalimetall zu verhindern, welche Rückbildung, da stets Chlor in Lösung bleibt, kontinuirlich stattfindet und daher eine wesentliche Verminderung des Nutzeffekts im Gefolge hat.

Dieser Nachtheil wird in der Weise behoben, dass die Anodenflüssigkeit von der Kathode durch eine koncentrirte Lösung des Elektrolyten getrennt wird, welche gewissermassen als Diaphragma wirkt und ein Zusammentreffen des Chlors mit dem Alkalimetall hindert. Es befindet sich also über dem Quecksilber eine mit Salz gesättigte, daher auf dem Dichtigkeitsmaximum befindliche Schicht; auf dieser steht eine an Salz viel ärmere und daher entsprechend weniger dichte Schicht. In letzterer befinden sich die Anoden. Da die Elektrolyse keine Gasentwickelung am Quecksilber im Gefolge hat, so lassen sich die beiden Schichten leicht aufrecht erhalten.

Daher dringt auch das Chlor aus der oberen, chlorgesättigten Flüssigkeit nicht in die untere koncentrirte Lösung; die Rückbildung von Alkalichlorid bleibt infolgedessen ausgeschlossen und der Strom wird voll ausgenützt. Da jedoch bei der Elektrolyse der Salzgehalt der beiden Lösungen stets verringert wird, so muss für deren ständige Anreicherung Sorge getragen werden.

Dies geschieht am zweckmässigsten dadurch, dass man die beiden Flüssigkeiten kontinuirlich, jedoch je für sich am einen Ende des Apparates abfliessen, sich wieder mit Salz anreichern und danach am anderen Ende des Apparats wieder in diesen eintreten lässt.

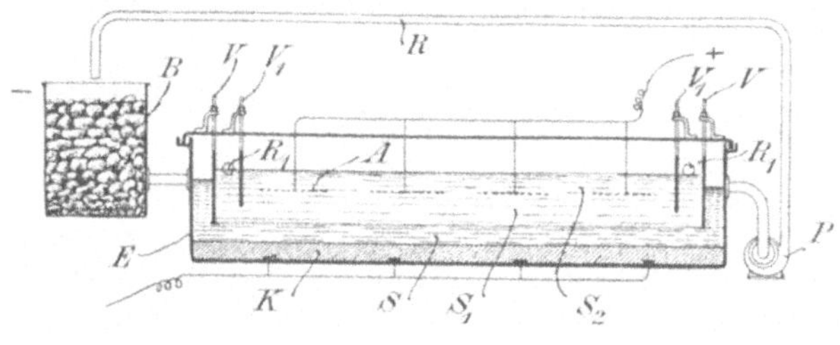

Fig. 77.

Die Speisung der betreffenden Schicht wird dabei so geregelt, dass der geeignete Dichtigkeitsunterschied zwischen den beiden Flüssigkeitsschichten gewahrt bleibt.

Solvay giebt zur Durchführung dieses Verfahrens die in Fig. 77 und 78 dargestellten Apparate an. Es bezeichnen:

E das Elektrolysirgefäss, A die Anoden, K die Quecksilberkathode, S die koncentrirte, S_1 die schwächere und S_2 die chlorgesättigte schwache Salzlösung.

In Fig. 77 sind zwischen den Stirnwänden des Gefässes E und der benachbarten Anode je zwei Schützen V und V_1 im Abstand hinter einander angeordnet. Die inneren Schützen V_1 tauchen bis unter die Ebene der Anoden ein und die äusseren V bis unter die inneren. Die Räume zwischen den Schützen V und den Stirnwänden des Gefässes kommuniciren durch eine Rohrleitung R, in

welche am einen Ende von E eine Pumpe P, am anderen Ende
ein mit Salz beschickter Behälter B eingeschaltet sind. In ähnlicher Weise sind die Räume zwischen den Schützenpaaren in einem
höheren Niveau in Verbindung, wie durch die Mündungen R_1 an-
gezeigt. Die Schützen theilen somit den Flüssigkeitsinhalt des
Gefässes E in drei Schichten S, S_1 und S_2, von denen S und S_1
sich in beständiger Cirkulation befinden und sich dabei ausserhalb
des Gefässes wieder aufsalzen, und zwar unter solcher Regelung
der Salzzufuhr, dass S eine grössere Dichte erhält und behält als
S_1. Die Schicht S_2 verbleibt in Ruhe.

In Fig. 78 ist eine Einrichtung dargestellt, bei welcher von der
Cirkulation überhaupt abgesehen ist. Am linken Ende kommunicirt das Gefäss E durch eine Anzahl Oeffnungen mit einem grösseren

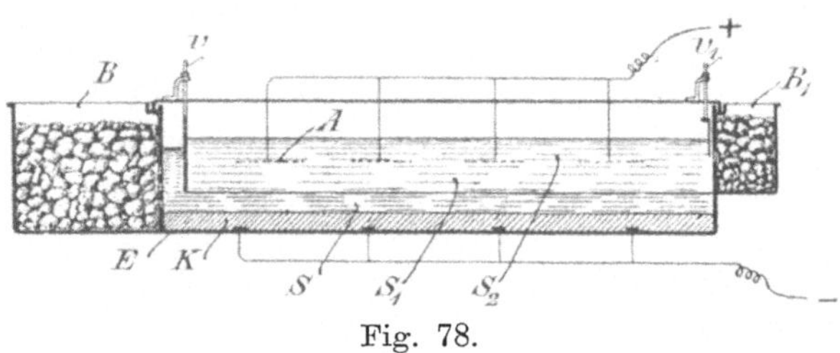

Fig. 78.

Salzbehälter B und am rechten Ende in höherem Niveau mit einem
kleineren Salzbehälter B_1 durch eine Oeffnung, welche mittels
v_1 regulirbar ist. Vor den Oeffnungen des Behälters B taucht in
einem Abstande ein Schütze v in das Gefäss E bis unterhalb der
Ebene der Oeffnung des Behälters B_1 ein. Infolge dieser Einrichtung erhält sich auf dem Quecksilber selbstthätig eine Schicht
S, welche im Verhältniss der stärkeren Salzaufnahme aus dem Behälter B koncentrirter ist als die Schicht S_1.

Durch die Vereinigung der eben beschriebenen Einrichtung
für die Cirkulation der beiden verschieden dichten Salzlösungen
mit der auf S. 103 beschriebenen Einrichtung zum kontinuirlichen
Ueberlauf der bei der Elektrolyse an der Oberfläche des Queck
silbers entstehenden Amalgamschicht, dürfte eine sehr rationelle
Arbeitsweise erzielt werden, vorausgesetzt, dass die dickflüssige
Amalgamschicht thatsächlich in der angegebenen Weise gleichmässig abläuft und sich nicht an der Ausflussstelle staut.

Apparate von Störmer.

F. Störmer (D. R.-P. No. 89 902) giebt einen Apparat zur Elektrolyse von Salzlösungen an, bei welchem nicht die oberflächliche,

amalgamreiche Quecksilberschicht durch irgend welche Mittel aus dem Bereich des Elektrolyten gebracht wird, wie wir dies bei den letztbesprochenen Apparaten gesehen haben, sondern bei dem an der Oberfläche eine dünne Schicht hochprocentigen Amalgams in Ruhe erhalten werden soll, während die darunter befindliche Hauptmasse des amalgamarmen Quecksilbers in Bewegung gebracht wird. Dadurch soll bewirkt werden, dass die Absorptionskraft der unteren amalgamarmen Schichten für das Alkalimetall zunimmt, während zugleich das Bestreben der sekundären Zersetzung des Wassers des Elektrolyten durch das nur in der sehr dünnen oberen Schicht des Quecksilbers angehäufte Alkalimetall sehr vermindert wird. Störmer verwendet zur Ausführung seines Verfahrens eine in das Quecksilber versenkte, durchbrochene Platte oder ein Drahtgewebe, die in Bewegung erhalten werden, ohne die Oberfläche des Quecksilbers zu durchbrechen. Die Richtigkeit der vorgeschilderten Theorie soll dadurch bestätigt werden, dass beim Stillstand der vorerwähnten Platte alsbald Gasentwicklung an der Kathodenoberfläche eintritt.

Aus dem Gesagten ist unschwer der Schluss zu ziehen, dass die mit einfacheren Apparaten arbeitenden Verfahren, den Vorzug verdienen, bei welchen die amalgamreiche Kathodenoberfläche oder die ganze Kathode möglichst rasch und kontinuirlich aus dem Bereiche des Elektrolyten gebracht wird — abgesehen davon, dass es schwer sein dürfte, die obere, amalgamreiche Schicht ganz in Ruhe zu erhalten, während die untere Schicht durch einander gerührt wird.

Gleichfalls von Störmer (D. R.-P. No. 107502) wird eine zweckmässige Einrichtung angegeben, um die bei der Elektrolyse von Alkalichloriden an der Anode ausgeschiedenen, zerstreuten Chlorbläschen mit einander zu vereinigen. Bei der Anwendung starker Ströme entwickelt sich das Chlor nämlich so gewaltsam, dass hierdurch der Elektrolyt stark in Bewegung geräth und wie weisser Schaum aussieht, indem sich das Gas in sehr feinen Bläschen in der Flüssigkeit vertheilt.

Durch die starke Bewegung der Flüssigkeit wird das entwickelte Chlor gegen den Reduktionspol getrieben und vereinigt sich wieder mit dem dort bereits ausgeschiedenen Ion, abgesehen davon, dass z. B. speciell beim Störmerschen Verfahren eine intensive Bewegung des Elektrolyten auch deshalb vermieden werden muss, weil es eine Hauptbedingung desselben ist, dass die oberste, amalgamreichste Quecksilberschicht in möglichster Ruhe erhalten wird.

Störmer lässt nun die feinen Bläschen von Chlorgas unter der
Attraktion von grossen Gasoberflächen und in mehrmalige Berührung mit denselben sich sammeln und dann als grosse Blasen aus
dem Apparat entweichen, so dass bei diesem Apparat auch unter Anwendung starker Ströme eine gute Ausbeute an Alkali erzielt wird.

Fig. 79 zeigt einen diesem Zwecke dienenden Apparat im
Vertikalschnitt.

A ist die Anode und B ist die Quecksilberkathode. Ueber
der Anode A sind mehrere flache Kästen $K K_1 K_2$ über einander
angeordnet, welche durch abwech-
selnd rechts und links angebrachte
Oeffnungen O mit einander kommuniciren, die an der einen Kante
einen nach unten vorstehenden
Rand R besitzen.

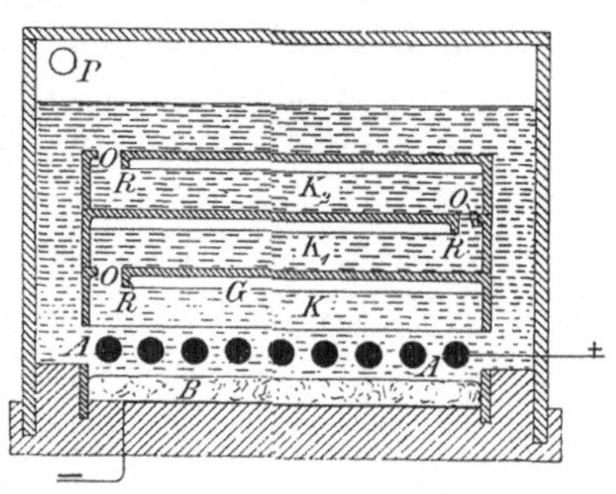

Fig. 79.

Die feinen, an dem oberen Pole
sich entwickelnden Gasbläschen
sammeln sich zum Theil gleich bei C
unter der Decke des ersten Kastens
K; was hier nicht ausgeschieden
wird, tritt durch die Oeffnung O
unter die Decke des zweiten Kastens K_1, wo wieder eine gleiche
Vereinigung der Gasbläschen wie in dem vorherigen Kasten K
stattfindet; was hier noch nicht ausgeschieden ist, tritt dann in
einen nachfolgenden Kasten u. s. f., bis die vollständige Vereinigung der feinen Bläschen des Gases stattgefunden hat, welches
dann in grossen Blasen aus dem Elektrolyten entweicht und durch
die Oeffnung P den Apparat verlässt, so dass es sich nicht mehr
in der Flüssigkeit vertheilen und die letztere in Bewegung bringen
kann.

Mit Rücksicht darauf, dass bei der Anlage von Apparaten,
welche mit Quecksilberkathode arbeiten, die recht beträchtlichen
Kosten dieses Metalls eine entscheidende Rolle spielen, sucht Sin-
ding Larsen, die Menge des zu verwendenden Quecksilbers herab-
zudrücken, und zwar dadurch, dass er die Eigenschaft des Amalgams ausnützt, sehr leicht an einer mit einem Amalgambeschlag
versehenen Metallfläche in dünner Schicht zu haften. Eine um
eine wagrechte Welle rotirende und mit dem Amalgambeschlag
versehene Blechtrommel ist derart in einem dieselbe einschliessenden,
die Reaktionsflüssigkeit enthaltenden Gehäuse gelagert, dass sie
durch die in einem Becken im Gehäuse angeordnete Quecksilberkathode sich hindurchbewegt, während die Salzlösung in einem

Gefäss enthalten ist, das seitlich in das Innere der Trommel hineinragt und mit einer nach unten gekehrten Oeffnung versehen ist, deren Rand in das Quecksilber eintaucht und oberhalb welcher Oeffnung die Anode angeordnet ist. Wenn der Blechcylinder in Umdrehung versetzt und der Strom geschlossen wird, so wird das bei der Zersetzung auftretende Natrium vom Quecksilber aufgenommen, das Natriumamalgam haftet auf der Blechtrommel und wird während deren Umdrehung mit dem Wasser des Gehäuses in Berührung gebracht, welches das Amalgam zersetzt, und wonach das regenerirte Quecksilber wieder in das Becken zurückfliesst.

Eine neuere Abänderung dieser Einrichtung (D. R.-P. No. 83539) macht den an und für sich komplicirten Apparat nicht einfacher und dürfte die industrielle Anwendung desselben kaum befördern.

Apparat der „Chemischen Fabrik Electron, A.-G.“

Eine praktische Bedeutung dürfte der Apparat zur Abscheidung des Quecksilbers aus Alkaliamalgamen der Chemischen Fabrik

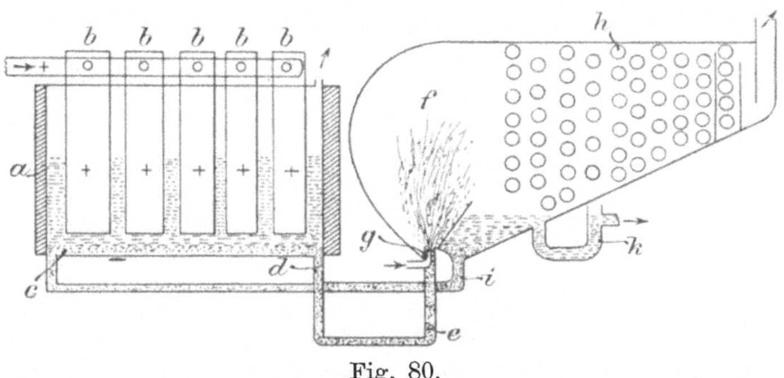

Fig. 80.

„Electron“, A.-G. (D. R.-P. No. 99958) haben. In demselben wird das bei der Elektrolyse der Chloralkalien erhaltene Amalgam fein zerstäubt mit der Zersetzungsflüssigkeit in Berührung gebracht. In Fig. 80 stellt a das elektrolytische Gefäss, in welches die Anoden b eintauchen, dar, c ist die Quecksilberkathode. Diese steht durch Rohre de mit einem Behälter f in Verbindung. In das obere Ende des Rohres e mündet eine Dampf- oder Luftdüse g, welche das aus a nach f gelangende Amalgam in f zerstäubt. Durch Kühlrohre h werden die Reaktionsprodukte kondensiert, welche sich in dem Behälter f sammeln. Das unten befindliche Quecksilber gelangt durch das Rohr i in den Behälter a zurück, während das Aetzalkali nach dem Sammelgefäss k abläuft, bezw. bei Verwendung von trockener Luft als Oxyd periodisch aus dem Reaktionsraum entfernt wird. Wie ersichtlich, gestattet der Apparat einen kontinuirlichen Betrieb.

Im Anschlusse an die Elektrolyse von Salzlösungen, insbesondere von Alkalichloriden möge ein Apparat erwähnt werden, der die Rückzersetzung der bei diesen Processen entstehenden sekundären Oxydationsprodukte bewirken soll. Es ist dies der im Oe. P. No. 1391 beschriebene Apparat der Société Anonyme Suisse de l'Industrie Electrochimique „Volta" in Genf. Mit einem oder mehreren elektrolytischen Apparaten beliebiger Art, im vorliegenden Falle System Outhénin Chalandre Fils (siehe S. 89) ist eine Sammlerglocke b (Fig. 81, 82, 83) zur Aufnahme des aus jenen Apparaten entweichenden Wasserstoffes verbunden, welche durch

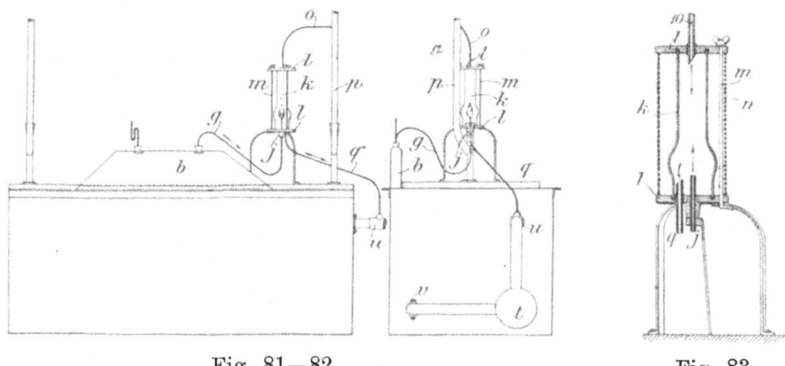

Fig. 81—82.   Fig. 83.

die Röhre g mit einem Brenner j kommunicirt und in einem geschlossenen Raume k aus Glas angeordnet ist. k ist ähnlich wie ein Lampenglas geformt, aber oben und unten durch zwei Platten l abgeschlossen, welche mittels Stangen m mit einander verbunden sind; ein Drahtgeflecht n umgiebt das Ganze. Am oberen Theil des Lampenglases ist eine Röhre o angesetzt, die in eine Röhre p ausmündet, durch welche das aus dem Anodenbehälter entweichende gasförmige Chlor strömt. Von der unteren Platte l des Brenners führt eine Röhre q den Chlorwasserstoff ab, welcher durch die in Gegenwart des Chlors erfolgte Verbrennung des Wasserstoffes gebildet wird. Die Röhre q mündet bei r in eine Cirkulationsröhre der Anodenflüssigkeit.

Der beschriebene Apparat funktionirt wie folgt:

Die Röhre g trägt einen beliebigen Hahn, der behufs Inbetriebsetzung des Apparates geöffnet wird. Das in der Glocke b enthaltene Wasserstoffgas entweicht und brennt bei seiner Vermischung mit dem durch die Röhre p aus dem Anodenbehälter entweichenden Chlor.

Man regulirt dann mittels des auf g befindlichen Hahnes das entweichende Wasserstoffquantum derart, dass der erzeugte Chlorwasserstoff die sekundären Rückwirkungen vollständig vernichtet.

Der erzeugte Chlorwasserstoff entweicht durch die Röhre q und vermischt sich bei r mit der Anodenflüssigkeit, welche mittels einer Pumpe t aus dem elektrolytischen Apparate angesaugt wird, um dann in denselben zurückgeführt zu werden.

Bekanntlich variirt die Wasserstoffproduktion im elektrolytischen Apparate und es regulirt der Druck des Wasserstoffes in der Glocke das Verbrennungsquantum am Brenner und somit das Quantum des erzeugten Chlorwasserstoffes. Der Apparat regulirt sich also, innerhalb gewisser Grenzen, selbst.

Statt für jeden elektrolytischen Apparat nur einen Apparat zur Erzeugung von Chlorwasserstoff zu verwenden, kann ein einziger Apparat zur Erzeugung von Chlorwasserstoff mit mehreren elektrolytischen Apparaten verbunden werden.

Darstellung von Chlor durch Elektrolyse von Chloriden in geschmolzenem Zustande.

Die Elektrolyse von Alkalichloriden wurde schon in der ersten Hälfte des vorigen Jahrhunderts u. A. von Davy ausgeführt, doch galten alle diese mit den primitiven Mitteln der damaligen Zeit unternommenen Arbeiten der Darstellung der Alkalimetalle; dabei wurde das uns hier in erster Linie interessirende Chlor nur als Nebenprodukt erhalten.

Auch ein grosser Theil der in neuerer Zeit ausgearbeiteten Verfahren zur Elektrolyse von geschmolzenen Alkalichloriden hat die Gewinnung der Metalle zum Zweck. Die Einrichtung sowie die Dimensionen der dafür konstruirten Apparate sind naturgemäss solche, dass damit eine Chlorgewinnung in grossem Massstabe nicht verbunden werden kann.

Es werden hier daher nur solche Verfahren, bezw. Apparate besprochen, bei welchen das Natrium sich nur vorübergehend in metallischem Zustande (meist als Legirung) befindet, dann aber in Aetznatron übergeführt wird.

Die Elektrolyse der geschmolzenen Chloralkalien behufs Darstellung von Chlor einerseits und die glatter Ueberführung des entsprechenden Alkalimetalls in Aetzkali anderseits bot mannigfache technische Schwierigkeiten; über die Wege, welche zu deren Beseitigung eingeschlagen wurden, berichtete Hulin auf dem internationalen Kongress für angewandte Chemie (s. Ztschr. f. ang. Ch. 1898, S. 159) in nachstehender Weise:

Es wurde der Versuch gemacht, eine bei der Elektrolyse von Kryolith gemachte Beobachtung auch für die Chloralkali-Elektrolyse zu verwerthen.

Wenn man nämlich Kryolith unter Anwendung einer Kohlenkathode elektrolysirt, erhält man nur Aluminium, weil die Zersetzungsspannung des Fluoraluminiums geringer ist als die des Fluornatriums, das ebenfalls einen Bestandtheil des Kryoliths bildet. Bringt man aber auf den Boden des Elektrolysirgefässes, in Berührung mit der Kohlenkathode etwas Blei, so scheidet sich eine Bleinatriumlegirung aus. Es wird also die Zersetzungsspannung des Natriumfluorids dadurch, dass sich das Natrium in dem Blei lösen kann, herabgedrückt.

Dies führte darauf, auch die Elektrolyse von geschmolzenen Chloralkalien unter Anwendung von Bleikathoden auszuführen, um dabei reines Chlor einerseits und eine Blei-Alkalilegirung anderseits zu erhalten, welch letztere mit Wasser reines Aetzkali ergiebt. Im Anfange ergaben sich wesentliche technische Schwierigkeiten bei der Durchführung des Processes. Das Blei bedeckte sich nach einiger Zeit mit einer Schicht einer sehr natriumreichen Legirung, die sich auch beim Umrühren nicht mit dem Blei vermischte, sondern sich von dem übrigen Metall ablöste und an der Oberfläche verbrannte. Auch löste sich ein Theil des Alkalis als Subchlorür in der Schmelze und gelangte so an die Anoden, wo es mit dem Chlor in Verbindung trat und eine starke Temperaturerhöhung hervorrief, welche sich in einem dem Siedeprocesse ähnlichen Vorgange äusserte. Die Anode wurde nicht mehr von der Schmelze benetzt und der Strom zeitweise unterbrochen. Dabei tritt dann auch häufig eine Lichterscheinung auf, die durch Bildung einer Gashülle um die Anode, bei starker Anodenstromdichte zu erklären ist. Die Spannung steigt dabei auf 30 Volt und es bildet sich ein Lichtbogen zwischen Anode und Blei.

Zur Beseitigung dieser Erscheinung kann entweder die Spannung dadurch verkleinert werden, dass man die Elektroden für einen Moment durch einen metallischen Leiter kurz schliesst, oder indem man die Anode für kurze Zeit aus dem Bade hebt. Natürlich ist dies keine Remedur, welche eine technische Anwendung des Verfahrens ermöglichen würde.

Ein weiterer Uebelstand, der sich ergab, ist die Zerstörung der isolirenden Substanz der Tiegelwände, wodurch das Bad sehr bald in eine breiige Masse aus Asbest und Chloriden verwandelt wurde. Alle diese Uebelstände sollen jedoch neuerer Zeit durch gewisse Weiterausbildungen des Verfahrens beseitigt sein.

Die Abscheidung einer homogenen Legirung von Blei und Natrium, die schwerer ist als der Elektrolyt, geschieht dadurch, dass neben die Kohlenanoden Kasten aus Kohle oder schwer schmelzbarem Material in die Schmelze eingetaucht werden, die Blei enthalten. Etwas Bleichlorid ist in dem Chlornatrium gelöst. Die mit Blei gefüllten Kasten werden mit den Anoden so verbunden, dass ein Theil des Stroms durch letztere geht, wobei die Chlorentwicklung eintritt. Ein genau regulirbarer Theil des Stromes wird so abgezweigt, dass das Blei in den Kästen als Anode dient und bewirkt, dass so viel Bleichlorid sich bildet und in dem geschmolzenen Chlornatrium löst, als durch den Strom zersetzt wird. Als Kathode dient wieder das auf dem Boden des Schmelztiegels befindliche Blei.

Da sich bei der Elektrolyse des bleichloridhaltigen Chlornatriums immer eine Bleinatriumlegirung abscheidet, die schwerer ist als die Schmelze, ist es nicht nöthig, die Wände des eisernen Schmelzgefässes mit einem isolirenden Material zu überziehen, was um so wichtiger ist, als es sehr schwierig gewesen wäre, ein derartiges, allen Anforderungen entsprechendes Material aufzufinden.

Bei den in grösserem Massstabe ausgeführten Versuchen wurde nach Hulin ein Strom von 7 Volt Betriebsspannung und eine Stromdichte von ca. 7500 Amp. pro qm angewandt. $12\,^0/_0$ des Stromes dienten zur Zersetzung des Bleichlorids. Für jede Pferdekraftstunde wurden dabei 81 g reines Chlor und 54 g Natrium in Form der Bleinatriumlegirung erhalten. Diese Legirung enthält ca. 23 bis $25\,^0/_0$ Natrium; sie ist sehr spröde, hat graue Farbe und je nach dem Gehalt und der Darstellungsart muschligen oder körnigen Bruch und ist meist krystallinisch. Das specifische Gewicht ist 3 bis 3,3. Legirungen von $30\,^0/_0$ Natrium und mehr entzünden sich von selbst an der Luft. Die Ueberführung des Natriums der Legirung in Aetznatron geschieht in der Weise, dass man nach dem Gegenstromprincip die frischen Legirungen mit den koncentrirtesten Lösungen und die nahezu erschöpften Legirungen mit reinem Wasser auszieht. Dadurch wird auch die allzu stürmische Einwirkung von reinem Wasser auf natriumreiche Legirungen vermieden und man erhält direkt, ohne Eindampfung Lösungen mit 750 bis 800 g Aetzkali im Liter. Die Lösungen sollen bei sorgfältiger Regulirung der Auslaugung kein Blei enthalten und auch frei von Chlor, Sulfat und Sulfid sein; nur eine Spur Mangan soll sich darin befinden. Das Blei wird nach der Auslaugung wieder als Kathode benützt. Der Bleiverlust soll weniger als $0,5\,^0/_0$, der Chlornatriumverlust durch Verflüchtigung etc. nur $4\,^0/_0$ betragen.

Apparat von Hulin.

Der ursprüngliche Apparat von Hulin wird in seinem D. R.-P. No. 79435 in nachstehender Weise beschrieben: A (Fig. 84) ist der zur Ausübung des Verfahrens dienende eiserne Schmelztiegel, der in einem Ofen angeordnet ist. B ist das in schmelzflüssigem Zustande befindliche Alkalibad (z. B. Chlornatrium) und C ein Rohrstutzen für den Austritt des frei werdenden Chlors. Deckel D ist aus feuerfestem Material hergestellt und werden durch die Oeffnungen desselben die möglichst gut abgedichteten Elektroden durchgeführt. E ist ein Rohr zum Abstich der gebildeten Legirung, F die Verschlussvorrichtung für dieses Rohr und G der Sammelbehälter. H ist ein grösseres seitliches Rohr, dessen untere Oeffnung vollständig im Bade liegt, so dass man das Alkali

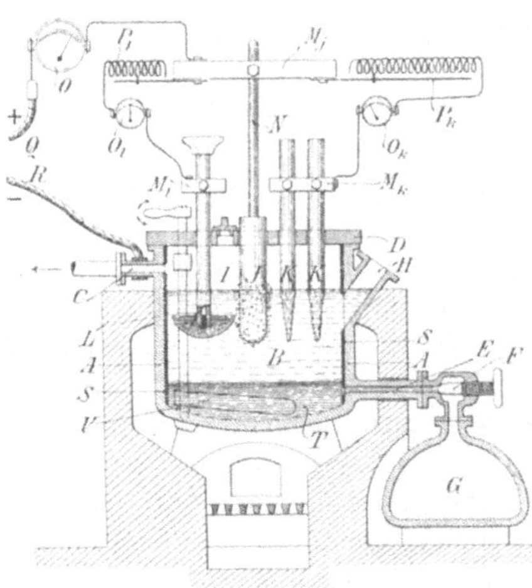

Fig. 84.

salz ohne Oeffnung der das Chlor enthaltenden Kammer I, also ohne Gasverlust und üblen Geruch einbringen kann. J ist die Kohlenanode; dieselbe kann nöthigenfalls an einer Metallstange N aufgehängt sein; $K\,K$ stellt zweitheilige, beispielsweise aus zwei Eisenstangen bestehende Metallanoden dar. L ist ein Anodenträger aus Kohle mit das flüssige Schwermetall enthaltendem Napf, welches Metall durch die oben erweiterte, in der Axe der Anode befindliche Bohrung eingeführt werden kann und durch zwei seitliche Löcher unten am Napf in diese gelangt. M_j, M_k, M_l sind metallische Träger für die Anoden. Dieselben dienen zur Zuführung des Stromes nach dessen Theilung und sind mit einer Druckschraube ausgestattet, welche den Stromschluss herstellt und vermittelst welcher die Anoden nach Belieben gehoben und gesenkt werden können.

Zur Kontrollirung der drei Anoden dienen die Ampèremeter

O, O_k, O_l, während behufs Vertheilung des Stromes in den Anoden je ein Ampèremeter und eine Metallanode durch regelbare Widerstände P_k, P_l verbunden ist.

Q und R sind die beiden von der Stromquelle kommenden Hauptleiter, von denen der negative Stromleiter R mit dem die Kathode bildenden Tiegel in Verbindung steht.

In dem Tiegel war früher auch ein Futter S aus Magnesia angebracht. T ist die Blei-Alkalimetalllegirung, V ist eine, gewöhnlich aus Eisen bestehende Rührvorrichtung, welche die Legirung während des Processes homogen erhält.

Die Beschreibung des vorstehenden Apparates in der deutschen Patentschrift No. 79435 giebt als Hauptzweck des Apparates die Herstellung von Metalllegirungen (auch der Schwermetalle) an.

Apparat von Vautin.

Der Apparat zur Elektrolyse geschmolzener Aetzalkalien von Cl. Th. J. Vautin (D. R.-P. No. 78001 und 81710) ist den vorbeschriebenen sehr ähnlich. Vautin bedient sich eines Stahlkessels B (Fig. 85), der in seinem cylindrischen Theile durch ein Magnesiafutter geschützt ist, das bis unter die Oberfläche des als Kathode dienenden geschmolzenen Bleies reicht. In Fig. 85 ist H der als Anode dienende Kohlenstab; derselbe wird von einem feuerfesten Rohre K, das zur Abfuhr des entwickelten Chlors dient, umgeben. Das in den Boden des Kessels B ein-

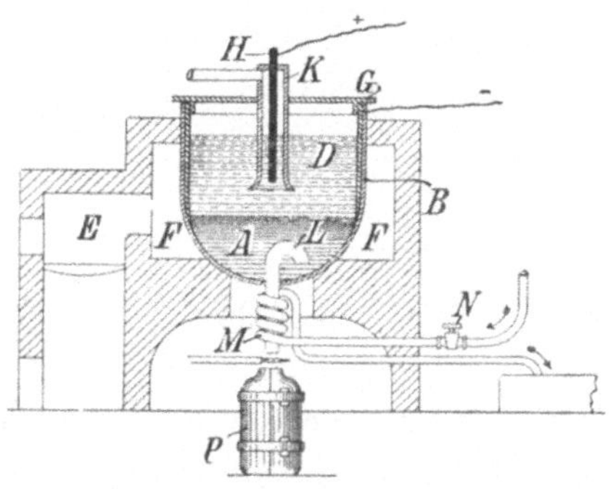

Fig. 85.

geführte, oben syphonartig umgebogene Ablassrohr L ist ausserhalb des Kessels von spiralförmigen Windungen eines Rohres M umgeben, welches von einer Kühlflüssigkeit durch strömt wird, deren Zufluss durch einen Hahn N geregelt werden kann. Ueber der Kathode aus geschmolzenem Blei befindet sich das zu elektrolysirende Chloralkali in geschmolzenem Zustande.

Das bei der Elektrolyse entstehende Alkalimetall wird sich, wie bei dem Hulinschen Verfahren, mit dem Blei legiren. Die entstandene Legirung kann, wenn durch Schliessung des Hahnes N der Eintritt der Kühlflüssigkeit abgesperrt ist, aus dem Kessel B ungehindert abfliessen, bis auf den Rest unterhalb der Mündung des Ablassrohres. Wird jedoch während des Ablaufens der Hahn N mehr und mehr geöffnet und das Rohr L entsprechend gekühlt, so wird das flüssige Metall innerhalb dieses Rohres allmählich erstarren, so dass dadurch der Abfluss aus dem Kessel immer mehr verzögert und schliesslich ganz zum Stillstand gebracht werden kann.

Die aus dem Kessel ausfliessende Legirung kann von einer Form P aufgefangen werden. Als Mittel gegen Oxydation kann der Strahl eines reducirenden oder neutralen Gases dienen, der zwischen der unteren Oeffnung des Ablassrohres L und der Mündung der Flasche P hindurchgeleitet wird. Fig. 86 und 87 zeigen den bei grösseren Anlagen an die Stelle des Kessels B tretenden Flamm-ofenherd C, ausgerüstet mit einer grösseren Anzahl Anoden H, in

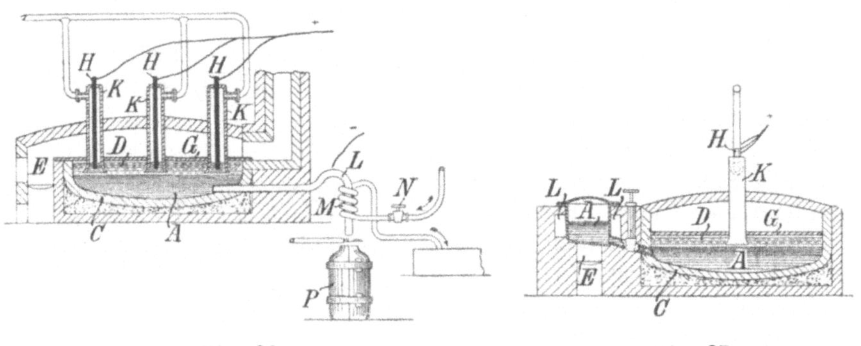

Fig. 86.   Fig. 87.

Verbindung mit einem Kessel A und mit Rost E, um das als Kathode zur Verwendung kommende Blei zu schmelzen. Eine den Herd C bedeckende Platte G dient zum Schutz des Elektrolyten gegen Verflüchtigung. Bei den in Modane (Savoyen) von Vautin in grösserem Maassstabe angestellten Versuchen wurde nach Kershaw (Eng. and Mining Journ. 67, 497 u. 676) ein Strom von 2000 Amp. und 32 Volt in 4 Tiegel mit Natrium- und Bleichlorid geleitet. Die elektromotorische Kraft war 7 Volt und 2400 Amp. pro 1 qm. Die elektrische Pferdekraft soll täglich 1,85 kg Chlor und 1,24 kg Natrium liefern.

Die erforderliche hohe Spannung so wie der Verlust an Natrium sollen die Ursache sein, dass das Verfahren bisher nicht durchzudringen vermochte; es wurde nur erwähnt, weil es den Uebergang zu den technisch wichtigen Apparaten von Acker bildet.

Apparate von Acker.

Ein in mehreren Modifikationen existirender Apparat zur Elektrolyse von geschmolzenem Chlornatrium, der in Niagara Falls in Betrieb ist, stammt von Ch. E. Acker. Derselbe beruht im Wesen darauf, dass die lebendige Kraft des, wie beim Vautin'schen Verfahren zur Oxydation des Alkalimetalls verwendeten Dampfes, gleichzeitig eine Cirkulation der in dem Apparate gebildeten alkalimetallreichen Bleilegirung zwischen den entgegengesetzten Enden des Apparates herstellt. Um die bei der Bildung des Aetzalkalis frei werdende Verbindungswärme für den Process nutzbar zu machen, ist ferner der Theil des Kanalsystems, in welchem die Aetzalkalibildung im wesentlichen vor sich geht, in unmittelbarer Nähe des Herdes des zur Herstellung der Alkalimetalllegirung dienenden elektrischen Ofens angeordnet, so dass die Verbindungswärme durch Leitung direkt dem Inneren des elektrischen Ofens zugeführt wird.

Die Einrichtung des Apparates ist aus den dem D. R.-P. No. 117358 entnommenen Zeichnungen (Fig. 88—91) zu ersehen. Fig. 88 ist ein vertikaler Längsschnitt durch den Apparat; Fig. 89 ist ein Querschnitt des Apparates nach der Linie *A-A* der Fig. 88, wobei gewisse Theile weggelassen sind; Fig. 90 ist ein Querschnitt nach der Linie *B-B* der Fig. 88; Fig. 91 ist eine Oberansicht eines Theiles des Ofens und einer Anode nebst dem Deckel für die Oeffnung, durch welche die Anode geht.

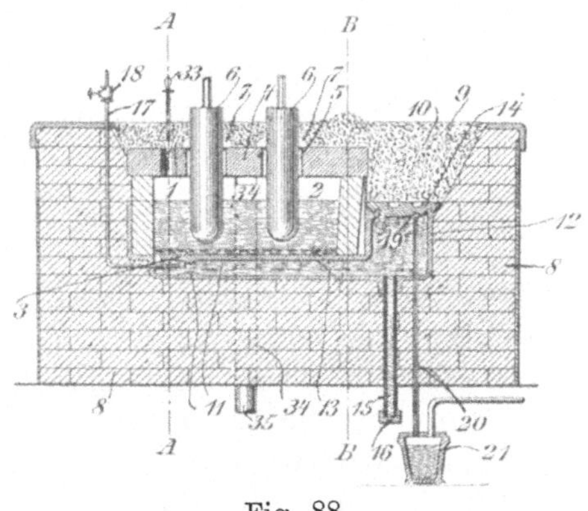

Fig. 88.

Gleiche Buchstaben bezeichnen gleiche Theile.

1 bezeichnet einen elektrischen Ofen, welcher irgend eine beliebige Form haben kann. Die Wände *2* des Ofens bestehen aus basischem Material, z. B. Magnesia, und ruhen auf einem Herd *3*, welcher aus Eisen oder Stahl hergestellt ist.

Der Ofen ist oben durch einen Deckel *4* abgeschlossen, welcher zweckmässig aus feuerfestem Thon hergestellt wird. Dieser Deckel ruht auf den Wänden *2* und ist mit Oeffnungen *5* versehen, durch welche die Anoden *6* hindurchgehen. Als Material für die Anoden dient Kohle. Die Oeffnungen *5* haben einen grösseren

Durchmesser als die Anoden und werden, soweit der von den Anoden nicht ausgefüllte Ringraum in Betracht kommt, von besonderen Deckeln *7* abgeschlossen, welche aus zwei Theilen in der Form von Halbringen hergestellt sind und die Anoden eng umschliessen.

Im Mauerwerk *8* des Ofens ist oberhalb des Deckels *4* eine Vertiefung *9* hergestellt, welche mit einer dicken Lage Salz *10* angefüllt ist.

Unter dem Herd *3* befindet sich nahe einer der Seitenwände des Ofens eine Rinne *11*, welche mit dem Innern des Ofens in Verbindung steht. Diese Rinne wird mit dem Herd *3* aus einem Stück gegossen.

Die Rinne *11* reicht bis zum unteren Theil

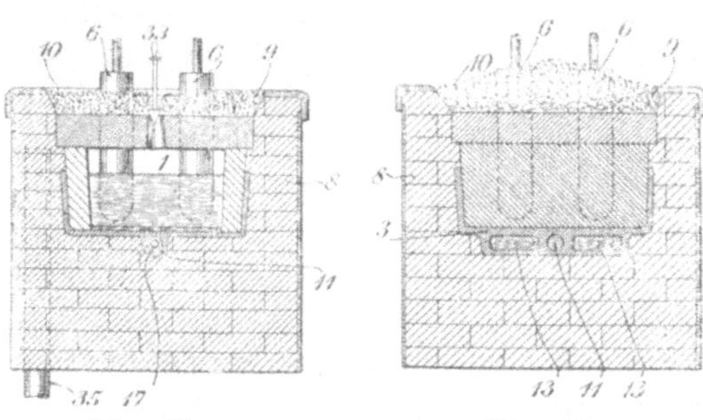
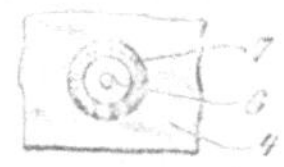

Fig. 89.   Fig. 90.   Fig. 91.

eines Gefässes *12*, welches gleichfalls ein Theil dieses Gussstückes sein kann, aus welchem die Rinne und der Herd bestehen.

Der untere Theil des Gefässes *12* ist durch Kanäle *13* mit dem Ende des Innern des Ofens *1* verbunden, welches dem Ausgangspunkt der Rinne *11* entgegengesetzt ist. Wie aus Fig. 90 ersichtlich ist, sind die Kanäle *13* zu beiden Seiten der Rinne *11* angeordnet.

Ein abnehmbarer Deckel *14* schliesst oben das Gefäss *12* ab. Die oben erwähnte Vertiefung *9* reicht bis zu dem Deckel *14* herab.

Eine Röhre *15* geht vom unteren Ende des Gefässes *12* durch das Mauerwerk nach aussen; sie ist mit einer Vorrichtung versehen, durch welche man den Ausfluss des Inhaltes des Gefässes *12* regeln kann. Als eine solche Vorrichtung dient bei dem auf der Zeichnung dargestellten Apparate eine auf das freie Rohrende aufgesetzte Kappe *16*.

Die Röhre *15* ist das negative Polende des Ofens.

17 bezeichnet eine Dampfröhre, welche mit einem Regelungshahn *18* versehen ist und in die Rinne *11* nahe demjenigen Ende derselben hineinragt, welches in Verbindung mit dem Ofen *1* steht. Die Rinne *11* besitzt zweckmässig nahe der Eintrittsstelle der Dampfröhre eine Einschnürung, um eine Wirkung analog der eines Injektors zu verursachen.

In der Unterseite des Deckels *14* des Gefässes *12* befindet sich eine Vertiefung *19*. Von dieser Vertiefung *19* führt eine Röhre *20* aus Eisen oder Stahl abwärts durch das Mauerwerk aus dem Ofen heraus, um in ein Gefäss *21* einzumünden.

Ein Stöpsel *33*, welcher in ein Loch im Deckel *4* passt und mit einer Handhabe versehen ist, die über die Salzlage *10* hinausragt, kann benutzt werden, um Salz direkt in den Hauptofen einfliessen zu lassen.

Vom oberen Theile des Ofeninnern *1* führt ein Kanal *34* durch das Mauerwerk, an den sich eine Röhre *35* anschliesst.

Es soll fortwährend genügend Salz in der Vertiefung *9* vorhanden sein, um einen dichten Abschluss für die Deckel *4* und *14* zu bilden.

Um den Betrieb einzuleiten, verfährt man zweckmässig so, dass man geschmolzenes Blei durch eine der Anodenöffnungen *5* in genügender Masse eingiebt, um die Rinne *11* zu füllen und den Herd *3* zu bedecken. Zu diesem Zweck muss natürlich eine der Anoden und deren Deckel *7* zeitweilig entfernt werden.

Gleich darnach kann das Salz, z. B. Chlornatrium, in geschmolzenem Zustande, in gleicher Weise wie das Blei, hinzugegeben werden. Hierauf wird die Anode mit ihrem Deckel wieder eingesetzt und der elektrische Strom geschlossen.

Wenn das Verfahren im vollen Gange ist, wird Salz auf irgend eine passende Weise eingeführt.

Durch die Wirkung des elektrischen Stromes wird das Salz zersetzt, und es bildet sich eine Legirung von Blei und Natrium. Der unter Druck aus der Röhre *17* entweichende Dampf verursacht eine lebhafte Cirkulation durch die Rinne *11* nach dem Gefäss *12*. Der Dampf wird durch das Natrium in der Legirung während des Durchganges durch die Rinne *11* zersetzt, wobei sich Aetznatron und Wasserstoff bilden, während gleichzeitig die Legirung arm an Leichtmetall wird.

Durch die Rinne *11* fliessen Aetznatron, leichtmetallarme Legirung und Wasserstoff nach dem Gefäss *12*, wo eine Scheidung stattfindet. Leichtmetallarme Legirung oder Blei gehen von dem Gefäss *12* durch die Rinne *13* nach dem Innern des Ofens *1*, wo die Legierung bezw. das Blei wieder als Kathode dient und Natrium aufnimmt. Von dem Gefäss *12* entweicht der Wasserstoff durch die Röhre *20* in das Gefäss *21*. In dieses Gefäss *21* fliesst auch das Aetznatron.

Wie schon angedeutet, kann der Inhalt des Ofens zu irgend
einer Zeit durch die Röhre *15* entfernt werden.

Um die Scheidung zwischen der natriumarmen Bleilegirung
und dem Aetznatron zu erleichtern und eine bessere Wärmeausnützung zu ermöglichen, konstruirte A c k e r einen im D. R.-P.
No. 118049 beschriebenen, auf dem gleichen Princip beruhenden
Apparat, bei welchem der Dampf in aufsteigender Richtung am
unteren Ende eines vertikalen Rohres eingeblasen wird, das mit
seinem oberen Ende in einen Behälter mündet, der unmittelbar
neben dem elektrischen Ofen liegt und in offener Verbindung damit steht.   Hierdurch wird erreicht, dass die Temperaturerhöhung,
welche aus der Oxydation des Alkalimetalles durch den Dampf
sich ergiebt, nicht nur durch Leitung — durch die Sohle des Ofens
hindurch — sondern unmittelbar durch Rückführung der eine höhere Temperatur besitzenden alkalimetallarmen Legirung in den elektrischen Ofen nutzbar gemacht werden kann.

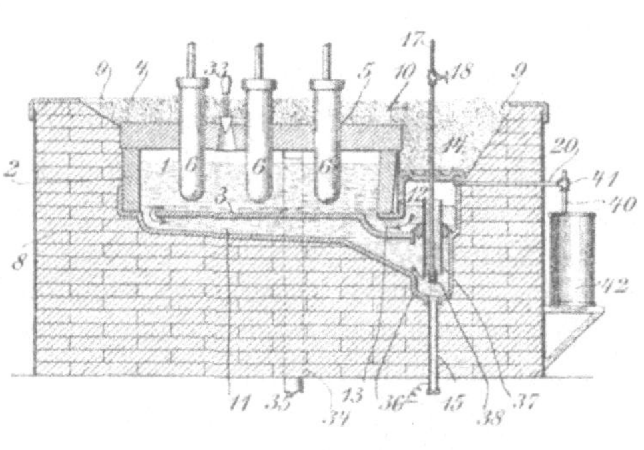

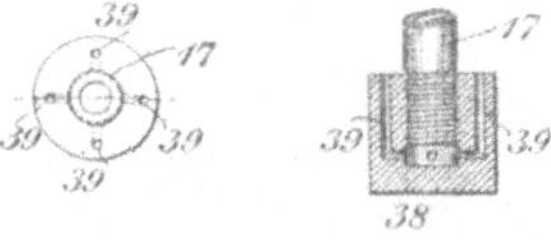

Fig. 92—94.

In Fig. 92—94 sind der abgeänderte Apparat Acker's, bezw. Theile desselben dargestellt.

1 bezeichnet wieder den elektrischen Ofen, dessen Wände *2* auf einem Herde *3* ruhen und der mittels des mit Oeffnungen *5* versehenen Deckels *4* verschlossen ist. Auch die im Mauerwerk *8* angebrachte Vertiefung 9 mit der Salzlage *10* findet sich, analog
wie bei der bereits besprochenen Ofentype, vor.   Die Rinne *11*,
welche ebenfalls mit dem Herd aus einem Stück gegossen ist,
mündet mit ihrem anderen Ende in einen Raum *36*, welcher etwas
tiefer liegt als die Rinne *11*, so dass die letztere nach dem Raume *36*
herabfällt.   Eine Röhre *15* führt vom Boden des Raumes *36* durch
das Ofenmauerwerk hindurch nach aussen.   Diese Röhre *15* bildet
das negative Polende.

Ueber dem Raume *36* befindet sich ein Gefäss *12*, welches
durch einen abnehmbaren Deckel *14* geschlossen ist und durch
eine Rinne *13* mit dem Inneren des Ofens in Verbindung steht,

und zwar an dem der Verbindungsstelle mit der Rinne *11* entgegengesetzten Ende des Ofens.

Durch einen Ansatz, welcher den Boden des Gefässes *12* und den Deckel des Raumes *36* bildet, geht ein vertikales Rohrstück *37*, welches an beiden Enden offen ist und aus Stahl oder Eisen angefertigt sein kann. Der Ansatz ist abnehmbar und kann gleichfalls aus Eisen oder Stahl hergestellt sein.

Eine mit einem Regelungshahn *18* versehene Dampfröhre *17* geht abwärts durch den Deckel des Gefässes *12* und dann durch das Rohrstück *37*, beinahe bis zum unteren Ende des letzteren. Am unteren Ende der Dampfröhre ist ein Zertheiler *38*, welcher bei der gezeichneten Ausführungsform aus einer Kappe besteht, die so auf das untere Ende der Dampfröhre geschraubt ist, dass ein Zwischenraum zwischen dem unteren Ende der Röhre und dem Boden der Kappe bleibt. In dieser Kappe sind eine Anzahl Kanäle *39*, welche mit dem Raume zwischen dem Rohrende und dem Boden der Kappe in Verbindung stehen und bis zur Oberkante der Kappe reichen. Der durch die Dampfröhre *17* hindurchgeschickte Dampf entweicht durch die Kanäle *39* in einer Richtung nach oben und oxydirt das Natrium in dem Rohrstück *37* und verursacht eine Cirkulation in diesem nach aufwärts. Diese Cirkulation bildet einen Theil eines Kreislaufes, welcher sich folgendermassen vollzieht: Vom Ofen *1* nach dem oberen Ende der Rinne *11*, von dort nach dem Raume *36* und weiterhin durch das Rohrstück *37* und das Gefäss *12* hindurch zurück nach dem Ofen *1*.

Der Stöpsel *33*, der Kanal *34* und die Röhre *35* sind in gleicher Weise und zu gleichem Zwecke wie bei der bereits vorher besprochenen Ofeneinrichtung angeordnet. Wasserstoff und Aetznatron treten durch die Röhre *20* aus dem Ofen heraus. Die Röhre *20* steht mit den Röhren *40* und *41* in Verbindung, deren erstere das Aetznatron in einen Behälter *42* leitet, während die Röhre *41* den Wasserstoff in irgend einen passenden Behälter leitet oder auch in die Luft entweichen lässt.

Eine weitere Abänderung seines Apparates beschreibt Acker in seinem D. R.-P. No. 119 361. Dieselbe besteht darin, dass nicht der Dampf allein die für die Aufrechterhaltung der Cirkulation erforderliche Kraft liefert (der offenbar hierfür nicht ausreicht), sondern nur die Oxydation des Natriums in der Legirung bewirkt, während die Bewegung nach aufwärts im Rohr 37 (Fig. 95) durch eine Art Transportschnecke verursacht wird. Der bei der Oxydation des Natriums entstehende Wasserstoff wird in eine Brenner-

düse geleitet und dort zum Vorschmelzen des zu elektrolysirenden
Chlornatriums verwendet.

Der Apparat ist in Fig. 95 dargestellt und wurde für die
analogen Theile die gleiche Ziffernbezeichnung gewählt wie für den
vorbeschriebenen Apparat, deren Bedeutung daselbst eingesehen
werden kann.

Die Rinne *11* reicht beim vorliegenden Apparat bis zum unteren
Theil des Gefässes *12*, welch letzteres gleichfalls ein Theil des
Gussstückes sein kann,
aus welchem die Rinne
11 und Herd *3* bestehen.
Der abnehmbare Deckel
14 schliesst oben das Gefäss *12* ab; die Vertie-
fung *9* im Mauerwerk des
Ofens reicht bis zu die-
sem Deckel herab. Die
Röhre *15* bildet wieder
den negativen Pol des
Ofens und ist mit der
Kappe *16* versehen, da-
mit man den daraus aus-

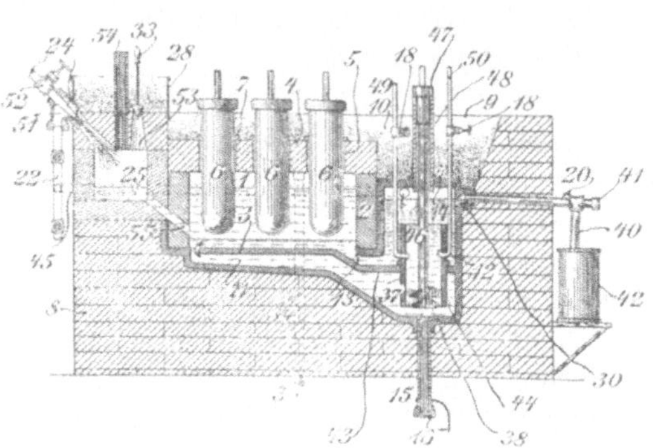

Fig. 95.

fliessenden Inhalt des Gefässes *12* kontrolliren kann.

Der Herd *3* besitzt einen Ausläufer *43*, welcher den Boden
des Gefässes *12* bildet. Wie die Zeichnung erkennen lässt, liegt
der Boden des Gefässes *12* tiefer als der Boden des Ofens *1*. Eine
Rinne *13* verbindet die unteren Theile des Ofens *1* und des Gefässes *12*.

Unter dem Gefäss *12* ist eine Vertiefung *44*, in welche die
Rinne *11* mündet, die, wie bei den vorbeschriebenen beiden Ofentypen, an ihrem anderen Ende mit dem Ofen *1* in Verbindung
steht. Diese Vertiefung liegt niedriger als die Rinne *11*.

Vom oberen Theil des Gefässes *12* ragt eine Röhre *20* seitlich
heraus; diese ist zweckmässig beinahe horizontal, mit einer leichten
Neigung nach dem äusseren Ende.

Die Röhre *20* schliesst sich an eine Oeffnung *30* in der auf-
rechten Wand des Gefässes *12* an; die Oeffnung *30* wird von
einer schrägen Durchbohrung der Gefässwand gebildet, deren
innere Mündung tiefer liegt als die äussere. Aetzalkalien, welche
sich in dem Gefäss *12* ansammeln, sollen durch die Röhre *20* abgeführt werden, während ein Entweichen des Wasserstoffes durch
die schräge Durchbohrung *30* verhindert ist. Der Wasserstoff steigt

in den oberen Theil des Gefässes *12* und wird durch eine Röhre *45* abgeführt.

Eine abnehmbare Kappe *41* ist auf das äussere Ende der Röhre *20* aufgesetzt und gestattet die Röhre zu öffnen und Hindernisse oder Verstopfungen zu beseitigen. Eine Zweigröhre *40* ragt von der Röhre *20* in die Trommel *42*.

37 bezeichnet ein Rohrstück, welches an beiden Enden offen und senkrecht innerhalb des Gefässes *12* und der Vertiefung *44* angeordnet ist, und zwar in einer solchen Höhenlage, dass es weder in Berührung mit dem Boden der Vertiefung *44* noch mit dem Deckel des Gefässes *12* ist. Das Rohrstück *37* ist mit einem Flansch versehen, welcher auf dem Boden des Gefässes *12* ruht.

38 bezeichnet einen Cirkulationsmechanismus, welcher aus einer Transportschnecke besteht, die im unteren Theil des Rohrstückes *37* angeordnet ist. Diese Transportschnecke ist auf einer Welle *46* befestigt, die mit einem Stirnlager *47* versehen ist, mit welchem sie auf dem oberen Ende einer Röhre *48* läuft. Die Röhre *48* ist in den Deckel *14* des Gefässes *12* geschraubt Die Drehung der Welle *46* muss in solcher Richtung bewirkt werden, dass die Transportschnecke in dem Rohrstück *37* eine Cirkulation nach oben verursacht.

49, 50 bezeichnen Dampfröhren, welche mit Regelungshähnen *18* versehen sind, abwärts durch den Deckel *14* des Gefässes *12* gehen und dann seitlich in das Rohrstück *37* münden, und zwar ungefähr in der Mitte zwischen dessen beiden Enden.

Die Dampfröhre *49* mündet, wie aus der Zeichnung zu ersehen ist, in einer ungefähr horizontalen Richtung in das Rohrstück *37*, so dass der Dampf, welcher derselben entströmt, entweder gar keinen oder doch nur einen unbedeutenden Einfluss auf die Erzeugung der Cirkulation im Rohrstück *37* ausüben kann. Die Dampfröhre *50* dagegen mündet in das Rohrstück *37* in einer nach oben geneigten Richtung, damit der Dampf die Cirkulation nach oben unterstützt. Bei der Elektrolyse wird wieder das geschmolzene Blei mit dem Alkalimetall durch die Rinne *11* abgeführt und nun von der Transportschnecke *38* durch die Röhre *37* nach aufwärts befördert.

Das sich bildende Chlor entweicht, wie bei den früher beschriebenen Einrichtungen Acker's, durch die Gasleitungen *34* und *35*. Unter der Einwirkung des aus den Röhren *49* und *50* ausströmenden Dampfes wird wieder ein Theil des in der Legirung befindlichen Alkalimetalles in Aetzalkalien umgewandelt. Demzufolge gelangen durch das Rohrstück *37* Aetznatron, alkaliarme Bleilegirung und Wasserstoff in das Gefäss *12*, in welchem eine Scheidung stattfindet. Die leichtmetallarme Legirung geht durch die Rinnen *13* zurück in den Hauptofen, um dort neuerlich als Kathode zu dienen und mehr Natrium aufzunehmen.

Der Wasserstoff geht vom oberen Theil des Gefässes *12* durch das Rohr *45* in ein Rohr *22*, das ihn in eine Kammer *51* leitet, in welche auch ein Luftrohr *24* in einer Düse ausmündet. Zur Regelung der Luftzufuhr durch *24* dient ein Ventil' *52*.

Das Wasserstoffluftgemisch verbrennt in einem Nebenofen *25*, in welchen das Salz, das im Hauptofen zersetzt werden soll, durch eine Oeffnung *53*, die durch einen beweglichen Deckel *33* abgeschlossen werden kann, eingegeben wird.

Eine gewisse Menge Salz wird fortwährend in dem Kasten *28* über dem Nebenofen aufbewahrt. Es kann auch irgend eine, event. automatische Salzzuführungsvorrichtung an Stelle der beschriebenen angewendet werden. Verbrennungsprodukte können vom Ofen *25* durch ein Rohr *54* entweichen.

Wenn das Verfahren im vollen Gange ist, wird geschmolzenes Salz aus dem Nebenofen *25* durch eine Rinne *55* in den unteren Theil des Hauptofens *1* eingeführt.

Der Inhalt der Vertiefung *44* kann zu irgend einer beliebigen Zeit durch *15* entfernt werden.

Der Inhalt des Ofens *1* muss in flüssig geschmolzenem Zustande erhalten werden.

Die Aetzalkalien, welche nach dem Acker'schen Verfahren gewonnen werden, sind wegen der hohen Hitzegrade, bei denen sie sich bilden, praktisch wasserfrei.

Das Verfahren von Acker dürfte, namentlich mit Rücksicht auf die billigen Kraftverhältnisse an Ort und Stelle, trotz der gegenüber anderen gebräuchlichen Verfahren erforderlichen höheren Spannung rentabel sein, und zumal auch dann, wenn die Behauptung, dass es eine 15 mal höhere Produktion als die anderen Verfahren ermöglicht, nicht zutrifft.

Damit wären die wichtigsten elektrolytischen Verfahren der Chlorgewinnung aus Chloralkalien, womit immer auch die Gewinnung des Alkalis in Form von Aetzalkalien oder Karbonaten Hand in Hand geht, besprochen, und es erübrigt noch, um einen Vergleich der hauptsächlichsten Verfahren zu ermöglichen, eine Uebersicht über die Leistungsfähigkeit derselben zu geben, welche den Angaben von Kershaw (Eng. a. Mining Journ. 67, 497 u. 676) entnommen ist:

Nasser Weg	Elektro-motor. Kraft	Ausbeute		für 1 Kilo-Wattstunde		Ausnutzung in Procenten	
		für 1 A.-Stunde					
	Volt	NaOH	Cl	NaOH	Cl	Strom	Energie
Hargreaves-Bird . . .	3,4	1,196	1,057	351	310	80	54
Castner-Kellner . . .	4	1,363	1,136	340	284	91	52,3
Richardson & Holland	4	—	—	—	—	97,5	56
Theoretisch . ., . .	2,3	1,495	1,322	650	574	100	100
Trocken							
Hulin	7	1,052	0,907	156	129	69,3	41,5
Theoretisch	4,2	1,495	1,322	356	314	100	100

Erforderliche elektrische Energie zur Erzeugung von 1 t
70 $^0/_0$ igem Aetznatron und 21 t Chlorkalk:

K.-W.-Stunden

Hargreaves - Bird, nass	2,609
Castner - Kellner, „	2,694
Hulin, trocken	6,106

Aus diesen Zusammenstellungen ist zu ersehen, dass die nassen
Verfahren weitaus ökonomischer arbeiten, also den trockenen Verfahren überlegen sind. Wenn einzelne von letzteren trotzdem
eine technische Bedeutung erlangt haben (Acker), so liegt dies an
der durch örtliche Verhältnisse, besonders durch billige Wasser-
kraft bedingten vortheilhaften Stromerzeugung. Bei der Beurtheilung des praktischen Werthes sämmtlicher elektrolytischen Verfahren zur Chlordarstellung aus Chloralkalien spielt, wie noch besonders betont sei, nicht die Chlorproduktion sondern hauptsächlich
die Aetzalkaliengewinnung — wegen des höheren Verkaufswerthes
dieses Produktes — eine entscheidende Rolle.

Schliesslich sei unter den elektrolytischen Chlordarstellungs-
methoden noch die Gewinnung aus Salzsäure erwähnt, wenn
dieselbe unter den heutigen Verhältnissen auch gar keine praktische
Bedeutung hat, da man vielmehr bereits seit längerem darauf hin-
arbeitet, die infolge der elektrolytischen Aetznatrongewinnung
auftretende Ueberproduktion an Chlor zur Salzsäuredarstellung zu
verwerthen. Die theoretischen Vorgänge bei der Salzsäure-Elektrolyse haben früher Bunsen (Pogg. Ann., Bd. 100, S. 64) und neuerer
Zeit Haber und Grinberg (Ztschr. f. anorg. Chemie, 16, S. 198)
u. A. studirt und auch die für die Praxis massgebenden günstigsten Bedingungen ermittelt. Es ist zweckmässig nicht zu verdünnte
Säure zu verwenden, da sonst sekundäre Processe, insbesondere
die Bildung von Sauerstoff und Sauerstoffverbindungen an der
Anode begünstigt und die Entladungsarbeit gesteigert wird. Erst

bei einer Koncentration von $23\,^0/_0$ HCl und darüber erhält man reines Chlorgas.

Um auch Salzsäure von geringerer Koncentration mit günstigem Erfolge elektrolysiren zu können, empfiehlt sich nach Knorre und Rückert (D. R.-P. No. 83 565) das nachstehende Verfahren: Man versetzt die zu elektrolysirende verdünnte Salzsäure vor der Elektrolyse mit Chlornatrium. Dadurch wird bewirkt, dass sich während der Elektrolyse intermediär Hypochlorit bildet, welches unter der Einwirkung der freien Salzsäure zersetzt wird. Wenn z. B. in 1 l $7\,^0/_0$iger Salzsäure 160 g Chlornatrium gelöst werden, so sollen zuerst $98\,^0/_0$ der theoretischen Chlormenge frei werden, welche Ausbeute allmählich, wenn nur mehr geringe Spuren von Salzsäure vorhanden sind, auf $85\,^0/_0$ sinkt. Die Kochsalzmenge kann ganz konstant erhalten werden, wenn die Elektrolyse so geleitet wird, dass stets etwas freie Säure im Bade bleibt.

Trotz dieser glatten Zersetzung wird der Widerstand in der salzsauren Chloridlösung ein grösserer sein, als in reiner Salzsäure von entsprechender Koncentration, da die Wasserstoff-Ionen den Metall-Ionen an Beweglichkeit überlegen sind. Bei der Salzsäure-Elektrolyse ist weiter zu berücksichtigen, dass der Wasserstoff vom Chlor gesondert aufgefangen werden muss, um Explosionen zu vermeiden, da der von Solvay (D. R.-P. No. 80 663) angegebenen Abhilfe, das erhaltene Chlor-Wasserstoffgemisch mit dem Wasserstoff früherer Operationen so weit zu verdünnen, dass es die Explosionsfähigkeit verliert, für den Grossbetrieb wohl keine Bedeutung beigemessen werden kann.

Nicht unbeträchtlich sind die Stromverluste, welche durch Rückbildung von Salzsäure an der Kathode aus dem in Lösung befindlichen Chlor entstehen. Oettel (Ztschr. f. Elektrochemie 2, S. 57) sucht dies dadurch zu vermeiden, dass er statt Salzsäure ein Gemisch von Chlornatrium und Schwefelsäure elektrolysirt, in welchem das Chlor unlöslich ist.

Darstellung von verflüssigtem Chlor.

Von den im Vorstehenden besprochenen Verfahren der Chlordarstellung eignet sich nur eine sehr kleine Anzahl für die direkte Verwerthung des Chlors zu Bleichzwecken; die weitaus grösste Anzahl darunter dient zur Herstellung von bleichenden Chlorverbindungen, in erster Linie von Chlorkalk. Der Grund dafür, warum trotz der besseren Bleichwirkung des freien Chlors dieses in der

Praxis bis vor kurzem nur geringe Anwendung fand und an Stelle desselben in den meisten Industrien der Chlorkalk verwendet wurde, liegt darin, dass eine gleichmässige Entwicklung von Chlorgas nach keinem der bekannten Verfahren zu erzielen ist. Es ist deshalb auch sehr schwer möglich, bei der direkten Chlorentwicklung eine genau bestimmte, zur Bleichung einer gewissen Menge Bleichgut eben hinreichende Menge Chlor auf ersteres einwirken zu lassen und einen Ueberschuss zu vermeiden, der bekanntlich leicht die Fasern zerstört. Wenn gleichwohl z. B. eine Anzahl von Papierfabriken das Gasbleichverfahren mittels der alten Chlorentwickler für Braunstein, Kochsalz und Schwefelsäure noch beibehalten hat, so liegt dies eben darin, dass das erzielte Produkt gegenüber der mit Chlorkalk gebleichten Waare eine erhöhte Weisse zeigt. Es war daher der Gedanke naheliegend, das Chlor auch in anderer Weise als durch die Herstellung von Chlorkalk, durch welche es seine bleichenden Eigenschaften nicht unvermindert erhält, in eine leicht transportable Form zu bringen, in der die anzuwendende Menge desselben auch genau abgemessen werden kann.

Diese Aufgabe wurde durch die fabriksmässige Herstellung von verflüssigtem Chlor in vollkommenster Weise gelöst.

Während 1 Volumtheil Chlorkalk nur ca. 100 Volumtheile nutzbares Chlor enthält, entsprechen einem Volumtheil flüssigen Chlors 400 Volumtheile Gas. Diese Verhältnisse fallen insbesondere dann ins Gewicht, wenn es sich um Transporte in weite Entfernungen oder in Gegenden handelt, wohin der Transport von Säuren behufs Entwicklungen von Chlor aus Chlorkalk auch mit grossen Kosten verknüpft ist.

Die Anwendung des flüssigen Chlors ist auch — abgesehen von obigen Bedenken — eine viel bequemere. Wenn zu Bleichzwecken eine bestimmte, vorher bekannte Menge davon nöthig ist, wird dieselbe in der Weise dem Vorrathsgefässe entnommen, dass man letzteres auf eine Wage stellt und auf die Gewichtsschale dasjenige Gewicht legt, welches die Chlorflasche nach Abzug der zu entnehmenden Chlormenge haben soll. Es wird nun durch Oeffnen des Ventils so viel Chlor in die Bleichkammer strömen gelassen, bis die Wage einspielt.

Auch für andere Processe, nicht nur für die Bleicherei, besitzt das flüssige Chlor eine hervorragende Bedeutung, z. B. für die Goldextraktion. Das Chlor wird unter gewöhnlichem Luftdrucke bei einer Temperatur von — 44° C. flüssig. Bei gewöhnlicher Temperatur ist ein Druck von 6 Atm. zu seiner Verflüssigung nothwendig.

Es wurde jedes der beiden Mittel für sich, sowie eine Kombination derselben für die fabriksmässige Darstellung von flüssigem Chlor vorgeschlagen, zur Anwendung gelangten jedoch nur Druck einerseits und Abkühlung anderseits.

Die erste Firma, welche Chlor in flüssiger Form in den Handel brachte, war die Badische Anilin- und Sodafabrik, deren Verfahren auf der Anwendung von Druck beruht und im D. R.-P. No. 50329 beschrieben ist.

Von den beiden im genannten Patente beschriebenen Verfahren wird hier nur das „kontinuirliche" beschrieben, da das diskontinuirliche Verfahren nur einer Anwendung in beschränktem Umfange fähig ist.

In einem **U**-förmigen Gefäss (Fig. 96) bewegt sich im linken Schenkel ein Pumpenkolben a in Petroleum c. Dieses ist durch

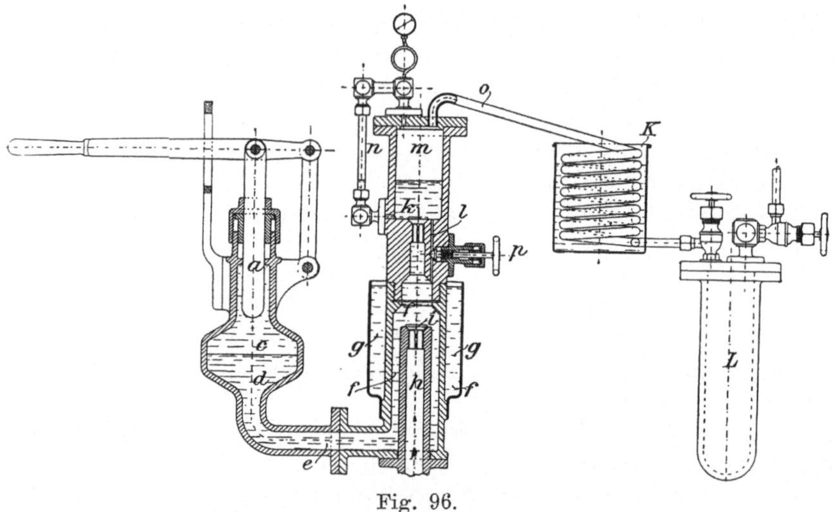

Fig. 96.

Schwefelsäure, welche den ganzen übrigen Theil des **U**-förmigen Gefässes def erfüllt, abgeschlossen. An der Berührungsstelle von beiden Flüssigkeiten ist der Schenkel erweitert, um die senkrechte Bewegung der Begrenzungsschicht zu vermindern und dadurch Emulsionen vorzubeugen. Der rechte Schenkel f steht durch ein Ventil k und eine Durchbohrung l, welche durch Ventil p verstellbar ist, in Verbindung mit dem Raum m.

Raum m trägt einen Flüssigkeitsstandsanzeiger n und das Rohr o, durch welches das komprimirte Chlor in die Kühlschlange K und nach dem Autoklaven L gelangt.

In f befindet sich noch ein Rohr h mit Ventil i, durch welches beim Aufgang des Kolbens a trockenes Chlor nach f gesaugt wird. Der Schenkel f wird durch ein Wasserbad g auf ca. 50 bis 80° C. geheizt.

Beim Heben des Kolbens a wird Chlor durch h und i eingesaugt, beim Niedergange durch k nach m gepresst. Würde hierbei nur eine kleine Blase Chlor in f verbleiben, so bedingte diese bei der darauf folgenden Druckentlastung infolge Hebens des Kolbens a einen grossen schädlichen Raum, denn das Chlor muss zu seiner Verflüssigung auf ca. $^1/_{16}$ seines ursprünglichen Volumens zusammengedrückt werden.

Um diesem Nachtheile vorzubeugen, ist die Durchbohrung l angebracht. Bei jeder Entlastung in f dringt von m nach f eine kleine Menge Schwefelsäure, welche bedingt, dass etwas weniger Chlor angesaugt wird, als dem Hub von a entspricht. Die Folge davon ist, dass beim Niedergange von a nicht nur sämmtliches Chlor nach m gedrückt wird, sondern ausserdem noch etwas Schwefelsäure, nämlich gerade so viel, als vorher durch l nach f geflossen ist. Das Ventil p wird nach dem Stande der Flüssigkeit in m eingestellt.

Die folgenden Metalle bezw. Legirungen werden nicht vom trockenen komprimirten Chlor, weder für sich, noch im Kontakt mit koncentrirter Schwefelsäure angegriffen: Gusseisen, Schmiedeeisen, Stahl, Phosphorbronze, Messing, Kupfer, Zink, Blei. Man benutzt deshalb diese Metalle, um die Apparate daraus zu konstruiren. So bestehen die im Betrieb befindlichen Kessel A und B aus Schmiedeeisen, Autoklav L aus Stahl, Kühlschlange K aus Kupfer, die Ventile f und g aus Phosphorbronze, während als Dichtungen für die Flanschen und Ventilspindeln Blei, Gummi und Asbest benutzt werden.

Den Schutz der bewegten und mit Luft in Berührung stehenden Theile des Apparates gegen die Einwirkung der Schwefelsäure erreicht man, wie oben gezeigt, durch Mineralöle, insbesondere durch Anwendung von Petroleum als Isolirmittel. Diese Flüssigkeiten müssen vor dem Gebrauche mit Schwefelsäure vollständig gereinigt werden.

Einen Uebergang zu dem nur mittels Abkühlung arbeitenden Verfahren bildet das von Heinzerling im D. R.-P. No. 49280 beschriebene Verfahren zur Verflüssigung von Chlor, nach welchem die chlorhaltigen Gasgemische zunächst durch Luft- oder Wasserkühlung abgekühlt, dann entsäuert und entwässert werden, um dann auf $1^1/_2 - 3^1/_2$ Atm. komprimirt und auf $-50°$ C. ab-

gekühlt zu werden, worauf das Gas in einem Kondensator auf
Atmosphärendruck expandirt wird. Durch die dabei stattfindende
Temperaturerniedrigung wird das Gas verflüssigt. Das aus dem
Kondensator entweichende, von Chlor nach Möglichkeit befreite
Gasgemisch wird in den Luftkühler geleitet und dient daselbst zur
Kühlung des komprimirten chlorhaltigen Gasgemisches. Der dafür
von Heinzerling vorgeschlagene Apparat ist in Fig. 97 in der An-
sicht mit theilweisem Schnitt, in Fig. 98 im Horizontalschnitt mit
theilweiser Ansicht und in Fig. 99 im Querschnitt dargestellt. In
dieser Zeichnung bedeuten die Buchstaben:

A den Ofen oder Apparat, aus welchem die chlorhaltigen Gase
bezw. das Gasgemisch entnommen werden,

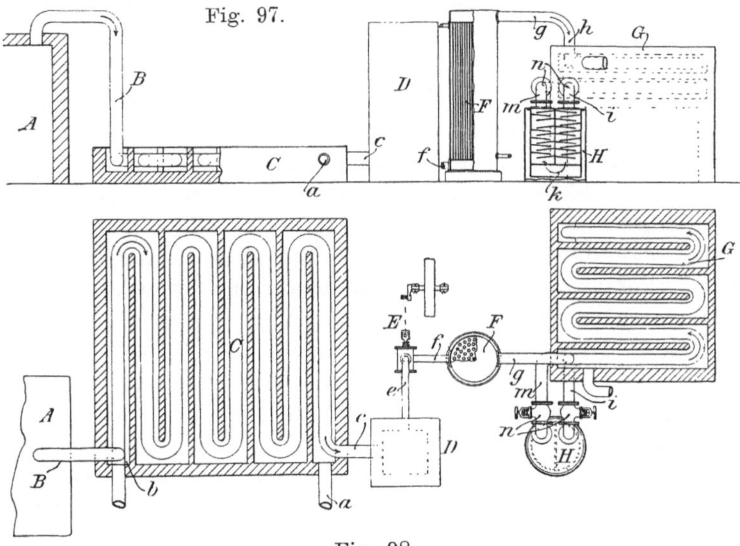

Fig. 97.

Fig. 98.

B das Abzugsrohr für die Gase,
C den Luftkühler,
D den Entwässerungsthurm für die Gase,
E die Luft- bezw. Kompressionspumpe,
F den Wasserkühler,
G den Luftkühler,
H den Kondensator.

Die Verflüssigung des Chlors wird mit diesem Apparate in der
nachstehenden Weise vorgenommen:

Die in dem Ofen oder Apparate A erzeugten chlorhaltigen
Gase werden durch das Abzugsrohr B in die schlangenförmige

Rohrleitung des Luftkühlers C geleitet, woselbst sie bis ziemlich auf die gewöhnliche Lufttemperatur abgekühlt werden, indem durch ein Gebläse bei a frische atmosphärische Luft zugeführt wird, welche die schlangenförmige Rohrleitung B umspült und bei b wieder nach aussen gelangt.

Von dem Luftkühler C tritt bei c das gekühlte Gasgemisch in den Entwässerungsthurm D, in welchem es mit wasserentziehenden Substanzen, als: koncentrirter Schwefelsäure, Chlorcalcium etc., in Berührung gebracht und ihm der Wassergehalt nach Möglichkeit entzogen wird.

Von dem Entwässerungsthurm D wird das Gasgemisch durch Rohr e mittels der Luft- bezw. Kompressionspumpe E abgesaugt, auf $1^1/_2 - 3^1/_2$ Atm. komprimirt und durch Rohr f in den Wasserkühler F gedrückt. In diesem Wasserkühler F wird dem Gasgemisch die durch die Kompression entstandene Wärme entzogen und das Gasgemisch so weit abgekühlt, dass es möglichst die gewöhnliche Lufttemperatur wieder annimmt.

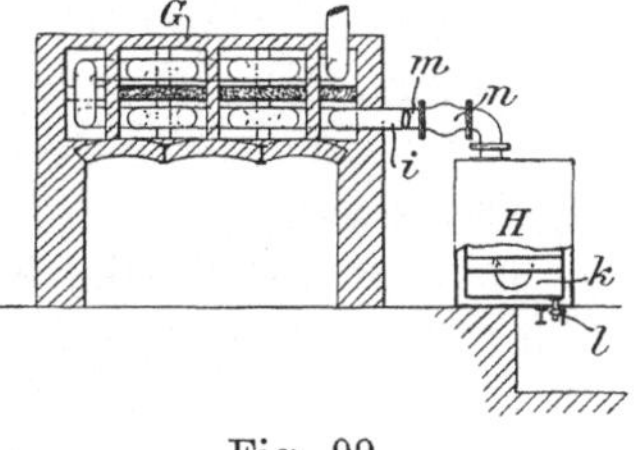

Fig. 99.

Nach dem Durchtritt des Gasgemisches durch den Wasserkühler gelangt das Gasgemisch durch Rohr g in den Luftkühler G, dessen über einander liegende Kühlrohre durch eine Scheidewand getrennt sind, und bei welchen das Gasgemisch bei h ein- und bei i austritt. In diesem Luftkühler G wird das Gasgemisch stark gekühlt und auf eine Temperatur gebracht, die 30—50° C. unter Null liegt.

Von diesem Luftkühler G gelangt das stark gekühlte Gasgemisch durch Rohr i und Ventil n in den zweitheiligen Kondensator H (Fig. 97), welcher mit einer mittleren vertikalen Scheidewand und zickzackförmigen Horizontalwänden versehen ist. Der Kondensator H hat über dem eigentlichen Boden eine durchlochte Abtropfplatte k, durch welche das zur Flüssigkeit verdichtete und vom Gasgemisch abgeschiedene Chlor abfliesst und sich auf dem Boden des Kondensators H ansammelt, woselbst es durch Hahn l abgelassen werden kann.

Der Uebergang des gasförmigen Chlors in den flüssigen Zustand und die Abscheidung desselben aus dem Gasgemisch ist eine Folge der durch die Abnahme der Spannung im Kondensator erzeugten Temperaturerniedrigung.

Die aus dem Kondensator H durch Rohr m und Ventil n ab-

9*

ziehenden sehr kalten Gase werden in den Luftkühler G zurückgeführt und daselbst zum Umspülen und Kühlen der schlangenartigen Rohrleitung benutzt.

Enthalten die aus dem Ofen oder Apparate entnommenen chlorhaltigen Gase bezw. das Gasgemisch Salzsäure, so muss dieselbe durch Wasser nach der Luftkühlung in C entfernt werden. In diesem Falle schaltet man alsdann zweckmässig zwischen Luftkühler C und Entwässerungsthurm D einen mit Koksstücken angefüllten Thurm ein, in welchem das durchstreichende Gasgemisch durch entgegenrieselndes Wasser entsäuert wird. Das zur Entsäuerung dienende Wasser kann so lange benutzt werden, als es noch Salzsäure aufnimmt.

Um die Entwässerung des Gasgemisches möglichst vollkommen zu erreichen, empfiehlt es sich, dasselbe, bevor es in den Entwässerungsthurm D tritt, durch einen Thurm streichen zu lassen, in welchem über einander gestellte, mit Chlorcalcium belegte Hürden aufgestellt sind.

Das am Boden des Kondensators H sich ansammelnde flüssige Chlor kann direkt aus demselben in die Vesandtflaschen gefüllt und im Handel verwendet werden.

Das von der Firma Kunheim & Co. in Berlin in Anwendung gebrachte, in seinen Details geheim gehaltene Verfahren der Darstellung von flüssigem Chlor besteht im wesentlichen darin, dass das gereinigte und insbesondere von jedem Feuchtigkeitsgehalte durch wiederholtes Behandeln mit koncentrirter Schwefelsäure befreite Gasgemisch bei gewöhnlichem Atmosphärendrucke einer Abkühlung auf -50 bis -55^0 C. unterworfen wird. Als Kälteüberträger dient eine Chlorcalciumlösung von $32-34^0$ Bé. Bei der Abkühlung wird das im Chlor trotz aller Reinigungsprocesse noch immer in geringen Spuren enthaltene Salzsäuregas nicht mit kondensirt — ein Vorzug gegenüber dem Kompressionsverfahren. Das flüssige Chlor wird ähnlich wie andere verflüssigte oder komprimirte Gase in schmiedeeisernen oder Stahlbomben versandt, die auf einen Druck von 50 Atm. geprüft sind und 60 kg Chlor enthalten.

In Fig. 100 (aus Chem. Ind. 1893, S. 373) ist eine solche Bombe im Schnitt dargestellt. Dieselbe besitzt zwei Ventile V, welche durch eine Schutzkappe A geschützt werden. Soll das Chlor gasförmig entnommen werden, so stellt man die Flasche aufrecht und verbindet nach Entfernung der Schutzkappe sowie der Verschlussmutter B oder B_1 des einen Ventils das Gewinde desselben entweder direkt mittels eines Gummischlauches mit der Bedarfsstelle, oder man schraubt auf das Gewinde eine Uebermutter C (Fig. 101), welche mit einer Bleirohrleitung verbunden ist. Man öffnet nun langsam eines der Ventile durch Drehen des Handrades R.

Das Oeffnen muss mit Vorsicht geschehen — auch dann, wenn sich die Ventilspindel nicht sogleich dreht — und muss in letzterem Falle eventuell erst das Ventilgehäuse angewärmt oder das Gewinde eingeölt werden. Wenn sich die Chlorentwicklung durch die bei der Verdampfung des flüssigen Chlors entstehende Abkühlung vermindert, was dadurch bemerkbar wird, dass sich die Flaschen im unteren Theile mit Reif beschlagen, so werden erstere mit heissen Tüchern etc. angewärmt.

Will man das Chlor flüssig ablassen, so legt man die Bombe horizontal um, so dass die Mündung des Röhrchens a, nach unten gerichtet ist. Man verbindet nun wieder mittels der Uebermutter C ein Stück rechtwinklig gebogenen Rohres mit der Ventilöffnung und öffnet langsam das Ventil.

Das in der Bombe enthaltene Chlor steht unter einem Drucke von 8—10 Atm. Die Bomben müssen an einem möglichst kühlen Orte aufbewahrt und vor der Einwirkung des direkten Sonnenlichtes geschützt werden.

Das Verfahren von Hannay (D. R.-P. No. 49 742), nach welchem flüssiges Chlor durch Erhitzen von Chlorhydrat dargestellt werden soll, ist kaum der Erwähnung werth.

Damit wäre die Besprechung des Chlors

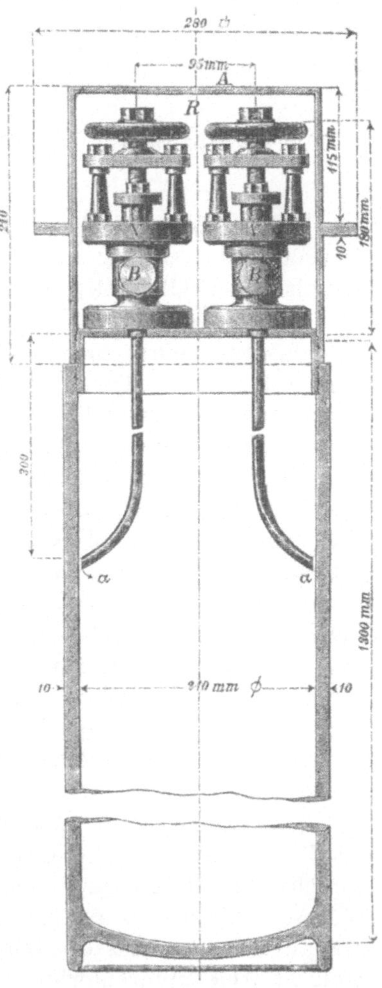

Fig. 100.

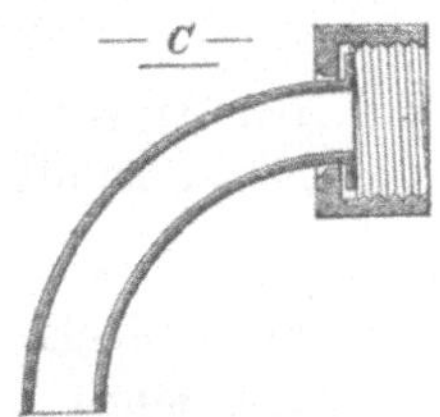

Fig. 101.

als Element abgeschlossen und es sollen im Folgenden Eigenschaften und Darstellung der zu Bleichzwecken verwendeten Verbindungen des Chlors beschrieben werden.

Verbindungen des Chlors, welche zu Bleichzwecken Verwendung finden.

Die in der Bleicherei angewendeten Chlorverbindungen sind die Verbindungen der unterchlorigen Säure (HOCl), in erster Linie die als Chlorkalk bekannte Kalkverbindung und das Natronsalz.

Bald nach der 1774 erfolgten Entdeckung des Chlors durch Scheele, und seiner bleichenden Eigenschaft durch Berthollet stellte man in Javel bei Paris (1789) durch Einleiten von Chlor in Pottaschelösung die erste Bleichlauge — ein Gemenge von unterchlorigsaurem Kali und Chlorkalium — her. Vorher wandte Berthollet nur Chlorwasser zu Bleichzwecken an.

Von Frankreich aus wurde das neue Bleichverfahren in England eingeführt, wo Tennant, der Begründer der später so berühmten Fabrik, im Jahre 1798 eine Bleichlauge durch Einleiten von Chlor in Kalkmilch herstellte, welche dem heute als „flüssiger Chlorkalk" im Handel befindlichen Produkte entspricht. Ein Jahr später fand Tennant, dass sich durch Einwirkung von Chlor auf trockenes Kalkhydrat ein viel haltbareres und leichter transportables Produkt herstellen liesse; damit war die bedeutungsvollste Erfindung auf dem Gebiete der Bleicherei — die Darstellung des Chlorkalks — gemacht.

Man erhält die unterchlorigsauren Salze der Alkalien und alkalischen Erden in wässeriger Lösung, gemischt mit den entsprechenden Chloriden, wenn man auf die gelösten bezw. mit überschüssigem Wasser versetzten Hydrate Chlor, jedoch nicht im Ueberschuss, einwirken lässt. Wird überschüssiges Chlor eingeleitet, so entsteht freie unterchlorige Säure.

Die Reaktion geht im ersteren Falle nach folgender Gleichung vor sich:

$$2NaHO + 2Cl = NaOCl + NaCl + H_2O.$$

Bei Anwendung von überschüssigem Chlor ist die Reaktion die nachstehende:

$$2NaHO + 4Cl = 2NaCl + 2HOCl.$$

Es entsteht also dann freie unterchlorige Säure. Die unterchlorige Säure ist sehr leicht zersetzlich — sie hält sich selbst unter Eiskühlung nur wenige Tage — und findet daher im freien

Zustande keine Anwendung. Die unterchlorigsauren Salze (Hypochlorite) haben einen unangenehm süsslichen Geruch, wirken ätzend
und zersetzen sich — bei direktem Sonnenlicht rascher als im
Dunkeln — unter Entwicklung von Sauerstoff und Bildung des
betreffenden Chlorids, chlorigsauren und chlorsauren Salzes. Auch
beim Erhitzen findet eine Zersetzung in Sauerstoff, Chlorid und
Chlorat statt, wenn kein überschüssiges Alkali vorhanden ist. Im
letzteren Falle zersetzt sich das Hypochlorit bei Temperaturen
unter 50^0 C. nicht.

Die unterchlorigsauren Salze wirken oxydirend und zerstören
organische Farbstoffe, jedoch wenn die unterchlorige Säure nicht
in Freiheit gesetzt wird, sehr langsam und unvollkommen. Weit
besser ist die Wirkung nach Zusatz einer Säure, und zwar genügen
hierfür auch die schwächsten Säuren, z. B. Kohlensäure.

Bei Anwendung stärkerer Säuren im Ueberschusse entsteht
nicht unterchlorige Säure, sondern freies Chlor.

Chlorkalk.

Der Chlorkalk ist die für die Bleicherei wichtigste Verbindung
des Chlors. Derselbe wurde früher als eine Verbindung von Aetzkalk mit Chlor und nach Entdeckung der unterchlorigen Säure
als unterchlorigsaurer Kalk angesehen. Erst nach dem genaueren
Studium der Eigenschaften des Chlorkalks wurde diese Ansicht
aufgegeben und neuerer Zeit beschäftigten sich zahlreiche Gelehrte
mit dem Studium der Konstitution des Chlorkalkes. Es wurde eine
Reihe von Formeln aufgestellt, die zu erörtern nicht in den Rahmen
dieses Buches fällt.

In neuester Zeit wurde darüber eine umfangreiche Arbeit von
H. Ditz veröffentlicht (Ztschr. f. angew. Chemie 1901, S. 3 u. f. f.).
Ditz fand, dass der Chlorkalk keine einheitliche Verbindung sei,
sondern die Verbindungen:

$$Ca\diagup_{\diagdown OCl}^{Cl} \cdot H_2O \quad \text{und} \quad CaO \cdot Ca\diagup_{\diagdown OCl}^{Cl} \cdot H_2O + H_2O$$

in wechselnden Mengenverhältnissen und mit wechselnden Wasser-
mengen enthalte. Die Formel $Ca\diagup_{\diagdown OCl}^{Cl}$ wurde bereits früher von
Odling aufgestellt und auch von Lunge und Schäppi (Dingler,
Polyt. Journ. 237, 63) in ihren diesbezüglichen Untersuchungen als
richtig angenommen. Dass der Chlorkalk nicht, analog den in
gleicher Weise erhaltenen Alkali-Hypochloriten, aus einem Gemenge
von unterchlorigsaurem Kalk und Chlorcalcium besteht, erhellt

daraus, dass sich Chlorcalcium darin nicht in so grossen Mengen nachweisen lässt und dass der Chlorkalk auch immer eine gewisse Menge freies Kalkhydrat enthält.

Guter Chlorkalk enthält 17—20 $^0/_0$ Wasser.

Lunge (Sodaind. 2. Aufl. III. Bd., S. 373) giebt die Analyse eines guten Laboratorium-Chlorkalks folgendermassen an:

$$39,89\,^0/_0 \text{ CaO,}$$
$$43,13 \text{ „ bleichendes Chlor,}$$
$$0,29 \text{ „ Chlorid-Chlor (entsprechend 0,07 O),}$$
$$17,00 \text{ „ } H_2O \text{ (direkt bestimmt),}$$
$$\underline{0,42 \text{ „ } CO_2,}$$
$$100,73\,^0/_0 \text{ abzüglich } 0,07\,^0/_0 \text{ für Sauerstoff.}$$

Der Handelschlorkalk hat selten mehr als 37—38 $^0/_0$ wirksames Chlor.

Eigenschaften des Chlorkalks.

Derselbe bildet ein weisses, theilweise mit Knollen durchmischtes Pulver und hat einen eigenthümlich süsslichen Geruch, der aber nicht, wie man früher annahm, von freier unterchloriger Säure herrührt. Die Kohlensäure der Luft zersetzt den Chlorkalk, der schliesslich an der Luft zerfliesst. Mit wenig Wasser angerührt, tritt lebhafte Erwärmung ein. Bei Gegenwart von mehr Wasser löst sich der grösste Theil; zurück bleibt fast nur reines Kalkhydrat.

Bei längerem Lagern sowohl an der Luft als auch bei Luftabschluss tritt Zersetzung ein, die sich mitunter ganz plötzlich, und dann explosionsartig zeigt. Hauptursachen davon sind Licht und Wärme.

Deshalb soll ganz frischer Chlorkalk nicht gleich verpackt werden, und beim Verpacken ist die Einwirkung direkten Sonnenlichtes zu vermeiden.

Darstellung des Chlorkalks.

Der Chlorkalk wird, wie bereits erwähnt, durch Einwirkung von Chlor auf Kalkhydrat erhalten. Der Handelswerth eines bestimmten Chlorkalkes richtet sich nach seinem Gehalt an wirksamem Chlor, d. h. nach derjenigen Chlormenge, welche daraus mit verdünnten Säuren entwickelt werden kann. Es ist daher bei der Darstellung von Wichtigkeit, nur Chlorkalk mit einem möglichst hohen Gehalte an wirksamem Chlor zu erhalten. Dies kann nur durch Einhaltung bestimmter Bedingungen erzielt werden.

Der zu verwendende Kalk und demgemäss auch der Kalkstein, aus welchem ersterer gewonnen werden soll, müssen sehr rein sein. Es dürfen weder in Säuren unlösliche Bestandtheile, noch Mangan

und Eisen vorhanden sein, während organische Beimengungen, die
beim Brennen verkohlt werden, unschädlich sind. Der Kalk muss
sehr gut gebrannt werden und eignet sich dazu natürlich jeder
Kalkofen, der diese Bedingung erfüllt. Die sogenannten fetten
Kalksorten, welche sich leicht löschen, nehmen das Chlor leichter
auf als die mageren Kalke.

Auch das Löschen des Kalkes muss mit grosser Sorgfalt geschehen. Man breitet den Kalk in der Regel an einem regen-
geschützten Orte in einer Schicht von 30—40 cm aus und besprengt
ihn langsam mit Wasser, bis er zerfällt. Nun wird derselbe öfter
umgewendet, damit sich die Feuchtigkeit gleichmässig vertheilt,
und neuerlich besprengt, bis alles, ausser den nicht löschbaren Bestandtheilen, zu einem lockeren Pulver zerfallen ist. Die Arbeiter
müssen bei diesem Vorgange durch Gesichtsmasken vor der ätzen-
den Wirkung des Kalkstaubes, der durch die intensive Dampfent-
wicklung umhergestäubt wird, geschützt werden.

Das erhaltene Kalkhydrat muss nun noch gesiebt werden und
kommt dann in Fässer, in denen es schliesslich nach den Chlorkalkkammern transportirt wird. Es erweist sich als vortheilhaft,
das Kalkhydrat vor seiner Verwendung einige Tage stehen zu
lassen, damit es ganz abkühlt.

Das Kalkhydrat soll nicht ganz trocken sein, sondern einen
geringen Ueberschuss an Wasser enthalten, obzwar Lunge und
Schäppi (Dingler, Polyt. Journ. 237, 63) entgegen früheren Untersuchungen fanden, dass auch ganz trockenes Kalkhydrat Chlor
aufnimmt. Der stärkste Chlorkalk wird erhalten, wenn der Wasserüberschuss ca. $4\,^0/_0$ über das zur Hydratbildung nöthige Wasser
beträgt.

Der Wassergehalt des reinen Kalkhydrates beträgt $24{,}32\,^0/_0$.
In der Fabrik des Vereins für chem. und metallurg. Produktion in Aussig a. E. wird der Wasserüberschuss derart geregelt (Dingler, Polyt. Journ. 237, 67), dass im Sommer, wo das
zuströmende Chlor unvollkommener getrocknet wird, der Wassergehalt $24{,}5—25\,^0/_0$ beträgt, während im Winter, wo durch die
niedrigere Temperatur mehr Feuchtigkeit des Chlorgases kondensirt
wird, der Gasammtwassergehalt $25{,}5\,^0/_0$ betragen kann. Der
Feuchtigkeitsgehalt muss ständig kontrollirt werden.

Den stärksten Chlorkalk mit $43{,}42\,^0/_0$ wirksamem Chlor, haben
Lunge und Schäppi mit vollkommen trockenem Chlor erhalten.
Wenn der Wasserüberschuss über die oben angegebene Menge
steigt, wird wohl das Chlor rascher aufgenommen, aber der Kalk
ballt sich dann zu Klumpen, wodurch er theilweise der Einwirkung

des Chlors entzogen wird. Wie aus dem früher Gesagten hervorgeht, muss das zu verwendende Chlor möglichst trocken sein und richtet sich nach seinem Feuchtigkeitsgehalte auch der Wasserüberschuss des Kalkhydrats. Ausserdem muss das Chlor aber auch frei von Salzsäure sein, da sonst der Chlorkalk durch das entstehende Chlorcalcium leicht zerfliesslich würde.

Die Darstellung des Chlorkalkes geschieht in den sogenannten Chlorkalkkammern, welche im Laufe der Zeit aus den verschiedensten Materialien und in verschiedener Form und Grösse hergestellt wurden.

Sie bilden einen geschlossenen Raum, in welchem das Kalkhydrat ausgebreitet ist und der Einwirkung des darüber geleiteten Chlors ausgesetzt wird. Diese Kammern wurden ursprünglich aus getheertem Holz hergestellt, wobei die Wände sorgfältig ineinandergefugt und noch mit einer dicken Schicht von Asphalttheer bedeckt wurden.

Auch getheerte Sandsteine oder Schieferplatten wurden verwendet, die mittels eines Theermörtels mit einander verbunden waren, ferner mit Asphaltfirniss überzogene Eisenplatten; schliesslich wurden auch gewölbte Chlorkalkkammern aus harten Ziegelsteinen, die mit Cementmörtel aufgemauert waren, konstruirt. In der Mehrzahl der Fälle wurden diese Materialien wieder verlassen und Chlorkalkkammern aus Blei gebaut.

Die älteren Kammern waren meist in mehrere Etagen getheilt, um, wie man meinte, eine vollkommenere Einwirkung des Chlors auf den Kalk zu erzielen.

Diese Ansicht war jedoch eine irrthümliche, denn man fand später, dass das am Boden befindliche Kalkhydrat das Chlor auch bei Kammern von 2 m Höhe und darüber noch absorbirt.

Da weiters die kleinen Kammersysteme, wie man sie früher aus den vorgenannten Materialien konstruirte, sich leicht lokal überhitzten, ist man neuerer Zeit dazu gelangt, nur grosse Kammern, und zwar aus Blei, zu bauen. Während früher die Grundfläche einer Kammer 2,5 bis höchstens 3 m im Quadrat betrug, baut man jetzt solche von 20 bis 30 m Länge und 10 m Breite.

Man kann nach Lunge pro qm Bodenfläche und Tag eine Chlorkalkproduktion von 9 kg rechnen.

Die Höhe einer Chlorkalkkammer sollte nicht unter 2 m betragen. Das Material für den Kammerboden war früher auch ein sehr verschiedenartiges: Steinfliessen, Ziegel, Cementbeton, die sich aber sämmtlich nicht bewährten da sie leicht zerbröckelten und

angegriffen wurden, so dass man jetzt allgemein zu Asphaltguss
übergegangen ist.

Die Seitenwände bei den Chlorkalkkammern aus Blei werden
in ähnlicher Weise wie die Schwefelsäurekammern gebaut. Fig. 102

Fig. 102.

(nach Lunge, Sodaind. 2. Aufl. 3. Bd., S. 395) zeigt die Ansicht
einer solchen Chlorkalkkammer in Fig. 103 und 104 (nach Roscoe
Schorlemmer, Chemie 1. Aufl. 2. Bd., S. 157, Fig. 42 und 43) ist
eine andere Kammertype im Grundriss und Aufriss, bezw. theil-

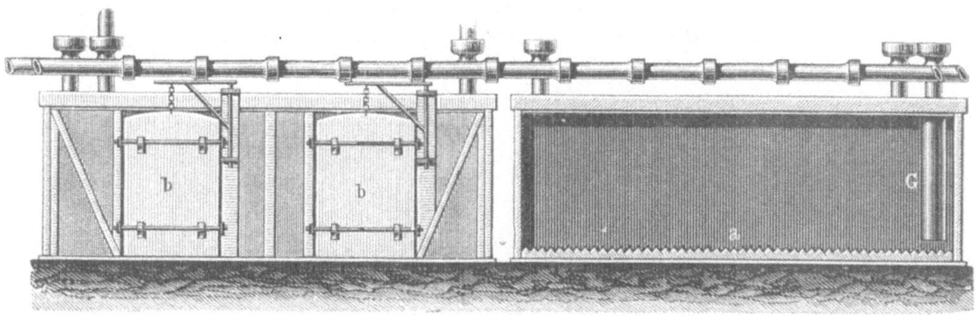

Fig. 103.

weisen Schnitt dargestellt. Die Bleibleche haben eine Dicke von
2 bis $2^1/_2$ mm und sind mit Laschen an einem Holzgerüst befestigt.
Am Boden werden sie nach innen umgeschlagen und festgenagelt.
Nur bei sehr breiten Kammern wird die Decke in der Mitte noch
durch eine eiserne verbleite Säulenreihe mit verbleitem Träger
gestützt.

Die Thüren werden aus verbleitem Eisen oder Holz hergestellt. Schliesslich wird die ganze Bleioberfläche mehrmals mit
Eisenmennig-Firniss angestrichen.

Die Chlorkalkkammern werden gewöhnlich direkt auf dem
Erdboden errichtet, doch giebt es auch welche, die ähnlich wie die

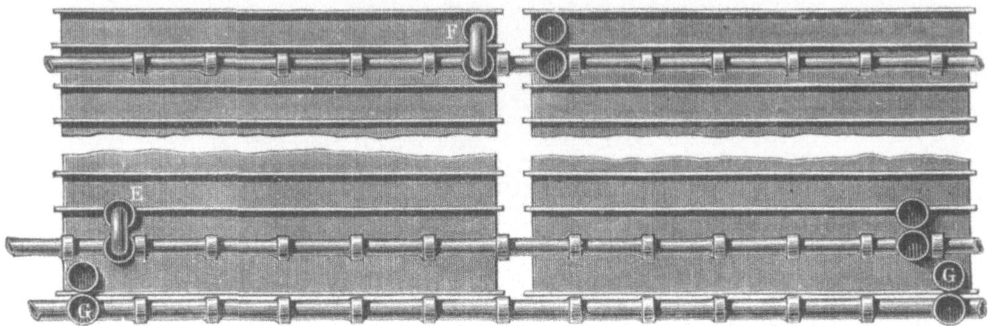

Fig. 104.

Schwefelsäurekammern auf Pfeilern in ca. 3 m Höhe erbaut sind.
In England, wo ein gleichmässigeres Klima herrscht als am
Kontinent, sind sie auch vielfach im Freien aufgestellt und
haben dann ein nach einer Seite geneigtes Dach. Auf dem Kontinent würde die Aufstellung im Freien nicht durchführbar sein,
da im Sommer die Hitze, im Winter die Kälte der Chlorkalkbildung
sehr abträglich wäre. Die Blei- und auch die Eisenkammern haben

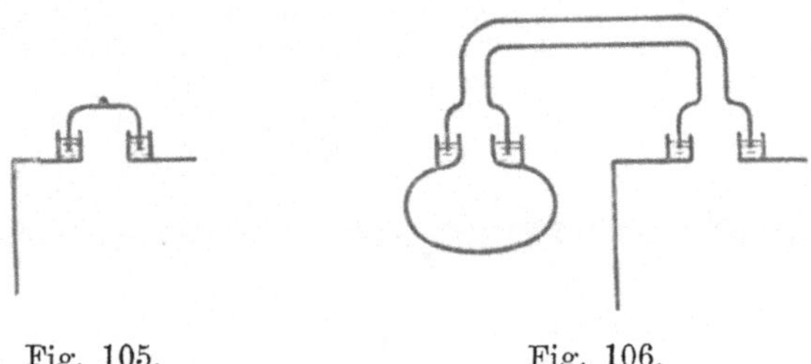

Fig. 105.　　　　　　　　　　Fig. 106.

vor den gemauerten den Vorzug, die bei der Chlorkalkbildung auftretende Wärme rasch nach aussen abzugeben.

Das Chlor wird bei allen Kammern von oben eingeführt, und
zwar ist ein Rohrstutzen mit Wasserverschluss angebracht, über
welchen ein in derselben Weise mit der Hauptchlorleitung zu ver-
bindendes Bleirohr gestülpt wird (Fig. 105 u. 106).

Zwecks kontinuirlicher Arbeit werden stets mindestens 3 bis 4 Kammern mit einander verbunden, von denen die eine entleert wird, während man durch die übrigen Chlor nach dem Gegenstromprincip leitet. Die Verbindung der einzelnen Kammern untereinander geschieht auch an der Decke und in derselben Weise wie mit der Hauptleitung.

Der Kalk wird in den Kammern 89 bis 100 cm hoch aufgeschichtet und mit einer Art Harke an der Oberfläche mit Furchen versehen, um dem Gase eine grössere Oberfläche darzubieten. Ist die Schicht nicht höher als 15 cm, so ist ein Umschaufeln überflüssig, ebenso auch bei höheren Schichten und Anwendung mehrerer Kammern, wobei die Chlorirung länger dauert.

Die in der Kammer angebrachten Beobachtungsfenster lassen den Grad der Chlorirung an der Farbe des Gases erkennen. Im Anfange, wenn das Chlor noch begierig absorbirt wird, ist die Färbung schwach grünlich, wenn der Kalk gesättigt ist, wird das Gas in der Kammer intensiv grüngelb.

Wenn die Gaszufuhr abgesperrt ist und die Grünfärbung nur mehr sehr langsam abnimmt, wird die Kammer geöffnet. Gewöhnlich dauert dieser Process ca. 24 Stunden.

Grosse Sorgfalt ist darauf zu verwenden, dass die Fugen der Kammern dicht schliessen, da sonst die Umgebung durch das Chlor sehr belästigt wird. Diese Aufgabe ist bei den Einzelkammern, wo naturgemäss grösserer Druck herrscht als bei den Kammersystemen, schwieriger zu erfüllen.

Bevor eine Chlorkalkkammer behufs Entleerung geöffnet wird, wird dieselbe, oder wenn es sich um ein Kammersystem handelt, das letztere, mit dem Fabriksschornstein in Verbindung gesetzt und ca. 12 Stunden Luft durchgesaugt.

Nun können ohne nennenswerthe Beschwerden für die Arbeiter die Thüren geöffnet werden und es zeigt sich, dass der Kalk, wenn die Schichtendicke nicht mehr als 5 cm beträgt vollständig chlorirt ist. Wurden dickere Schichten angewendet, so muss umgeschaufelt und nochmals Chlor eingeleitet werden. Der Chlorkalk besitzt hiernach gewöhnlich die handelsübliche Stärke von 35 bis $36^0/_0$ an wirksamem Chlor. Ist dies nicht der Fall, so muss nochmals Chlor darüber geleitet werden.

Das Chlor soll langsam zugeleitet werden, da sonst eine starke Temperaturerhöhung eintritt, welche eine weitere Absorption des Chlors und daher auch die Bildung von starkem Chlorkalk hindert.

Zeigt der Inhalt einer Kammer den erforderlichen Gehalt an wirksamem Chlor, so wird der fertige Chlorkalk mit hölzernen

Krücken zunächst durchgeschaufelt, auf Haufen geschichtet und hierauf aus der Kammer in den Vorraum gezogen oder auch in der Kammer selbst in der später zu beschreibenden Weise verpackt. Schwierig gestaltet sich die Absorption des Chlors bei sehr verdünnten Gasgemischen, wie sie z. B. nach dem Deacon-Process erhalten werden.

Hurter hat über die Absorptionsfähigkeit des Chlors aus solchen verdünnten Gasgemischen Studien gemacht und gefunden, dass die

Fig. 107.

Höhe der Kalkschicht in diesem Falle nicht mehr als 1,61 cm, im Mittel 1,5 cm, betragen soll. Deacon wendet deshalb auch den Kalk in so dünner Schicht an und konstruirte den in Fig. 107 und Fig. 108 (aus Roscoe-Schorlemmer, Chemie 1. Aufl. 2. Bd., S. 159) dargestellten Apparat. Es sind dies aus sehr grossen Schieferplatten oder Sandsteinplatten erbaute Kammern, die durch eine Reihe von Platten aus dem gleichen Materiale in eine entsprechende Anzahl von Etagen getheilt sind.

Das Gas kann in jede der Etagenkammern zuerst eingeleitet werden, und wird der Process so geführt, dass das stärkste Chlor mit dem nahezu gesättigten Kalk in Berührung kommt und umgekehrt. Die Gase werden mittels eines Root-Gebläses durchgesaugt.

Das Material, aus welchem diese Kammern erbaut sind, ist zwar schlechter wärmeleitend als die Metallkammern, die Chlorabsorption geht aber aus dem verdünnten Gasgemisch so langsam vor sich, dass die Temperaturerhöhung für die Chlorkalkbildung nicht schädlich ist. Ein grosser Uebelstand dieses Apparats liegt

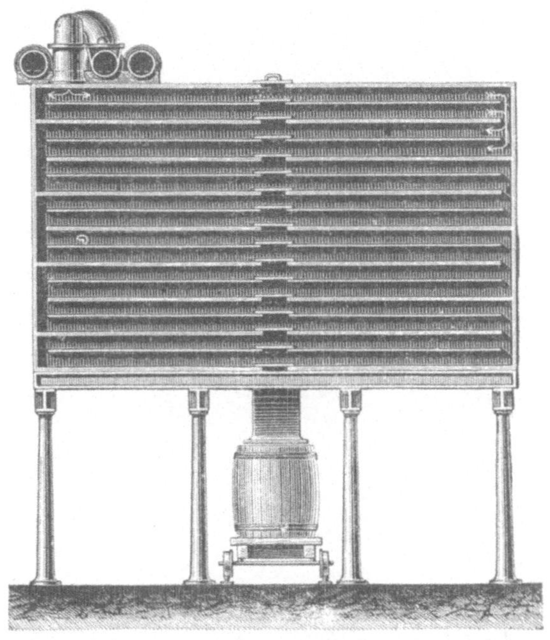

Fig. 108.

darin, dass er sehr schwer dicht zu halten ist, da das Gasgemisch durchgesaugt wird.

Um die Chlorabsorption zu beschleunigen, hat man versucht, sogenannte mechanische Chlorkalkapparate zu konstruiren, die sich aber, bis auf eine Ausnahme, in der Praxis nicht bewährten. Der einzige mechanische Chlorkalk-Apparat, welcher dauernd in industrieller Anwendung steht, ist der Apparat von Hasenclever (E. P. No. 17012, 1888), der von dem Erfinder in nachstehender Weise beschrieben wird (Chem. Ind. 1891, S. 193): Derselbe besteht aus über einander liegenden Röhren (in der Zeichnung Fig. 109 und Fig. 110 sind deren vier angeordnet A, B, C, D), wovon, je nachdem das Quantum des zu absorbirenden Chlorgases gross oder klein

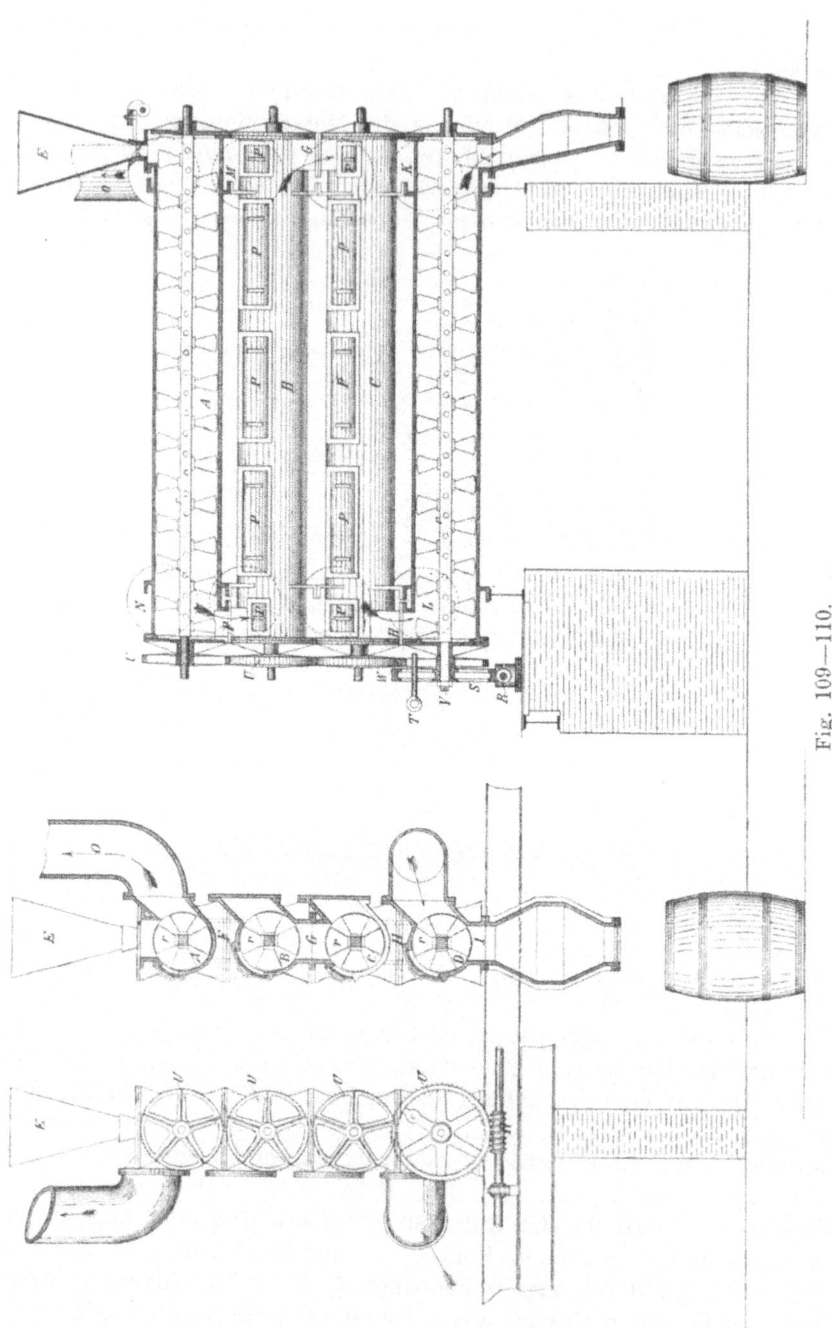

Fig. 109—110.

ist, eine grössere oder kleinere Anzahl zu einem System vereinigt werden.

Jedes Rohr ist mit einem Rührwerk versehen, welches durch ein an einem Ende der Axe angebrachtes Stirnrad bewegt wird und gleichzeitig als Transportschnecke funktionirt. Die Axe des unteren Rührwerkes wird vermittelst Schnecke und Schneckenrad bewegt und überträgt die Bewegung durch ein Stirnrad auf die darüber liegenden Rührer. Das Schneckenrad S sitzt lose auf der Axe des unteren Rührwerks und wird durch einen Stift T mit dem Stirnrade verbunden, wenn das Rührwerk arbeiten soll. Wird der Stift T entfernt, so bleiben sämmtliche Rührwerke des Apparates stehen. Der Kalk, im Trichter E aufgegeben, wird vom oberen Rührer vorwärts nach dem anderen Ende des Rohres A hingeschafft und fällt durch den die Rohre A und B verbindenden Stutzen F in das Rohr B. In diesem wird der Kalk alsdann durch das Rührwerk rückwärts nach dem Stutzen G transportirt und fällt in das Rohr C. In gleicher Weise in C vorwärts und in D rückwärts bewegt, gelangt der nunmehr fertige Chlorkalk in den Sammelkasten J und wird von dort durch Oeffnen eines Schiebers in die zur Versendung bestimmten Fässer gefüllt.

Die Chlorgase passiren in umgekehrter Richtung die Röhren, wie der Kalk. Das Gas tritt auf der Seite bei K in das Rohr D ein, geht durch das am Ende befindliche Verbindungsstück H nach Rohr C und von dort durch die Stutzen G, F, welche zum Herablassen des Kalks dienen, von einem Rohre zum anderen. Um ein zu starkes Mitreissen des feinen Kalkstaubes zu vermeiden, waren anfangs die Gasverbindungskanäle seitlich von den Rohren angelegt. Dieselben haben sich jedoch als unnöthig erwiesen. Der Trichter E dient zur Aufnahme des gesiebten Kalks. Derselbe hat an seinem unteren Theile eine Art Drosselklappe, welche durch einen auf einer Axe befestigten Daumen geöffnet und geschlossen wird, um die Kalkaufgabe möglichst gleichförmig und regelmässig machen zu können. Zur bequemen Kontrolle der Rühr- und Transportschnecken haben die Rohre A, B, C, D Oeffnungen, welche mit dem Deckel P dicht zu verschliessen sind; es wird dadurch ermöglicht, schnell und bequem das Innere der Rohre nachzusehen und eine eventuelle Reinigung etc. vorzunehmen.

Die Schaufeln der Rührwerke sind an ihrem äusseren Theile möglichst breit gemacht, damit bei der Bewegung derselben eine grosse Kalkschicht berührt und gewendet wird, um dem Chlorgase immer neue Absorptionsflächen zu bieten.

Der Vortheil des mechanischen Apparates besteht weniger in

einer Verminderung der Fabrikationskosten, als hauptsächlich in der verbesserten Art und Weise der Arbeit für die in der Chlorkalkfabrikation beschäftigten Leute.

Das Einathmen von Chlorkalkstaub und von schädlichen Gasen wird wesentlich vermindert im Vergleich zu allen sonstigen Einrichtungen. Vier Cylinder mit Rührwerk liefern täglich 1000 kg Chlorkalk.

Der Apparat eignet sich vorwiegend für verdünntes Chlor, da er sich bei Anwendung koncentrirter Gase zu sehr erhitzt.

Dadurch dass der Chlorkalk direkt aus dem Apparat in die Versandfässer befördert wird, entfällt die Belästigung der Arbeiter, die sich beim Kammerbetriebe so unangenehm fühlbar macht. Diese Unannehmlichkeit wird nur noch bei jenen englischen Kammern, welche analog den Schwefelsäurekammern auf Säulen errichtet sind, zum Theil vermieden, da der Inhalt derselben durch eine Oeffnung im Boden der Kammer auch direkt in die Fässer entleert werden kann.

Die Fässer zum Verpacken des Chlorkalks sollen gut ausgetrocknet sein und werden meist mit Papier ausgelegt.

Vor dem Verpacken muss der Chlorkalk gut durchgeschaufelt werden, da er nicht überall und in allen Schichten gleich stark ist. Das Durchschaufeln geschieht entweder innerhalb oder ausserhalb der Kammer, ebenso das Verpacken. Die Arbeiter haben dabei Maulkörbe aus feuchtem Flanell um den Mund gebunden oder neuerer Zeit, speciell in Deutschland, sogenannte Rauchhelme. Gegen die ätzende Einwirkung des Chlorkalks auf die Haut erweist sich ein Einfetten derselben als sehr zweckmässig. Als Gegenmittel, falls die Athmungsorgane durch die Chloratmosphäre angegriffen wurden, gelten die bereits bei der Besprechung des Chlors angeführten Mittel.

Da sich der Chlorkalk bei höherer Temperatur rascher zersetzt als bei normaler, wird der für heisse Gegenden bestimmte Chlorkalk in luftdicht verschlossenen Eisenfässern — die übrigens nach einiger Zeit durchrosten — verpackt. Beim Verpacken muss das direkte Sonnenlicht vermieden werden, ebenso beim Lagern, da sonst eine beschleunigte Zersetzung eintritt, die, wie schon erwähnt, mitunter sogar einen explosionsartigen Charakter annehmen kann. Es bildet sich dann Calciumchlorat und Chlorcalcium.

Aber auch bei Einhaltung dieser Vorsichtsmassregeln zersetzt sich der Chlorkalk, wenn auch sehr langsam.

Werthbestimmung des Chlorkalks.

Der Werth einer bestimmten Sorte Chlorkalk richtet sich nach der Menge wirksamen Chlors, welche derselbe enthält.

Für die Bestimmung des wirksamen Chlors giebt es eine Reihe von Methoden. Die gebräuchlichste ist die Penot'sche. Dieselbe beruht auf der Umwandlung der arsenigen Säure in Arsensäure durch die Einwirkung des Chlorkalks. Der Vorgang ist folgender:

$$CaOCl_2 + As_2O_3 = CaCl_2 + As_2O_5.$$

7,1 g Chlorkalk werden mit Wasser verrieben und auf 1 Lit. aufgefüllt. Nach gutem Umschütteln werden 50 cm = 0,355 g davon in einem Becherglase so lange mit $^1/_{10}$-Normal-As_2O_3-Lösung (4,95 g auf 1 Lit., als arsenigsaures Natron) versetzt, bis die Tüpfelprobe auf Jodkaliumstärke-Papier keine blaue Färbung mehr zeigt. Jeder ccm Arsenlösung entspricht einem Procente wirksamen Chlors.

Der Gehalt an wirksamem Chlor wird in Deutschland in Gewichts-Procenten ausgedrückt, dagegen in Frankreich der Chlorkalk nach Gay-Lussac-Graden verkauft, welche angeben, wieviel Liter Chlor 1 kg Chlorkalk liefern würde. Die nachstehende Tabelle wurde von Pattinson ausgearbeitet, unter Zugrundelegung eines Gewichtes von 3,17763 g für 1 l Chlor bei 0° C. und 760 mm Barometerstand:

Grade Gay-Lussac	Procent-gehalt an wirksamem Chlor	Grade Gay-Lussac	Procent-gehalt an wirksamem Chlor	Grade Gay-Lussac	Procent-gehalt an wirksamem Chlor	Grade Gay-Lussac	Procent-gehalt an wirksamem Chlor	Grade Gay-Lussac	Procent-gehalt an wirksamem Chlor
63	20,02	76	24,15	89	28,28	102	32,41	115	36,54
64	20,34	77	24,47	90	28,60	103	32,73	116	36,86
65	20,65	78	24,79	91	28,92	104	33,05	117	37,18
66	20,97	79	25,10	92	29,23	105	33,36	118	37,50
67	21,29	80	25,42	93	29,55	106	33,68	119	37,81
68	21,61	81	25,74	94	29,87	107	34,00	120	38,13
69	21,93	82	26,06	95	30,19	108	34,32	121	38,45
70	22,24	83	26,37	96	30,51	109	34,64	122	38,77
71	22,56	84	26,69	97	30,82	110	34,95	123	39,08
72	22,88	85	27,01	98	31,14	111	35,27	124	39,40
73	23,20	86	27,33	99	31,46	112	35,59	125	39,72
74	23,51	87	27,65	100	31,78	113	35,91	126	40,04
75	23,83	88	27,96	101	32,09	114	36,22	127	40,36

Bleichflüssigkeiten.

Flüssiger Chlorkalk.

Der feste Chlorkalk stellt sich zwar als die am ökonomischsten und leichtesten transportable Form des Chlorkalks dar; gewisse örtliche Verhältnisse, z. B. die Nachbarschaft grösserer Papierfabriken oder Bleichereien können aber dennoch für eine Fabrik die Darstellung von flüssigem Chlorkalk (Chlorkalklösung) vortheilhaft machen. Letzterer erweist sich auch in seiner Anwendung als vortheilhafter, da derselbe bei richtiger Herstellung fast gar keinen freien Aetzkalk enthält, sondern nur unterchlorigsauren Kalk und Chlorcalcium, und daher die zu bleichenden Materialien mehr schont.

Früher wurde von kleineren Bleichereien der flüssige Chlorkalk vielfach selbst dargestellt, indem ein Braunstein-Chlorentwickler zunächst mit einem Waschapparat und dieser wieder mit einem horizontalen, verbleiten hölzernen Fasse verbunden wurde, welches mit einem hölzernen Rührwerk versehen war. Dieses Fass wurde mit Kalkmilch zur Hälfte gefüllt und Chlor eingeleitet, wobei die Chlorentwicklung, um Druck zu vermeiden, nicht zu stürmisch sein durfte. Dieser von Pattinson stammende, primitive Apparat dürfte heute, wo Bleichflüssigkeiten sehr bequem elektrolytisch hergestellt werden, nicht mehr in Anwendung stehen.

Gegenwärtig werden in der Grossindustrie zur Darstellung von flüssigem Chlorkalk häufig stehende, geschlossene gusseiserne Cylinder mit Rührwerk angewendet. In Fig. 111 und 112 (nach Lunge, Sodaind. 2. Aufl. 3. Bd., S. 442 und 443) sind derartige Apparate dargestellt. Dieselben haben ca. 3 m Durchmesser und 1,7 m Höhe. Sämmtliche Verbindungen sind durch Flanschen und Verschraubungen hergestellt. Die Oeffnungen a, b und c dienen

zum Zu- und Ableiten des Chlorgases, *d* ist das Mannloch, *e* die
Rührwerkswelle. An allen Oeffnungen sind koncentrische Ringe
angegossen zur Herstellung eines Wasserverschlusses bei der Verbindung mit den Leitungsröhren. Sonst werden Thon- oder Eisen-
kappen übergestülpt.

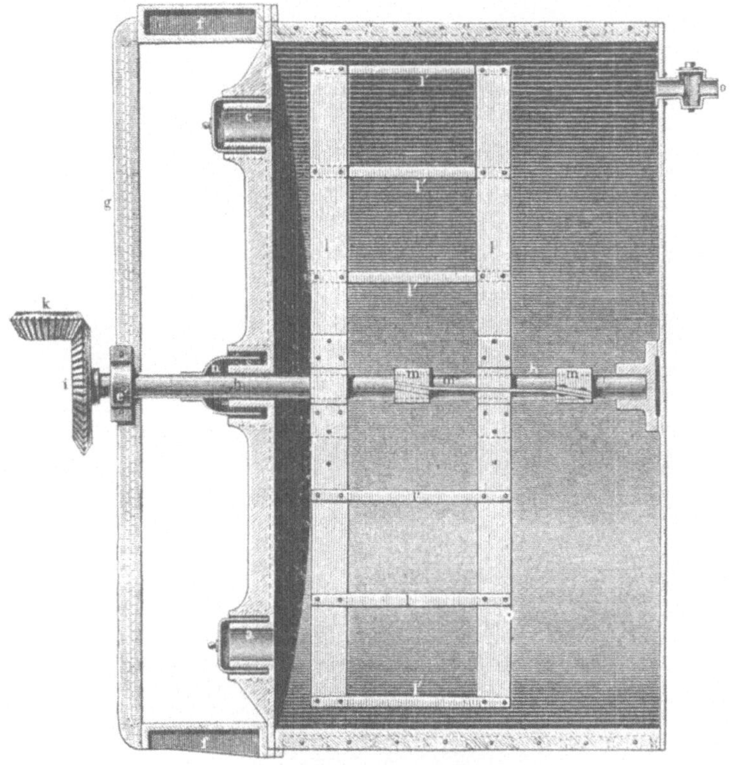

Fig. 111.

Auch die centrale Oeffnung *e* bildet einen Wasserverschluss,
so dass die centrale Welle *h* vermittels eines angeschraubten
Bechers *n* ohne Stopfbüchse gasdicht darin läuft. Die Böcke *ff*
und der Verbindungssteg *g* mit dem Lager *e'* dienen zur Führung
der schmiedeeisernen Welle *h*. *i* und *k* sind die Antriebsräder.
An der Welle sind die 4 Rührarme *ll* und *mm* angeschraubt. Je
zwei derselben sind durch die Querarme *l'* und *m'* wieder verbunden. Im Boden ist der 75—100 mm im Lichten haltende
gusseiserne Ablasshahn *o'*.

Die horizontalen Apparate sind Vervollkommnungen der zuerst beschriebenen Pattinson'schen Fassapparate. Dieselben bestehen aus halbcylindrischen, geschlossenen Gefässen, die in nebenstehender Zeichnung (Fig. 113) theilweise im Querschnitt dargestellt sind. Die Gefässe sind aus Schmiedeeisen, ca. 2,5 m lang, haben 2 m Horizontaldurchmesser und 1,5 m Höhe. Dieselben sind mit sehr

Fig. 112.

rasch rotirenden Rührwerken, deren Rührarme an den Enden mit kleinen Schöpfbechern versehen sind, ausgestattet. Die Rührwelle wird durch eine Stopfbüchse geführt, mittels Riemenscheibe angetrieben und macht ca. 120—130 Umdrehungen in der Minute. Dadurch wird die in den Cylindern enthaltene zu chlorirende, bis etwas über die Rührwerkswelle reichende Kalkmilch äusserst fein zerstäubt und mit dem von oben zuströmenden Chlor in innige Berührung gebracht. Zur Beurtheilung der Höhe des Flüssigkeitsstandes ist an der Vorderwand des Cylinders ein Flüssigkeitsstandglas angebracht. In der Regel sind eine grössere Anzahl solcher Apparate neben einander angeordnet und werden von einer gemeinsamen Chlorleitung aus gespeist.

Die zur Herstellung von flüssigem Chlorkalk dienende Kalkmilch soll höchstens 7° Bé und nicht unter 5,5° Bé haben; auch muss das Chlor sehr langsam zugeleitet werden, da sonst zu starke Erwärmung und infolgedessen Bildung von chlorsaurem Kalk eintritt. Keinesfalls darf die Temperatur über 50° C. steigen.

Infolge Anwesenheit geringer, aus der Chlorentwicklung stammender Manganmengen, die sich beim Einleiten des Chlors in die Kalkmilch in Permanganat verwandeln, tritt eine schwache Rosafärbung der Lauge ein. Ist dieser Punkt erreicht, so muss die Chlorzuleitung sofort unterbrochen und das überschüssige Chlor abgesaugt

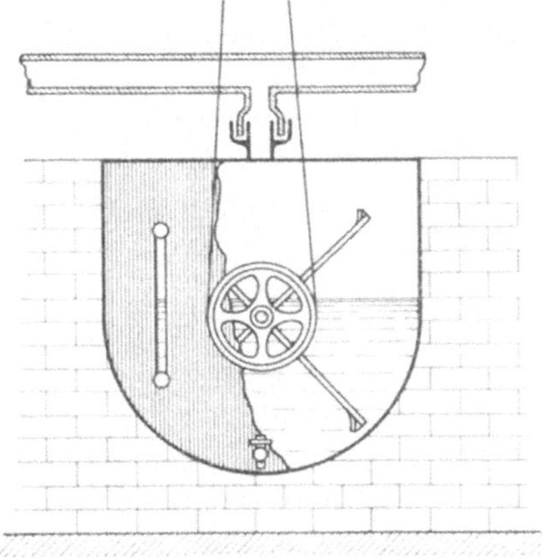

Fig. 113.

werden, da sonst Chlorat entsteht, dessen Gegenwart sich durch stärkere Rothfärbung der Lauge kundgiebt. Damit nicht auch die auf dem beschriebenen Wege erhaltene Hypochloritlauge sich in Chlorat verwandelt, wird etwas Kalkmilch zugesetzt, bis die Rosafärbung wieder verschwindet.

Die Chlorkalklösung hat im Sommer durchschnittlich ca. 14° Bé, kann aber im Winter unter besonders günstigen Verhältnissen bis auf 16° Bé gebracht werden. Die fertige Chlorkalklösung wird durch einen unten am Cylinder angebrachten Hahn abgelassen.

Eine andere Methode, Chlorkalk-Bleichlaugen zu erhalten, besteht in der elektrolytischen Zersetzung von Chlorcalciumlösungen. Dieselbe wird zusammen mit der elektrolytischen Darstellung der Alkali-Hypochlorit-Bleichlaugen besprochen werden.

Alkali-Hypochlorite.

Wie schon bei früherer Gelegenheit (S. 134) erwähnt wurde, ist das Kalium-Hypochlorit die älteste zu Bleichzwecken verwendete Verbindung des Chlors und wurde nach dem Orte seiner ersten Darstellung, Javel (früher Javelle) bei Paris, „Eau de Javel" genannt.

Nach wenigen Decennien wurde diese Verbindung durch das von Labarraque entdeckte analoge Natronsalz und dieses später wieder durch den Chlorkalk verdrängt.

Erst in neuester Zeit kam, dank der Fortschritte in der Elektrochemie, das durch Elektrolyse von Kochsalzlösung erhaltene Natriumhypochlorit als Bleichflüssigkeit wieder in Aufschwung. Das Natrium- und das Kaliumhypochlorit ($NaOCl$ und $KOCl$) haben ganz analoge Eigenschaften. Sie bilden farblose oder schwach gelbliche Lösungen mit einem dem Chlorkalk ähnlichen Geruch und einem adstringirenden Geschmack. Da die Darstellung des Kalisalzes wesentlich kostspieliger als die des Natronsalzes ist, ersteres aber für die Technik keine Bedeutung hat, so wird im Folgenden die Darstellung der Natronverbindung allein als Beispiel für beide Hypochlorite beschrieben werden.

Unter den Methoden der Alkalihypochloritdarstellung unterscheidet man jene, welche von den Hydroxyden bezw. Karbonaten als Rohmaterial ausgehen und heute keinen praktischen Werth mehr haben — und jene, bei denen das Alkalichlorid das Ausgangsmaterial bildet — die elektrolytischen Methoden.

Darstellung der Natriumhypochlorit-Bleichlauge aus Natronlauge.

Chlor wird in Natronlauge, jedoch nicht im Ueberschusse, eingeleitet. Bei Anwendung überschüssigen Chlors entsteht freie unterchlorige Säure, die noch weit leichter zersetzlich ist als ihre Salze. Die Vorgänge sind die folgenden:

$$2\,NaOH + 2\,Cl = NaOCl + KCl + H_2O$$
$$NaOCl + 2\,Cl + H_2O = NaCl + 2\,HOCl.$$

Während des Processes ist auch darauf zu achten, dass die Temperatur der Flüssigkeit nicht zu hoch steigt, da sonst eine Umwandlung in Chlorat stattfindet. Auf diese Weise wurden bis vor nicht zu langer Zeit besonders in Frankreich beträchtliche Mengen Bleichflüssigkeit hergestellt.

Bei der Anwendung von Soda als Ausgangsmaterial wird kein Hypochlorit, sondern unterchlorige Säure erhalten. Man leitet Chlor in eine zehnprocentige Sodalösung bis zum beginnenden Aufbrausen ein. Der Process geht in folgender Weise vor sich:

$$Na_2CO_3 + 2\,Cl + H_2O = NaCl + NaHCO_3 + HOCl.$$

Bei weiterem Einleiten von Chlor zersetzt sich das Bikarbonat ebenfalls, und zwar unter Aufbrausen, wodurch das Ende der Reaktion kenntlich wird:

$$NaHCO_3 + 2\,Cl = NaCl + CO_2 + HOCl.$$

Auch etwas Chlorat wird dabei gebildet. Alle Bleichflüssigkeiten, welche nach den beiden beschriebenen Verfahren dargestellt werden, haben neben dem Hypochlorit bezw. der unterchlorigen Säure noch Chlornatrium in Lösung. Endlich können die Alkalihypochlorite auch durch Umsetzung des betreffenden Karbonats, Bikarbonats oder Sulfats mit Chlorkalklösung erhalten werden.

Das Natriumbikarbonat verdient vor der Soda und dem Glaubersalz den Vorzug, da sich das so gebildete Calciumkarbonat besser absetzt. Ein Ueberschuss an Bikarbonat ist vortheilhaft.

Die Bedeutung der vorstehend besprochenen Methoden zur Darstellung von Bleichflüssigkeiten verschwindet neuerer Zeit ganz hinter den einschlägigen elektrolytischen Verfahren.

Elektrolytische Methoden zur Darstellung von Alkali- und Erdalkali-Bleichflüssigkeiten.

Dieselben basiren auf der elektrolytischen Zersetzung von Chloralkalien oder -Erdalkalien, wobei im Gegensatze zur Chlor- und Aetzalkalien-Darstellung eine Trennung der Anoden- und Kathodenprodukte vermieden wird.

Ueber die theoretisch günstigsten Bedingungen der Hypochloritbildung bei der Elektrolyse von Chloriden wurden in neuerer Zeit zahlreiche Studien ausgeführt, auf die hier nur verwiesen werden kann, so von Oettel (Ztschr. f. Elektrochem. 1, S. 356 und 474), ferner von H. Wohlwill (Ztschr. f. Elektrochem. 1898, S. 52) u. a. Im allgemeinen gilt der Grundsatz, dass bei der elektrolytischen Hypochloritdarstellung die Stromausbeute rasch abnimmt, wenn der Gehalt der Lösung an Hypochlorit steigt, da dann an der Kathode eine vermehrte Reduktion durch den sekundär entwickelten Wasserstoff stattfindet.

Werden sehr verdünnte Lösungen angewendet, so bleibt auch die Reduktion gering, und es empfiehlt sich daher im allgemeinen die Herstellung verdünnter Hypochloritlösungen (ca. 4 g wirksames Chlor im Liter), welche ja auch für Bleichzwecke ausreichen.

Bei der Anwendung hoher Stromdichten an der Kathode können auch koncentrirte Hypochloritlösungen mit guter Stromausbeute erhalten werden. Oettel wandte bei seinen Versuchen Stromdichten von 1,46—14,6 Amp. pro qdm an.

Erhöhung der Temperatur des Elektrolyten bringt eine Verminderung der Ausbeute an Hypochlorit mit sich.

Was die anzuwendende Spannung anbelangt, so beginnt die Hypochloritbildung bereits bei 1,2 Volt und verläuft die Reaktion bei so niedriger Spannung annähernd quantitativ. Eine vermehrte Hypochloritbildung findet aber erst über 2,1 Volt statt und beruht dann auf einer sekundären Einwirkung des abgeschiedenen Chlors auf das Alkali. Darum tritt auch bei fortgesetzter Elektrolyse die Hypochloritbildung im Vergleiche zur Chloratbildung immer mehr in den Hintergrund. Der Process wird der Hauptsache nach in der Weise verlaufen, dass durch die Elektrolyse die Chlornatriumlösung vorerst in Chlor und Natrium zersetzt wird, welch letzteres sofort Aetznatron bildet. Das Chlor wirkt auf das Aetznatron ein und bildet Hypochlorit (s. Gleichung S. 152). Im weiteren Verlaufe der Elektrolyse wird dann ein Theil des Hypochlorits durch den bei der sekundären Wasserzersetzung entstehenden Wasserstoff wieder zu Chlornatrium reducirt, so dass im Maximum ca. 12,5 Theile wirksames Chlor im Liter erreicht werden. Da aber an der Anode weiter Chlor producirt wird, wirkt dieses auf das Hypochlorit unter Bildung von unterchloriger Säure (s. Gleichung S. 152) und schliesslich von Chlorat.

Je nachdem nun als Endprodukt der Elektrolyse Hypochlorit oder Chlorat erhalten werden soll, ist auch die Konstruktion der Apparate eine verschiedene und werden nachstehend nur die Apparate zur Darstellung von Hypochlorit beschrieben, da das Chlorat als Bleichmittel nicht angewendet wird.

Bei der Konstruktion von Apparaten, welche zur Hypochloritdarstellung dienen, muss in erster Linie auf die Herabdrückung der Reduktion an der Kathode Rücksicht genommen werden. Die Anwendung von Zusätzen, welche diesen Zweck begünstigen, wird nach Besprechung der einzelnen Apparate auf S. 175 beschrieben.

Da die älteren elektrolytischen Apparate zur Herstellung von Bleichlaugen insbesondere für die Zersetzung der Erdalkali-Chloride bestimmt waren (Apparate von Hermite u. a.), so sollen der Uebersicht halber auch die wichtigsten darauf bezüglichen Daten hier angeführt und die Untersuchungen von Schoop über die Elektrolyse der genannten Chloride erwähnt werden. Schoop elektrolysirte eine $5\,^0/_0$ige Chlorcalciumlösung unter Anwendung von Platinplatten als Elektroden. Es zeigte sich auch hier, dass eine niedrige Stromdichte der Ausbeute an Hypochlorit günstig ist. Während der Elektrolyse überzieht sich die Kathode mit einer Kalkhaut, wodurch natürlich der Widerstand und die erforderliche Spannung vergrössert werden. Zwar kann durch Wechsel der Stromrichtung dieser Kalkbelag beseitigt werden, aber ein häufiger Wechsel vermindert auch die Ausbeute an Hypochlorit sehr, da offenbar das vorwiegend an der Anode vorhandene Hypochlorit beim Verwandeln derselben in die Kathode wieder reducirt wird.

Als Elektrodenmaterialien kommen praktisch nur Platin und Kohle in Betracht. Der Anwendung des ersteren werden durch seine Kostspieligkeit gewisse Grenzen gesetzt, während die Kohle im allgemeinen von der Hypochloritlösung beträchtlich angegriffen wird, wobei die Zersetzungsprodukte die Bleichlaugen, und bei deren Verwendung dann auch sehr häufig das Bleichgut verunreinigen. Die Zersetzung der Kohle besteht in einer Oxydation und mechanischem Abfall. Je nach den physikalischen Eigenschaften der betreffenden Kohlensorte ist diese Zersetzung eine sehr verschiedene. Die Kohle ist nur in Form von Graphit als Elektrodenmaterial verwendbar, und zwar werden die besten Elektrodenkohlen durch künstliche Graphitirung erhalten. Die dabei angewendeten Verfahren werden zum grossen Theil geheim gehalten, doch strebt man möglichst dichte, kleinporige Produkte an. In neuerer Zeit ist es auch gelungen recht widerstandsfähige Kohlen herzustellen.

Alle Untersuchungen hypochlorithaltiger Laugen stimmen darin überein, dass ihre bleichende Wirkung bei gleichem Gehalte an wirksamem Chlor eine wesentlich intensivere ist, als bei Chlorkalk. Nach Angaben von Engelhardt (Oesterr. Chem. Ztg. 1898, 1, 1) verhält sich das Bleichvermögen einer elektrolytisch hergestellten Natriumhypochloritlösung zu dem der entsprechenden Chlorkalklösung wie 5 : 4. Aber auch die Haltbarkeit einer elektrolytisch hergestellten Bleichflüssigkeit ist — entgegen älteren Angaben darüber — nach Engelhardt, der darüber eingehende Versuche anstellte, eine grössere, als die einer Chlorkalklösung von gleichem Gehalte an wirksamem Chlor.

Verfahren von Hermite.

Während Versuche, elektrolytische Bleichflüssigkeiten herzustellen, schon vor 1883 gemacht wurden, gelang es erst Hermite zur genannten Zeit ein industriell anwendbares Verfahren zu finden, das bis anfangs der neunziger Jahre ziemlich verbreitet war. Erst zu dieser Zeit wurde es zumeist durch andere Verfahren verdrängt. Nur in Schweden und Norwegen, wo die Kraftverhältnisse besonders billig sind, sollen noch vereinzelte Anlagen in Betrieb sein.

Hermite zersetzt $5\,^0/_0$ige Chlormagnesiumlösung (nach seinen Patenten auch Chlorcalcium, das aber in Wirklichkeit nicht im

Grossen zur Anwendung gekommen sein dürfte) mittels Anoden aus Platingaze in Bleirahmen und Ebonitfassung und mittels Kathoden, welche aus runden, parallelen, auf einer Zinkwelle angeordneten Zinkscheiben bestehen und rotiren. Dabei soll Magnesia an den Kathoden ausfallen und durch entsprechend angebrachte Schaber entfernt werden, während gleichzeitig eine leicht zersetzbare Chlorsauerstoffverbindung entsteht, die zweifellos nichts anderes als eine Magnesiumhypochloritlösung ist, in welcher ein Theil des der gefällten Magnesia entsprechenden freien Chlors gelöst blieb. Die Rotation der Scheiben und ausserdem eine besondere Pumpe sorgen für entsprechende Bewegung des Elektrolyten. Hermite ging später von der ausschliesslichen Anwendung von Chlormagnesiumlösung ab und verwendete eine $5\,^0/_0$ige Chlornatriumlösung, welcher $0,5\,^0/_0$ Chlormagnesium beigemischt waren. Dabei wurden nur $0,3\,^0/_0$ wirksames Chlor im Maximum erhalten.

Ueber die mittels des Hermite'schen Verfahrens angeblich erzielten Arbeitsresultate liegen ältere Angaben von Cross & Bevan[1]) vor, die so offenbar übertrieben günstig sind, dass dieselben hier nicht weiter berücksichtigt werden. Mit den genannten Angaben steht auch die Thatsache in Widerspruch, dass die Fabriken, aus welchen dieselben stammen, längst aufgelassen werden mussten.

Apparat von Andreoli. (D. R.-P. No. 51534.)

Dieser Apparat bietet nur insofern gleichfalls ein historisches Interesse, als es einer der ältesten Apparate zur Herstellung von Alkali-Hypochloriten ist. Anwendung im grossen hat derselbe nicht gefunden.

Andreoli suchte eine Verringerung der Reduktionswirkung an den Kathoden dadurch zu erzielen, dass er den letzteren eine beträchtlich geringere Oberfläche giebt, als den Anoden und eine grössere Anzahl von Anoden (20) zwischen nur zwei kleinen Kathoden anordnete. Die Kathoden waren aus Eisendrahtnetzwerk oder dünnen durchlochten Eisenplatten hergestellt und besassen etwa $^2/_3$ der Grösse der Anoden. Dadurch wurde nicht nur eine Ersparniss an Kathodenplatten bezweckt, sondern auch eine Verringerung der sonst sehr bedeutenden Wasserstoffentwicklung erzielt.

Jede solche Kathode wurde zwischen zwei aus paraffinirtem Holz, emaillirtem Eisen oder gebranntem Thon hergestellten durchlässigen Gefässen, Wasserstofffilter genannt, angeordnet, welche mit Mangansuperoxyd oder anderen Oxydationsmitteln gefüllt waren,

---

[1]) Journ. Soc. Chem. Ind. 1887, S. 170.

um den sich entwickelnden Wasserstoff durch Oxydation unschädlich zu machen.

In der Zeichnung stellt Fig. 114 den Gesammtapparat schematisch in der Aufsicht dar, Fig. 115 eine Kathode zwischen ihren beiden Wasserstofffiltern, Fig. 116 eine aus Kohlenstäben gebildete Anode und Fig. 117 eine Anode aus Mangansuperoxyd in Stücken zusammengesetzt.

B ist ein mit einer Kochsalzlösung von etwa 12° Bé. zu füllender Bottich. $A\,A$ sind die Anoden, von denen beispielsweise 20 angenommen sind. Jede besteht aus einer Anzahl von Kohlenstangen a, welche in einem Rahmen aus Holz oder besser aus emaillirtem Kupfer oder Eisen (a_3, Fig. 116) befestigt und gut leitend mit einer Kupferstange a_1 verbunden sind, welche mit ihrem umgebogenen Ende a_2 in eine Rinne einer oben längs des Bottichs angeordneten Kupferstange E eingehängt wird; letztere ist an die positive Klemmschraube der Elektricitätsquelle angeschlossen. In der Abänderung Fig. 117 ist die Anode aus kleinen Stücken

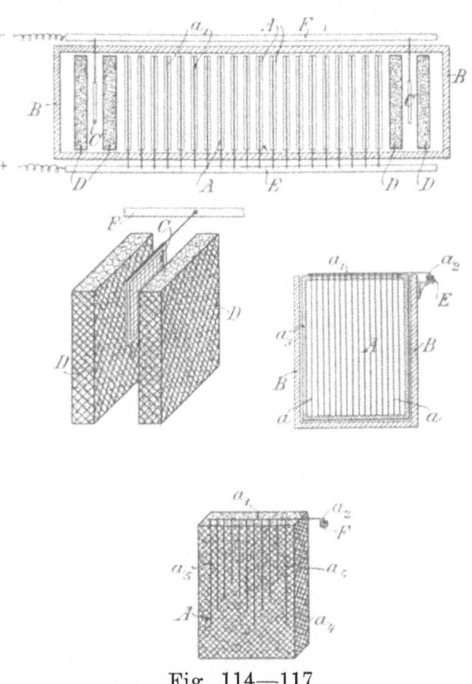

Fig. 114—117.

von Mangansuperoxyd, eventuell untermischt mit kleinen Kohle- oder Koksstücken, zusammengesetzt, welche in einem durchlässigen Behälter a_4 zusammengehäuft sind. Die leitende Verbindung mit der Kupferstange a_1 ist durch dünne Platten oder Stäbe aus Kohle a_5 hergestellt. $C\,C$ sind die Kathoden, welche aus Eisendrahtgaze bestehen, die in dünne Eisenrahmen eingespannt ist; sie besitzen etwa nur $^2/_3$ der Ausdehnung einer Anode. $D\,D$ (Fig. 115) sind die Behälter, zwischen denen die Kathoden eingehängt sind. Letztere sind ähnlich wie die Anoden mit einer Kupferstange F verbunden, welche an die negative Klemmschraube der Elektricitätsquelle angelegt ist.

Der Strom wird so lange durch den Apparat geleitet, bis die Prüfung ergiebt, dass die Flüssigkeit pro Liter die gewünschte

Menge nutzbaren Chlors in Gestalt von unterchlorigsaurem Natron
enthielt. In mehreren anderen Patenten (E. P. 8161, 1888 u. D.R.-P.
No. 69720) ändert Andreoli Form und Material der Anoden und
Kathoden mehrfach ab, doch haben alle diese Vorschläge längst
jeden praktischen Werth verloren.

Apparat von Stepanoff.

Ungefähr zur selben Zeit wie Andreoli's Apparat, tauchte der
Apparat von Stepanoff auf, der in einigen russischen Textilfabriken

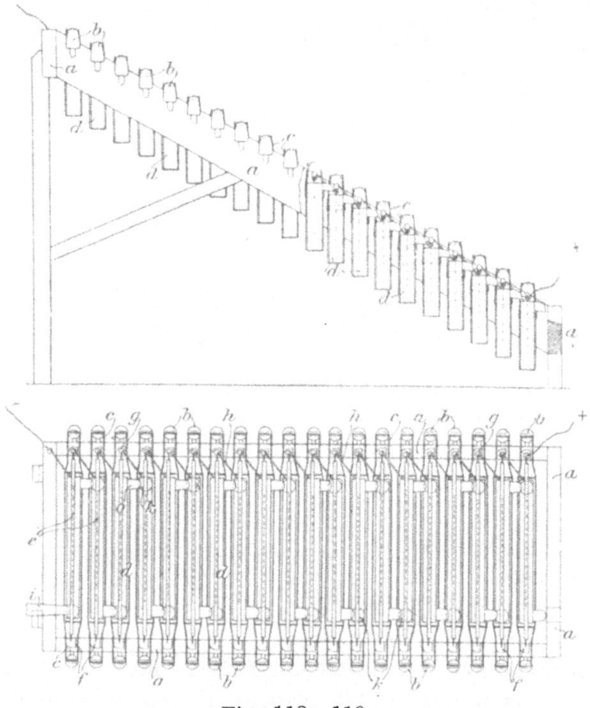

Fig. 118—119.

eingeführt gewesen sein soll, aber gegenwärtig wohl schon überall
durch neuere Apparattypen verdrängt ist. Stepanoff verwendet Kochsalzlösung mit einem geringen Zusatze von Aetzkalk zur Elektrolyse. Das dabei entstehende Calciumhypochlorit geht nicht so leicht
in Chlorat über, wodurch koncentrirtere Laugen mit $1{,}4$—$1{,}6\,^0/_0$
aktivem Chlor erhalten werden können.

Der Apparat ist in Fig. 118 theils in Seitenansicht, theils in
einem der Längsrichtung nach geführten Vertikalschnitt dargestellt;
Fig. 119 ist eine Oberansicht und Fig. 120 ein Querschnitt.

Derselbe besteht aus einem hölzernen oder gusseisernen Gestell mit geneigtem Rahmen *a*, an dessen schrägen Längsbalken vermittels eiserner Haken die Porcellanisolatoren *b b* befestigt sind. Letztere dienen als Auflager für die eisernen Querrahmen *c c*, in welchen die Bleikasten *d d* aufgehängt sind. Jeder dieser Kasten besitzt an seinem oberen Ende eine Ausflussöffnung *o*, durch welche die der Elektrolyse unterworfene Flüssigkeit von einem Kasten in den nächstfolgenden hinüberströmt und so den ganzen Apparat von oben bis unten durchfliesst. Gleichzeitig dienen diese bleiernen Kasten als negative Elektroden, während dünne Platinblätter *e e* (etwa 400 mm lang und 200 mm breit) die positiven Elektroden bilden. Die Platinblätter hängen an einer Kupferstange e^1, deren Enden in Hohlgläsern *f f g g* (Fig. 119)

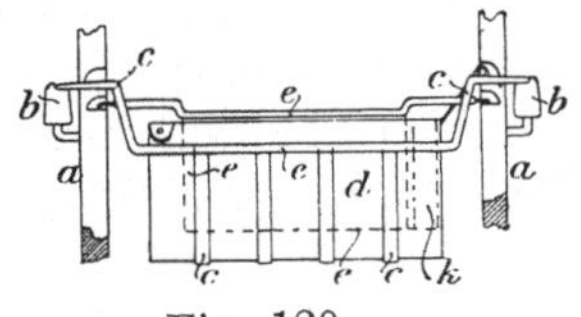

Fig. 120.

ruhen, welch letztere in die Längsbalken *a* eingelassen sind. Die an der einen Seite befindlichen Hohlgläser *f f* dienen nur dazu, die positiven Elektroden von dem Gestell zu isoliren, während die an der anderen Seite befindlichen Hohlgläser *g g* noch einem anderen Zwecke dienen. Dieselben haben einen etwas grösseren Durchmesser (15—20 mm), sind mit Quecksilber gefüllt und nehmen das Ende des Leitungsdrahtes *h* auf, welcher zu dem benachbarten, tiefer gelegenen, als negative Elektrode dienenden Bleikasten führt.

Der elektrische Strom wird von der Platinelektrode des untersten Behälters aus durch sämmtliche Kasten, durch die Flüssigkeit und die Leitungsdrähte bis zum höchsten Bleikasten geleitet, wo er austritt.

Die elektrolytisch zu behandelnde Salzlösung wird durch das Zuflussrohr *i* in den obersten Behälter *d* eingeführt und gelangt bei ihrem Niedergange von hier aus der Reihe nach in sämmtliche Kasten, bis sie schliesslich, vollständig zu Bleichflüssigkeit umgewandelt, aus dem tiefsten Behälter *d* in ein Sammelbassin fliesst, welches gleichzeitig für mehrere solche Apparate eingerichtet sein kann. Um die Salzlösung zu zwingen, bei ihrem Niedergange einen möglichst langen Weg zu nehmen und dieselbe so der Wirkung des elektrischen Stromes möglichst lange auszusetzen, sind die Ausflussöffnungen *o* nicht an derselben Seite, sondern abwechselnd an der einen und der anderen Seite angebracht, auch fliesst die Lösung nicht von einem Kasten unmittelbar auf die Oberfläche der im folgenden Kasten befindlichen Flüssigkeit, sondern fällt zunächst in ein vertikales Glasrohr *k*, Fig. 119, welches bis ungefähr zum Boden des Kastens reicht, und steigt dann erst nach oben, der Ausflussöffnung entgegen.

Der mit dem Apparate erzielte hohe Chlorgehalt hat jedoch wegen der bei höherer Hypochloritkoncentration vermehrten sekundären Stromwirkungen einen entsprechend geringeren Nutzeffekt im Gefolge.

Apparat von Gebauer und Knöfler.

Bald nach diesem Apparate wurde von der Firma F. Gebauer in Charlottenburg und von O. Knöfler ein Apparat zur Darstellung von Bleichlaugen konstruirt (D. R.-P. No. 80617), der, obzwar sehr scharfsinnig ausgedacht, wegen zu geringer Widerstandsfähigkeit keine ausgedehnte Anwendung finden konnte.

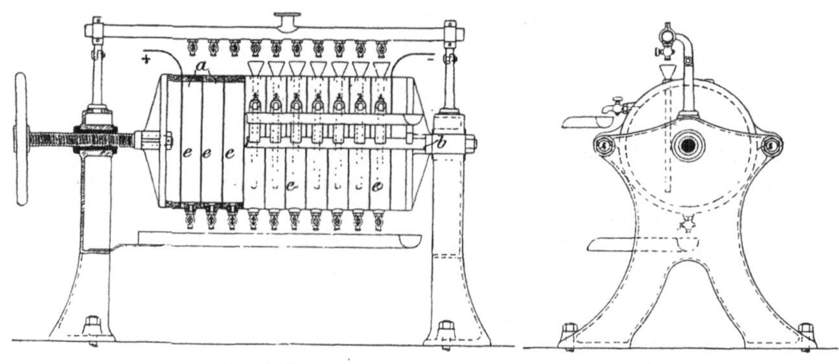

Fig. 121.   Fig. 122.

Der Apparat besteht aus plattenförmigen Elektroden e (Fig. 121 bis 124) aus Platinfolie, die durch isolirt dazwischen liegende Rahmen a aus mit Hartgummi überzogenem Eisen von einander getrennt sind. Die Elektroden und Rahmen sind von runder oder eckiger Form und bilden zusammen einzelne abgeschlossene Abtheilungen, welche die zu elektrolysirende Lösung aufnehmen. Die Platten und Rahmen sind in einem Gestell nach Art der Filterpressen angeordnet. Dieselben haben seitlich nasenförmige Ansätze i, mittels welcher sie auf den seitlichen, durch Ueberzug mit Hartgummi isolirten Führungsstangen b aufruhen. Durch zwei Stirnplatten mit Spindel werden dieselben, analog wie bei der Filterpresse, zusammengepresst, wobei die Abdichtung der Rahmen mit den Elektrodenplatten mit Gummi oder Asbest erfolgt.

Die Rahmen haben je ein Zuführungsrohr, durch das die zu elektrolysirende Flüssigkeit zufliesst, und einen Abfluss, durch den die elektrolysirte Flüssigkeit in gleichem Maasse abfliesst. Ein Vertheilungsrohr führt allen neben einander liegenden Abtheilungen gleichzeitig die frische Lösung zu, während die abfliessende, fertig elektrolysirte, von einer Rinne aufgenommen und fortgeführt wird.

Anstatt, wie beschrieben, getrennte Platten und Rahmen zu verwenden, kann man jede Platte mit dem zugehörigen Rahmen auch zu einem Ganzen verbinden und zu dem Zweck die Elektroden beiderseitig mit einem vorstehenden Rande versehen, so dass durch Aneinandersetzen der so gestalteten Elektroden eben solche Abtheilungen entstehen, wie beschrieben.

Die Elektrodenplatten arbeiten bei dieser Anordnung doppelpolig, d. h. sie wirken auf der einen Seite als Anode und auf der anderen Seite als Kathode, wodurch ermöglicht wird, dass die einzelnen Elektroden nicht, wie bei den älteren Apparaten dieser Art, zu einander parallel, sondern auf

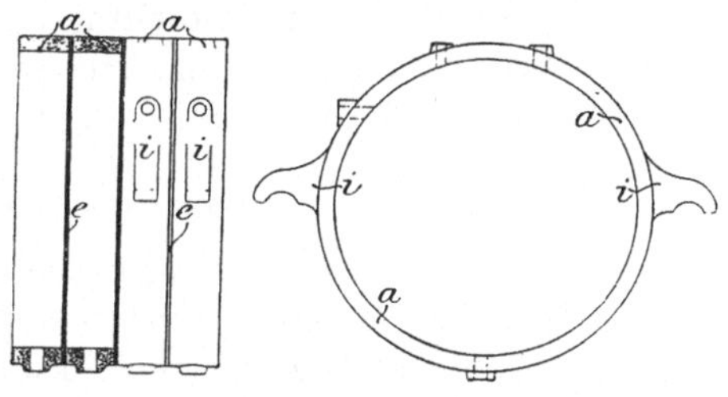

Fig. 123—124.

Spannung geschaltet werden, indem nur die erste und letzte Elektrodenplatte eines jeden Systems, d. h. einer Reihe von neben einander liegenden Elektroden, mit je einem Pole der Stromquelle verbunden ist. Die Stromleitung wird so nur durch die Flüssigkeit zwischen den Elektroden und durch die ganze Fläche der letzteren bewirkt und stets sind die der positiven Endelektrode zugekehrten Seiten Kathoden, die der negativen Endelektrode zugekehrten Seiten Anoden. Es stellt also jede der durch die Elektroden und Rahmen gemeinschaftlich gebildeten, mit der zu elektrolysirenden Flüssigkeit gefüllten Abtheilungen eine elektrolytische Zersetzungszelle dar.

Die elektrochemische Produktion ist in allen Fällen die gleiche und wächst, abgesehen von der für alle Zellen gleichen Stromstärke, genau in dem Maasse, wie man mehr Zellen hinter einander schaltet, also mit der Betriebsspannung.

Die beschriebene Schaltungsweise bietet den Vortheil, beliebig hohe Betriebsspannungen anwenden zu können. Ein weiterer Vortheil ist der, dass Platin als Elektrodenmaterial angewendet werden kann, ohne dass der Apparat dadurch zu kostspielig würde.

Bei der Parallelschaltung musste das Elektrodenmaterial im Verhältniss zu seiner Oberfläche einen sehr grossen Querschnitt haben, damit der Strom ohne zu grosse Spannungsverluste in den Elektrolyten eingeleitet werden konnte. Bei Apparaten der vorliegenden Art bildet die ganze Fläche den Leitungsquerschnitt; es gestatten Platinbleche von nur 0,01 mm Dicke, durch die man bei anderer Schaltung nur einige Ampères durchschicken könnte, die Anwendung von Hunderten von Ampères, und es ist ermöglicht, bei 100 qcm Oberfläche 10 und mehr Ampères ökonomisch zur Wirkung zu bringen.

Trotz mannigfacher Vorzüge konnte sich der Apparat in der Praxis nicht behaupten, da, wie sich bei längerem Betriebe u. A. erwies, das Hartgummi durch die Hypochloritlösungen stark angegriffen wurde, was Undichtheiten zwischen den einzelnen, ein sehr exaktes Aneinanderpassen erfordernden Apparattheilen und andere Störungen im Gefolge hatte.

Apparate von Kellner.

Auch Kellner beschäftigte sich seit Jahren mit der elektrolytischen Bleiche, jedoch zunächst in der Weise, dass er versuchte, das mit Kochsalzlösung getränkte Bleichgut zwischen einer als Anode dienenden Kohlen- oder platinirten Walze und einer Eisenwalze als Kathode hindurchzuführen. Das Verfahren hat keine weitere Anwendung gefunden, ebensowenig wie das Verfahren Kellner's (E. P. No. 10200, 1892), nach welchem Alkali-Chloride unter Trennung von Anoden- und Kathodenraum elektrolysirt und das erhaltene Chlor mit dem Aetzalkali wieder zusammengebracht wird, durch welchen Umweg die bei direkter Hypochloritdarstellung so unangenehme Reduktion vermieden wird.

Ein weiterer von Kellner eingeschlagener Weg, der die direkte Bleichung von Cellulose zum Ziele hatte, bestand darin, dass er eine Kochsalzlösung durch einen nach Art der Filterpressen eingerichteten Apparat leitete, in welchem dieselbe durch Anoden aus Kohle und Eisenkathoden unter Zuhilfenahme dünner Thondiaphragmen zerlegt wurde. Die schwach chlorhaltige Anodenlösung oxydirte die Farbstoffe, welche dann in oxydirtem Zustande von der Kathodenlauge weggelöst wurden. Bei Vereinigung beider Laugen wurde das Chlornatrium regenerirt und die Farbstoffe fielen aus. Da die Bleichung nicht auf einmal vor sich ging, wurde der Kreislauf nach Bedarf mehrmals wiederholt.

Die Bleichdauer war aber sehr lang und die erforderliche Apparatur komplicirt und kostspielig, weshalb das Verfahren in der Papierfabrik Leykam-Josefsthal bei Graz, wo es versuchsweise in Betrieb war, wieder aufgegeben wurde.

Schliesslich ging auch Kellner zur direkten Hypochloritdarstellung über.

Kellner's ältester Apparat dieser Art (D. R.-P. No. 76115) enthält in einem geschlossenen, parallelepipedischen Troge wechselständig angeordnete Elektrodenplatten aus Kohle, welche durch an den Trogwänden angebrachte Leisten derart befestigt waren, dass immer ein freies Ende einer Elektrode in den Raum zwischen je zwei benachbarten Leisten zweier anderer Elektroden hineinreichte, durch welche Anordnung der Apparat in eine Anzahl von Zellen getheilt wurde, welche der Elektrolyt im Zickzackwege passirte. Es wurden, analog wie beim Apparat von Gebauer und Knöfler, nur die äussersten Elektroden mit der Stromquelle verbunden, so dass sämmtliche der Kathode zugewandten Flächen der anderen Elektroden als Anoden und die der Anode zugewandten Seiten als Kathode fungirten. Die Anwendung von Kohle als Elektrodenmaterial hatte natürlich alle bekannten damit verbundenen Nachtheile im Gefolge. Deshalb ging Kellner zur Verwendung von Platin über, und zwar wandte er zunächst platinplattirte Metallplatten an (D. R.-P. No. 77128). Die aus Kupfer, Tomback oder Phosphorbronce hergestellten Platten wurden auf der Anodenseite platinirt und auf der Kathodenseite amalgamirt und eine Reihe solcher Platten mittels Stäben aus nichtleitendem Material, z. B. Hartgummi derart fix verbunden, dass die einzelnen Platten parallel zu einander angeordnet waren. Ein derartiger, sogenannter Bleichblock konnte in ein beliebiges, Kochsalzlösung enthaltendes Gefäss eingesenkt und mit einer Stromquelle verbunden werden. Derselbe sollte zur direkten Bleichung von Stoffen oder von Cellulosebrei im Holländer verwendet werden, zu welchem Behufe das Bleichgut zwischen den einzelnen Platten hindurchgeführt werden musste.

Die Anwendung dieses Apparates in der Bleicherei scheiterte an der Kostspieligkeit der Platinfolien, die von ziemlicher Stärke sein mussten, um trotz ihrer Porosität einen Angriff des darunter befindlichen Metalls zu verhindern. Da es sich weiters herausstellte, dass die selbst in vorher gereinigtem Salz enthaltenen geringen Mengen von Kalkverbindungen die Kathode allmählich mit einer Aetzkalkschicht bedeckten, deren Entfernung Betriebsstörungen mit sich brachte, so wurde der Kalk durch einen zeitweisen Stromwechsel wieder entfernt. Dabei war es aber nöthig, auch die Kathodenseiten der Elektroden zu platiniren, was die letzteren wieder sehr vertheuerte.

Um auch diese Schwierigkeiten zu beseitigen, konstruirte Kellner Apparate, bei welchen das Platin für die Elektroden statt

in Plattenform in Form von dünnen Drähten zur Anwendung
gelangt. Es werden Glasplatten mit ca. 0,01 mm starken Platin-
iridiumdrähten parallel umwickelt, wie dies aus
Fig. 125 (nach einer durch Siemens & Halske
A.-G. in Wien zur Verfügung gestellten Photographie) zu ersehen ist.
Als Endelektroden wer-
den Platinnetze in der
in Fig. 126 (nach einer
gleichfalls von Siemens &
Halske A.-G. stammenden
Photographie) dargestell-
ten Weise verwendet. Diese
Elektroden wirken nicht
allein wie eine volle Platin-
platte, wodurch eine be-
trächtliche Ersparniss an
diesem Metalle erzielt wird,
sondern man kann auch
mit wesentlich höheren
Stromdichten arbeiten als

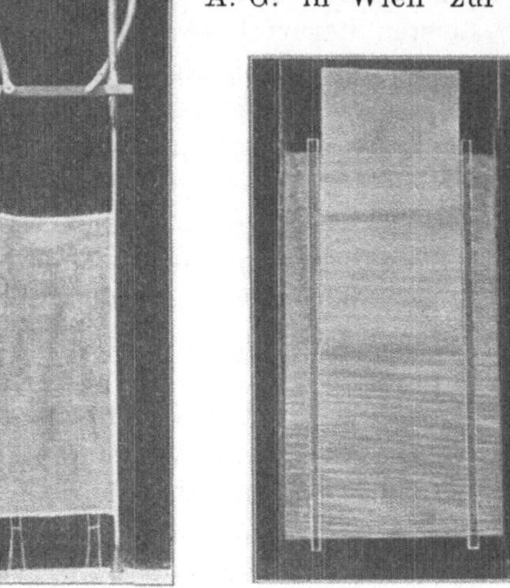

Fig. 125.　　　　　　　Fig. 126.

bei Verwendung von Platten.
Die übrige Einrichtung des
Apparates ist die folgende:
Der Elektrolyseur hat pris-
matische Form mit abgerun-
deten Kanten und besteht
aus feinkörnigem Steinzeug.
In Fig. 127 ist ein Vertikal-
und in Fig. 128 ein Horizontalschnitt dargesellt. Fig. 129
zeigt einen senkrechten Querschnitt durch die Elektrodenplatten: Der Elektrolyseur
besitzt zwei massive Ansätze
zum Aufhängen, zwei runde
Zuführungsstutzen a und b,
sowie zwei rechteckige Ab-
flussstutzen c und d, die ihrerseits durch die im Grundriss
punktirt angedeuteten Kanäle

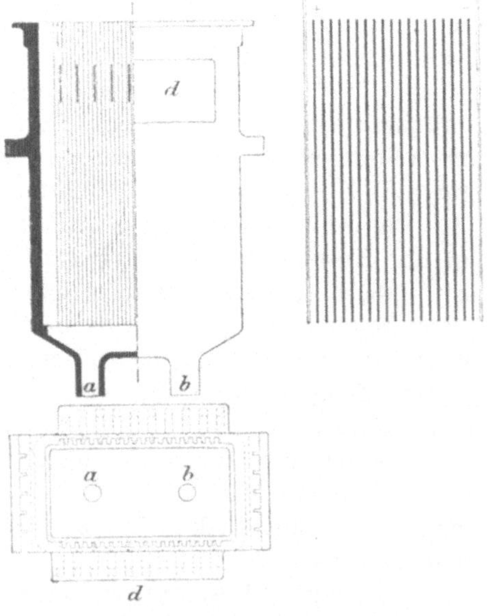

Fig. 127—129.

und die im halbgeöffneten Aufriss sichtbaren, schwarz gezeichneten
Schlitze mit dem Innern des Gefässes in Verbindung stehen. Die
im Grundriss an den beiden inneren Längsseiten bemerkbaren Auszackungen dienen zum Einsenken der Elektroden. Die Auszackungen
an den äussern Schmalseiten sind zur Aufnahme der Leitungskabel
bestimmt. Jede der in der Zeichnung dargestellten elf Mittelplatten
ist von den sie umgebenden Zellen seitlich durch Paragummi abgedichtet, so dass der elektrische Strom seinen Weg nicht um die
Platten herum nehmen kann, sondern gezwungen ist, die zwischen
den Platten resp. deren Drähten spielende Flüssigkeitsschicht zu
durchdringen.

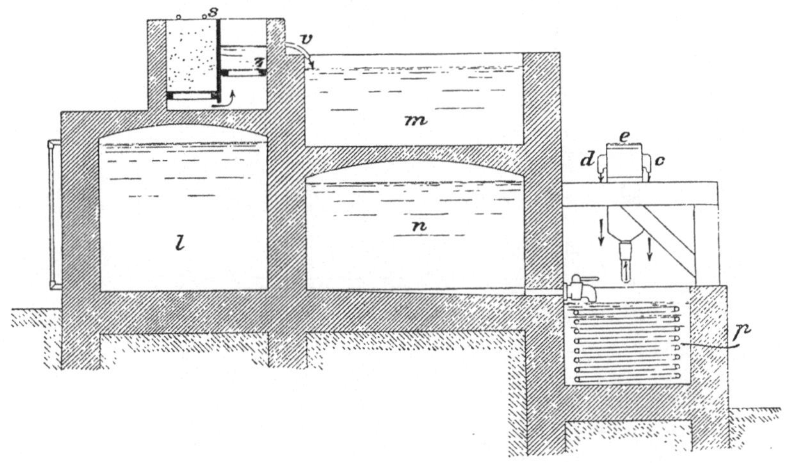

Fig. 130.

Die angewandte Spannung beträgt pro Zelle 5 Volt; einen
Spannungsverlust von 10 Volt pro Elektrolyseur angenommen, ergiebt demnach für einen Elektrolyseur mit 20 Zellen $5 \times 20 + 10$
$= 110$ Volt. Die Stromstärke, die sich naturgemäss nach der Koncentration der Kochsalzlösung richtet, beträgt bei einer 10 procentigen
Lösung ca. 120 Ampère, bei einer $15\,^0/_0$ igen 120 und bei einer
$20\,^0/_0$ igen 140 Ampère, eine mittlere Temperatur von 15 bis 20^0 C.
vorausgesetzt, die wegen der sonst eintretenden Chloratbildung
nicht überschritten werden darf. Der Chlorgehalt der Bleichlauge
beträgt bei Anwendung einer $10^0/_0$ igen Salzlösung ca. 10 g im Liter.

In Fig. 130 und Fig. 131 ist eine Bleichanlage nach Kellner
(wie solche von Siemens & Halske gebaut werden) dargestellt,
welche mit nur einem Elektrolyseur grösster Type arbeitet. Die-

selbe erfordert 21 Pferdekräfte zum Betriebe und erzeugt 30 kg Chlor, entsprechend ca. 100 kg Chlorkalk in 24 Stunden.

s ist ein Dahlheim'scher Salzlöser mit Filtrirvorrichtung. Das Salz liegt auf Filtrirsteinen oder einer durchlochten Bleiplatte. Zwei Spritzrohre senden ihre Wasserstrahlen auf das Salz. Das Wasser dringt durch das Salz und sättigt sich immer mehr mit demselben, je weiter es nach unten kommt, läuft durch die Löcher der Bleiplatte, steigt in der Richtung des Pfeiles empor, filtrirt von unten nach oben durch das Tuch *z* und fliesst durch das Bleirohr *v* (und *w* Fig. 131) ab. Der Rahmen des Filtrirtuches wird mit Filzstreifen an den Wänden abgedichtet. Salz kann jederzeit nachgeschüttet

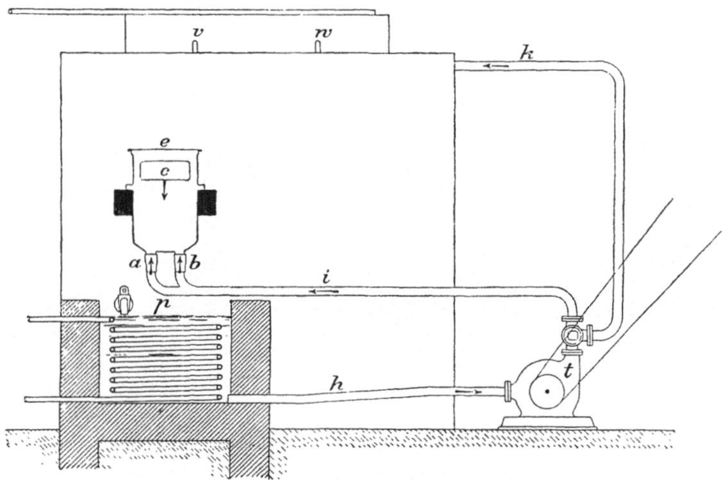

Fig. 131.

werden, so dass der Apparat ununterbrochen arbeitet, bis eine Reinigung nöthig ist; diese wird durch einen Spritzschlauch und ein Schmutzventil bewerkstelligt. Die Salzlösung gelangt aus dem Filtrirapparat *s* in das Mischungsgefäss *m*, wird in letzterem durch Zugabe von Wasser auf die erforderliche Verdünnung gebracht und dann durch einen im Boden befindlichen Stöpsel in das Vorrathsgefäss *n* abgelassen, von wo sie durch einen Bleiwechsel periodisch nach *p* abgelassen werden kann. Das Gefäss *p* enthält eine Kühlschlange aus Hartblei und in einiger Entfernung über demselben ist der Elektrolyseur auf einem Holzgerüst befestigt.

Nachdem das Gefäss *p* mit Salzlösung gefüllt ist, wird die aus Hartblei hergestellte Centrifugalpumpe *t* in Bewegung gesetzt. Die Pumpe saugt aus *p* durch das Bleirohr *h* und schafft die Flüssigkeit durch das Bleirohr i und die Zuführungsstutzen a und b in den Elektrolyseur c. In letzterem umspült sie die Elektroden, wird zum Theil zersetzt, passirt dann die in Fig. 127 schwarz gezeichneten Schlitze der Elektroliseurwandung und die Kanäle und fliesst zu beiden Seiten durch die Ausführungsstutzen c (und d) in das Gefäss p zurück. Diese Cirkulation der Flüssigkeit wiederholt sich so lange, bis der gewünschte Gehalt an Chlor erreicht ist. Ist letzteres der Fall, so wird durch Umstellen des Dreiweghahnes an der Pumpe t die fertige Bleichlauge aus p durch das Rohr k in das Reservoir l (Fig. 130) entleert. Dieses Reservoir ist mit einem Wasserstand nebst Skala versehen; ein Injektor gestattet, die vorgeschriebene Menge Bleichlauge aus dem Reservoir nach den Bleichholländern zu schaffen.

Der behufs Reinhaltung der Apparate erforderliche Polwechsel kann für eine ganze Apparatenserie durch einen Handgriff vom Schaltbrett aus bewerkstelligt werden. Da die Kellner'schen Elektrolyseure nur aus Steinzeug, Glas und Platin bestehen, ist ihre Widerstandsfähigkeit gegen chemische Einflüsse der Bleichlauge eine sehr bedeutende. Blei und Kautschuk gelangen nur in so beschränktem Maasse zur Anwendung, dass die Gefahr der Verunreinigung der Laugen durch Kautschuktheilchen oder Bleioxyd ausgeschlossen ist.

Fig. 132 zeigt die Abbildung eines solchen Elektrolyseurs, wie er von der Firma Gebauer hergestellt wird, die den Vertrieb ihrer eigenen Apparate (S. 160) ganz aufgegeben hat. Bei grösseren Anlagen bleibt die Einrichtung im Principe gleich, nur sind behufs grösserer Leistung mehr Elektrolyseure zu verwenden und die Dimensionen der Kasten entsprechend zu erweitern. Die Zuführungsstutzen der einzelnen Elektrolyseure werden dann durch ein gemeinschaftliches Rohr mit einander verbunden.

In Fig. 133 ist eine Anlage von 9 Elektrolyseuren à 20 HP mit aufgedeckter Verschalung dargestellt, die sich in der Cellulosefabrik von Schoeller & Co. in Torda befindet, welche Zeichnung Verfasser der Firma Siemens & Halske A.-G. in Wien verdankt.

Ein Apparat, der neben dem von Kellner vereinzelt angewendet wurde, sich aber sehr an ältere Kellnersche Konstruktionen anlehnt, ist der Apparat von Vogelsang. Derselbe besteht aus einem Elektrolyseur mit doppelpolig geschalteten platinirten Elektrodenplatten, welch letztere abwechselnd nicht bis an den Boden der Zelle reichen, so dass der Elektrolyt (Kochsalzlösung) einen schlangenförmigen Weg zurücklegt. Der Apparat weist natürlich die bei Besprechung des analogen, ebenfalls mit platinirten Metall-Elektroden arbeitenden Apparates von Kellner erwähnten Nachtheile auf.

Apparate von Haas und Oettel.

Dem vorgenannten Apparate principiell ähnlich ist eine Konstruktion von Haas und Oettel (D. R.-P. No. 101296), bezw. von

Fig. 132.

Haas (D. R.-P. No. 105054), welche von der Elektricitäts-Gesellschaft Haas und Stahl in Aue (Sachsen) hergestellt wird. Die ältere Einrichtung dieser Firma unterscheidet sich von dem Apparate von Vogelsang dadurch, dass die einzelnen Elektrodenplatten nicht aus platinirtem Metall, sondern aus Kohle bestehen (nur die negative Endelektrode besteht aus Blei) und am Boden des Behälters auf

Querstegen S (Fig. 134—136) aus nichtleitendem Material aufruhen, welche abwechselnd schlitzförmige Oeffnungen besitzen.   Nach oben

Fig. 133.

reichen die Elektroden nicht bis an die Flüssigkeitsoberfläche, sondern werden ebenfalls durch abwechselnd mit Schlitzen versehene Stege darüber hinaus verlängert. Diese schlitzförmigen Oeffnungen dienen zur Cirkulation des Elektrolyten in der aus der Zeichnung ersichtlichen Weise, so dass die unter den Oeffnungen befindlichen, durch die Querstege abgeschlossenen Räume weder von der Flüssigkeitsbewegung noch von der Elektrolyse berührt werden.   Durch diese Anordnung wird bewirkt, dass sich der während der Elektrolyse abscheidende Schlamm

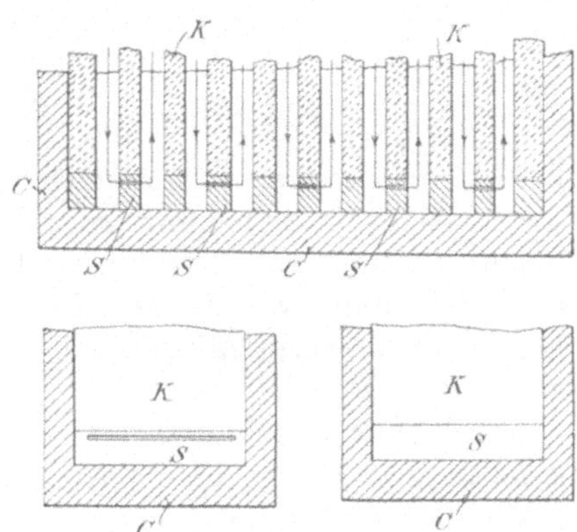

Fig. 134—136.

(Kohletheilchen etc.) absetzen kann, ohne dass derselbe einen Kurzschluss hervorruft, was sonst, wenn die Elektroden bis an den
Boden des Elektrolyseurs herabreichen, leicht der Fall sein kann.

Die beschriebene Einrichtung wurde dann von Haas derart
abgeändert, dass der Elektrolyt nicht mehr im Zickzackwege durch
den Apparat passirte, sondern sich immer abwechselnd theilte und
wieder vereinigte, wodurch eine kräftige Durchmischung der den
Elektrolyseur passirenden Flüssigkeit bewirkt wird. Dies wird da-

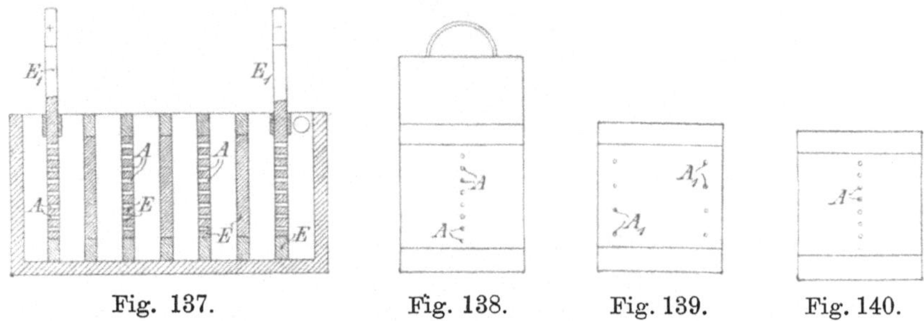

Fig. 137.   Fig. 138.   Fig. 139.   Fig. 140.

durch erzielt, dass die Elektrodenplatten c der schematischen Zeichnungen Fig. 137—141 abwechselnd eine und zwei Reihen Durchfluss-
löcher $A A_1$ vertikal über einander besitzen.

Um an allen Platten eine gleiche Flächenausdehnung der
Durchlässe zu erhalten, empfiehlt es sich, die einzelnen Durchlass-
öffnungen so zu gruppiren, dass die Flächensumme der an den

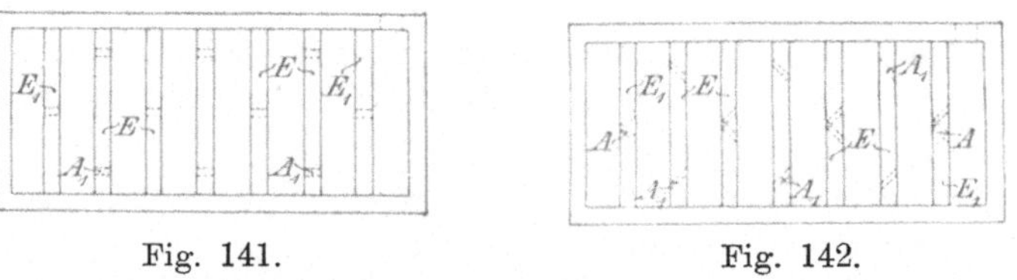

Fig. 141.   Fig. 142.

beiden Seiten angeordneten Durchflussöffnungen gleich derjenigen
der in der Mitte befindlichen Oeffnungen auf jeder der benachbarten Platten ist. Wenn also die Summe der Durchtrittsöffnungen
in den Platten, wie sie Fig. 138 und 140 darstellen, $2n$ beträgt, so
haben die zwischenliegenden Platten (Fig. 139) je n Oeffnungen
an beiden Seiten.

Fig. 142 zeigt eine andere Ausführungsform der beschriebenen
Anordnung, welche eine noch intensivere Mischung der zu elektrolysirenden Flüssigkeit herbeiführen soll und darin besteht, dass
die Durchtrittsöffnungen $A A_1$ in den Elektroden nicht parallel

zur Längsaxe des Apparates, sondern in einem Winkel zu dieser angeordnet sind, und zwar abwechselnd gegen die eine und abwechselnd gegen die andere Seitenwand geneigt, so dass z. B. die oberste Oeffnung einer Elektrode nach rechts, die nächste untere nach links, die nächste dann wieder nach rechts und so fort gerichtet ist.

Als Elektrolyt wird eine Kochsalzlösung von 4—6° Bé verwendet. Dieselbe verlässt den Apparat als fertige Bleichlauge mit 3 g wirksamem Chlor im Liter und wird in ein Sammelgefäss geleitet, wo sich noch etwaige Kohletheilchen und sonstige Verunreinigungen absetzen.

Am Einlauf und Auslauf des Elektrolyseurs befindet sich je ein Thermometer zur Beurtheilung des Gehaltes der erzielten Bleichlauge. Erfahrungsgemäss entspricht nämlich einem gewissen Hypochloritgehalt, welchen die Salzlösung während des Durchlaufs erworben hat, eine bestimmte Temperaturzunahme, so dass man den richtigen Laugendurchfluss einfach nach der Differenz der beiden Thermometerstände einstellen und reguliren kann. Fig. 143 zeigt den Apparat in der Ansicht. Derselbe

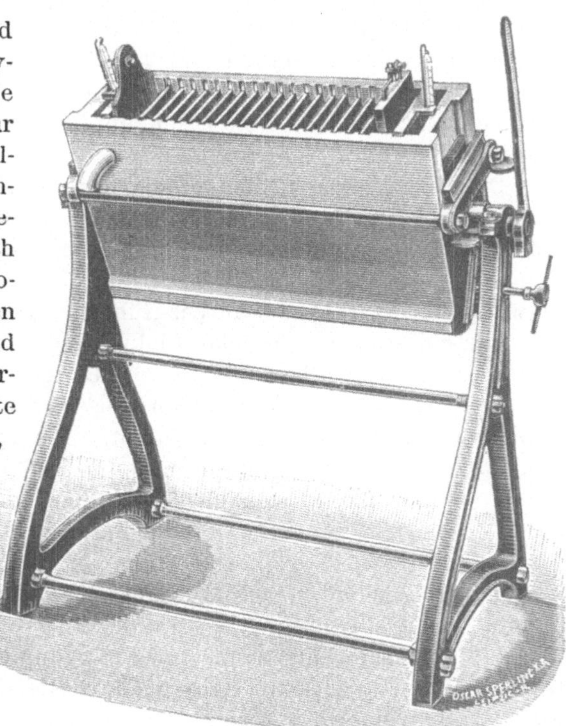

Fig. 143.

ist drehbar in einem eisernen Gestell gelagert; macht sich eine Reinigung von angesammeltem Schlamm nöthig, so dreht man den Apparat mittels des auf der rechten Seite der Abbildung sichtbaren Hebels nach Zurückziehen des Vorsteckers aus seiner vertikalen Lage um reichlich 90°, spült mit einem Wasserstrahl die einzelnen Kammern aus und dreht ihn wieder zurück. Sind Elektroden

schadhaft geworden, so wird die betreffende Elektrodenwand herausgezogen, die neuen Elektroden werden eingeschoben, und der
Apparat ist wieder betriebsfertig. Die Elektroden sollen jedoch
ca. ein halbes Jahr aushalten, ehe eine Erneuerung nothwendig
wird, und auch die sonstigen Nachtheile der Kohleelektroden, insbesondere die störende Verunreinigung der Bleichlaugen sollen sich
bei den Fabrikaten von Haas und Stahl nicht sehr geltend machen,
so dass z. B. die Bleichlaugen direkt in Holländer für weisses Papier
eingelassen werden können. Die Apparate werden je nach Bedarf
für 65 bis 240 Volt Betriebsspannung hergestellt.

Eine vielfach verwendete Apparattype liefert in 10 Stunden
3 cbm Bleichlauge mit 9 kg bleichendem Chlor bei einem Strom-
verbrauche von 45 Ampère bei 110 Volt Spannung.

Um auch koncentrirtere Bleichlaugen herstellen zu können,
konstruirten Haas und Oettel den im D. R.-P. No. 114739 beschriebenen Apparat.

Derselbe bezweckt, bei koncentrirteren Bleichlaugen die Cirkulation des Elektrolyten zwischen dem Elektrolyseur und einem
Kühlapparat, welche bei der Einrichtung von Kellner durch eine
Pumpe besorgt wird, selbstthätig durch den bei der Elektrolyse
entwickelten Wasserstoff durchzuführen. Der im übrigen dem bereits beschriebenen ähnliche Elektrolyseur wird derart in einen
grösseren, als Vorrathsgefäss für die Lauge dienenden Behälter eingebaut, dass zwischen den Böden der beiden Gefässe ein Zwischenraum von einigen Centimetern bleibt. Die einzelnen Kammern des
Elektrolyseurs sind an ihren unteren Enden mit Oeffnungen versehen, welche die Flüssigkeitskommunikation zwischen dem Inhalt
der Elektrolyseurkammern und dem des Vorrathsgefässes herstellt.
An die Stelle der einzelnen Oeffnungen am Boden des Elektrolyseurs
können auch ein oder mehrere Längsschlitze an der Unterseite des
Bodens des Elektrolyseurs treten.

Die Apparate sind so in einander eingebaut, dass die obere
Kante des Elektrolyseurs sich in der Nähe des Flüssigkeitsspiegels
des Vorrathsgefässes befindet, und hängt es von der Grösse des
Apparates ab, ob man die obere Kante des Elektrolyseurs genau
mit dem Niveau der Flüssigkeit zusammenfallen oder das Flüssig-
keitsniveau über oder unter dieser Kante stehen lässt.

Die Wirkungsweise des Apparates ist folgende:
Sobald der Apparat Strom hat, entwickelt sich in den einzelnen
Kammern des Elektrolyseurs Wasserstoff, es wird durch die Gasblasen das specifische Gewicht der Kammerfüllung verringert, Lauge
wird unter heftigem Aufschäumen von dem aufsteigenden Wasser-

stoff über die Kante des Elektrolyseurs fortgerissen und fliesst in
den Vorrathsbehälter ab. Neue Lauge tritt durch die Bodenöffnungen des Elektrolyseurs wieder ein, das Spiel wiederholt sich,
so dass eine selbstthätige Cirkulation der Lauge aus dem Elektrolyseur über den Rand desselben hinaus durch das Vorrathsgefäss
und durch die Bodenöffnungen in die Elektrolyseurkammern wieder
hinein sich einstellt.

Die Zeichnung (Fig. 144) giebt einen Längsschnitt durch einen
derartigen Elektrolyseur mit Vorrathsbehälter wieder, bei welchem
im Elektrolyseur mit Isolationsstegen p (analog wie beim Apparat
S. 169 Fig. 134) versehene doppelpolige Elektroden e Verwendung
finden, während der Strom nur den
beiden Elektroden e_1 zugeführt
wird. a ist der Elektrolyseur-
kasten, l sind die Oeffnungen am
Boden der durch die doppelpoligen
Elektroden e gebildeten Elektro-
lysirkammern. Der Elektrolyseur
ist in das Vorrathsgefäss v eingebaut.

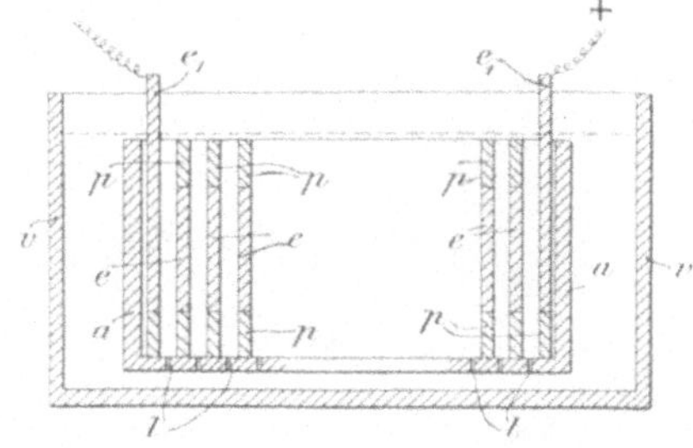

Fig. 144.

Der Apparat soll fast ohne
alle Aufsicht arbeiten. Durch die
Dauer der Elektrolyse lässt sich die Bleichkraft der gewünschten
Lauge in weiten Grenzen variiren. Auch die Flüssigkeitsmenge,
welche in der Zeiteinheit eine einzelne Elektrolyseurkammer
passirt, regelt sich ebenfalls selbstthätig nach der Menge der
Stromarbeit in der Kammer, d. h. es wird die Cirkulation schwächer,
sobald die Gasentwicklung in einer Kammer etwas schwächer
sein sollte.

Der in den Kammern sich ansammelnde Schlamm wird ge-
legentlich beim Entleeren des Apparates durch die Bodenöffnungen l
herausgespült.

Der Apparat gestattet ferner in bequemer Weise eine genaue
Temperaturregelung der Lauge dadurch, dass die Lauge in dem
äusseren Gefässe durch Einlegen einer Kühlschlange auf eine
Temperatur unter 24^0 C. gekühlt wird, wie dies in der Darstellung
des Apparates in Fig. 145 (von der Firma Haas & Stahl in Aue i. S.
zur Verfügung gestellt) angedeutet ist.

Mit dieser Apparattype werden Bleichlaugen mit einem mittleren
Gehalte von 10 g bleichendem Chlor pro Liter erhalten, selbstverständlich bei wesentlich ungünstigerer Stromausnutzung als bei
der Herstellung verdünnter Laugen, da die Hypochloritbildung bei

steigender Koncentration immer mehr von Nebenreaktionen be-
gleitet ist.

Schliesslich seien noch die allgemeinen Bedingungen, von welchen
ein rationeller Betrieb von elektrolytischen Anlagen zur Herstellung
von Bleichlaugen abhängt, konform den Angaben von Engelhardt[1])
übersichtlich angeführt:

1. Eine erhöhte Koncentration der Salzlösung vermindert infolge der besseren Leitungsfähigkeit das Anlagekapital, erhöht den

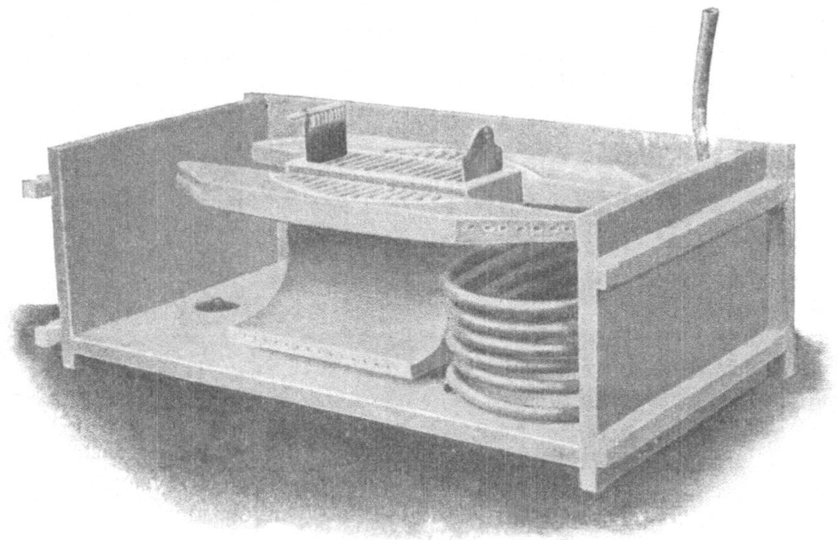

Fig. 145.

aus der angewandten Stromstärke sich ergebenden elektrolytischen
Nutzeffekt und erniedrigt den Kraftverbrauch. Dafür wird der
Salzverbrauch höher.

2. Eine Erhöhung der Zersetzungsspannung und mithin auch
der Stromdichte vermindert ebenfalls das Anlagekapital, erhöht
den Kraftverbrauch und vermindert den Salzverbrauch.

3. Schnellere Cirkulation der Lösung in den Apparaten vermindert den Kraftverbrauch für die Elektrolyse und, infolge
besseren Nutzeffektes auch den Salzverbrauch, dafür wird für
leistungsfähigere Pumpen das Anlagekapital etwas höher und wird
etwas Kraft für öfteres Zurückpumpen der Lösung verbraucht.

---

[1]) Oest. Chemikerztg. 1898, No. 1.

4. Höhere Temperatur vermindert das Anlagekapital, vermindert aber auch durch leichtere Chloratbildung den elektrolytischen Nutzeffekt.

Alle diese Punkte müssen unter Hinzuziehung der Preise für Kraft und Salz berücksichtigt werden, um in einem speciellen Falle die günstigsten Bedingungen zu ermitteln.

Nach Besprechung der wichtigsten Apparate zur Hypochloritdarstellung sollen noch einige neuere Beobachtungen Imhof's über die Beseitigung der durch die sekundäre Wasserzersetzung bewirkten Reduktionen bei der Hypochlorit- und Chloratdarstellung (nach D. R.-P. No. 110420 und 110505) angeführt werden. Wie schon früher (s. S. 154) erörtert wurde, ist die Wasserzersetzung zwar im Anfange der Elektrolyse sehr gering, steigt aber rasch mit der wachsenden Koncentration an Halogensauerstoffsalzen. Imhof macht nun behufs Herabminderung der Wasserzersetzung einen Zusatz einer alkalischen Lösung von solchen Oxyden, die sowohl als Säuren wie auch als Basen fungiren können, wie z. B. Aluminiumoxyd, Siliciumdioxyd, Bortrioxyd etc.

Die Stromausbeute wird dabei hauptsächlich dadurch gehoben, dass der Zusatz des Oxydes die Stromleitung durch die Halogensauerstoffsalze beeinflusst. Die Art dieser Beeinflussung dürfte wahrscheinlich mit dem Freiwerden der Oxyde an der Anode zusammenhängen.

Man verwendet am zweckmässigsten eine Lösung, die $15-25\,^0/_0$ KCl enthält und die bei $1,5\,^0/_0$ KOH mit etwa $2\,^0/_0$ Al_2O_3 versetzt ist; Alkalität wie auch Temperatur richten sich jedoch nach dem Zwecke der Elektrolyse derart, dass man beide niedrig nimmt zur Gewinnung von Bleichsalzen, höher für Chlorate. Da nach stattgefundener Koncentration der Lauge an Bleichsalzen die Wasserzersetzung, die sich durch Entweichen gleichwerthiger Mengen Wasserstoff und Sauerstoff zeigt, bei hoher Anodenstromdichte nicht wesentlich steigt, so ist es bei entsprechender Anodenkonstruktion möglich, mit Dichten bis zu 5000 Ampère auf den Quadratmeter zu arbeiten.

Aus einem Versuche, den Imhof beschreibt, geht hervor, dass durch den Zusatz eines derartigen Oxydes, z. B. von Aluminiumoxyd die Wasserzersetzung ganz wesentlich eingeschränkt wird, nur ganz langsam steigt und nach $9^1/_4$ stündiger Dauer der Elektrolyse erst $21,4\,^0/_0$ des Ampèreverbrauches beträgt, während sie bei einem analogen Versuche, jedoch ohne Zusatz von Aluminiumoxyd, schon nach $4^1/_4$ Stunden $35,2\,^0/_0$ betrug.

Selbst bei geringerer Anodenstromdichte und hoher Temperatur blieb die Wasserzersetzung bei Zusatz eines der genannten Oxyde gering.

Ein anderes Mittel, um die Reduktion bereits gebildeten Hypochlorits durch den bei der sekundären Wasserzersetzung auftretenden Wasserstoff zu verhindern, fand Imhof in dem Zusatze geringer Mengen löslicher Chromate (D. R.-P. No. 110505). Es wird dadurch gewissermassen auf mechanische Weise eine Abscheidung des Wasserstoffes bewirkt, und zwar in der Weise, dass derselbe in Gasform aus der Lösung entweicht und dadurch nicht reducirend wirken kann. Eine Reduktion des Alkalichromats findet dabei nicht (auch nicht vorübergehend) statt und darum genügt auch ein verhältnissmässig geringer Zusatz. Soweit sich eine Regel über den Chromatzusatz überhaupt aufstellen lässt, kann man annehmen, dass ein solcher Zusatz so lange erfolgen kann, als die durch denselben veranlasste Wasserzersetzung weniger Stromverlust bedingt, als die ohne Chromatzusatz auftretende Reduktion. Bei einem Zusatze von 5 g auf 100 ccm einer Lösung, welche 20 g KCl und 1,5 g KOH enthielt, wurden noch gute Resultate erhalten.

Im Vorstehenden wurde das Wichtigste von der Darstellung der Alkali- und Erdalkalihypochlorite besprochen, und erübrigt nun der Vollständigkeit halber nur noch, auf die Herstellung einiger Bleichflüssigkeiten hinzuweisen, die in den letzten Jahren durch die Einführung der elektrolytischen Bleiche jede Bedeutung für die Industrie verloren haben.

Zinkbleichflüssigkeit.

Eine solche Bleichflüssigkeit ist die Zinkbleichflüssigkeit, welche durch Umsetzung einer Zinkvitriollösung mit einer Chlorkalklösung in nachstehender Weise erhalten wird:

$$CaOCl_2 + ZnSO_4 = CaSO_4 + ZnO + 2Cl.$$

Es wird also in diesem Falle das Chlor aus der Chlorkalklösung ohne Anwendung einer Säure frei gemacht.

Bei der Behandlung von in Wasser suspendirtem Zinkoxyd mit Chlor entsteht schon bei gewöhnlicher Temperatur meist Chlorat.

Die Zinkbleichflüssigkeit wurde früher vereinzelt zum Bleichen von Papierzeug verwendet und ist heute wohl ganz ausser Gebrauch.

Thonerdebleichflüssigkeit.

In ganz analoger Weise erhält man die Thonerdebleichflüssig-keit, nämlich durch Umsetzung von Chlorkalk mit schwefelsaurer Thonerde in wässeriger Lösung; es entsteht unterchlorigsaure Thon-erde, die ohne Zusatz von Säuren ziemlich rasch in Aluminium-chlorid und aktiven Sauerstoff zerfällt, also ohne Säuren zum Bleichen verwendet werden kann. Dieselbe wurde früher als Wilson's Bleichflüssigkeit sowohl zum Bleichen von Papierstoff als von Geweben und Garnen angewendet.

Ozon.

Ein Bleichmittel, das, wenn auch unbewusst, schon seit den ältesten Zeiten zum Bleichen von Geweben angewendet wurde, ist das Ozon. Dasselbe stellt nämlich in äusserst verdünntem Zustande das wirksame Agens bei der Rasenbleiche dar, bei welcher es sich durch das Zusammenwirken von Luft, Licht und Feuchtigkeit — wenn auch nur in sehr geringer Menge — bildet.

Das Ozon ist die sogenannte aktive Modifikation des Sauerstoffes und besteht das Molekül desselben aus drei Atomen, zum Unterschiede vom gewöhnlichen, inaktiven Sauerstoffe, dessen Molekül nur aus zwei Atomen zusammengesetzt ist. Man nimmt für beide Körper die nachstehenden Strukturformeln an:

$$\underset{\text{Ozon}}{\overset{\displaystyle O}{O - O}} \qquad\qquad \underset{\text{inaktiver Sauerstoff.}}{O = O}$$

Aus denselben wird erklärlich, dass das Ozon sehr leicht nach der Gleichung: $2O_3 = 3O_2$ in gewöhnlichen Sauerstoff zerfällt.

Das Ozon wurde 1840 von Schönbein bei der Elektrolyse von Wasser als allotrope Modifikation des Sauerstoffes entdeckt, obzwar schon lange vorher (z. B. 1785 von Van Marun) die Beobachtung gemacht wurde, dass die Luft beim Durchschlagen elektrischer Funken einen eigenthümlichen Geruch annimmt und dann besondere Eigenschaften aufweist.

Schönbein nannte den entstehenden Körper Ozon und entdeckte noch eine Reihe von Bildungsweisen desselben.

Beim Durchschlagen des elektrischen Funkens durch die Luft, ferner bei stillen elektrischen Entladungen bildet sich Ozon, und beruhen die industriellen Darstellungsmethoden alle auf der Anwendung der Elektricität. Der bei Gewittern auftretende eigenthümliche Geruch ist vorzugsweise auf Ozonbildung zurückzuführen. Phosphor in Gegenwart von Feuchtigkeit und in Berührung mit Luft bewirkt ebenfalls Ozonbildung.

Ozon entsteht ferner nach Schönbein und Delarive (Pogg. Ann. 54, 402) u. a. durch Elektrolyse von ca. sechsfach verdünnter Schwefelsäure bei Anwendung eines bis an die Spitze mit Wachs isolirten Platindrahtes als Anode, oder von Bleielektroden (Planté, Compt. rend. 63, 181).

Auch der bei der elektrolytischen Wasserzersetzung entstehende Sauerstoff ist ozonhaltig.

Die zahlreichen Litteraturangaben über Ozonbildung sind sehr vorsichtig aufzunehmen, da häufig das Entstehen von Wasserstoffsuperoxyd mit Ozonbildung verwechselt wird.

Das Ozon ist ein Gas von bläulicher, schon bei 1 m Schichtdicke deutlich wahrnehmbarer Farbe, besitzt einen unangenehmen Geruch, der einerseits an Chlor, anderseits an Untersalpetersäure erinnert und auch noch in sehr verdünntem Zustande wahrnehmbar ist. Das Ozon reizt, ähnlich wie das Chlor, die Schleimhäute und kann, selbst in kleineren Mengen eingeathmet, Blutspeien hervorrufen.

Durch Abkühlung auf -100° C. unter gleichzeitiger Kompression auf 125 Atm. wird das Ozon zu einer tiefblauen Flüssigkeit mit einem Siedepunkte von -106° C. verdichtet. Die Löslichkeit des Ozons in Wasser ist sehr gering. Durch Erhitzung wird dasselbe in inaktiven Sauerstoff zurückverwandelt. Durch eine Anzahl von Körpern erfolgt ebenfalls Zerstörung des Ozons, ohne dass diese Körper selbst eine Veränderung erleiden, so z. B. in Gegenwart von Platinschwamm, der Superoxyde des Mangans, Bleis, Kobalts, Nickels, der Oxyde des Kupfers, Eisens, der Edelmetalle etc.

Das Ozon wirkt sehr kräftig oxydirend, und beruht auf dieser Eigenschaft auch seine Anwendung als Bleichmittel. Organische Substanzen werden durch dasselbe zerstört, bezw. wenn es in verdünnter Form vorhanden ist, gebleicht. Wie man sich jedoch seit der Einrichtung grösserer Bleichanlagen unter Anwendung von Ozon überzeugte, ist die bleichende Wirkung des Ozons keine so intensive, wie die des Chlors oder der Hypochlorite, und kann dasselbe daher nur in Kombination mit einer nachfolgenden Hypochloritbleiche erfolgreich angewendet werden.

Diese Erfahrung hat die Hoffnungen sehr herabgedrückt, welche man früher, ehe eine industriell verwerthbare Methode der Ozondarstellung gefunden war, hegte, und die darin gipfelten, eventuell im Ozon einen vortheilhaften Ersatz für den Chlorkalk zu besitzen. Gegenwärtig wird das Ozon hauptsächlich zur Wasserreinigung angewendet und werden auch die nachstehend beschriebenen Apparate vorwiegend für diesen Zweck verwendet.

Darstellung des Ozons.

Zur Darstellung des Ozons wird das Phänomen der sogenannten stillen elektrischen Entladung benutzt. Man versteht darunter eine Erscheinung, bei welcher zwischen zwei durch eine Gasschicht getrennten, geladenen Leitern ein kontinuirliches Ueberströmen der Elektricität stattfindet. Wenn sich dieser Vorgang im luftverdünnten Raume abspielt, so treten gleichzeitig Lichterscheinungen auf (Geissler'sche Röhren).

Die ältesten Apparate zur Herstellung von Ozon waren die sogenannten Ozonröhren, wie solche zuerst von W. Siemens (1857) beschrieben wurden.

Siemens'sche Ozonröhre.

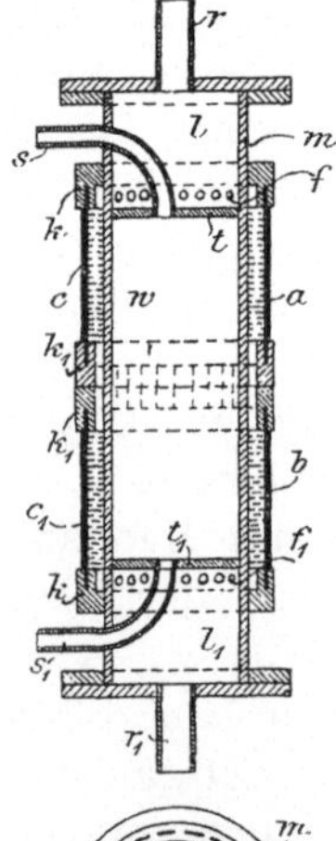

Fig. 146—147.

Die Siemens'sche Ozonröhre besteht aus zwei in einander geschmolzenen Glasröhren, von welchen die innere innen, die äussere aussen mit Metall belegt war. Durch den Zwischenraum zwischen den beiden Röhren, deren Metallbelag mit den Poldrähten eines Induktionsapparates verbunden war, wurden Sauerstoff oder Luft geleitet und die Gase dabei ozonisirt. Diese einfachen Apparate, deren Leistungsfähigkeit eine sehr beschränkte war, wurden vielfach abgeändert. Eine neuere Konstruktion ist die von O. Fröhlich (D. R.-P. No. 59565 der Firma Siemens & Halske) herrührende:

In ein Metallrohr m (Fig. 146 und 147), dessen äussere Oberfläche mit einem schwer oxydirbaren Ueberzug (z. B. Zinn) versehen ist, werden zwei Metallscheiben $t\,t^1$ eingelöthet und über bezw. unter denselben je eine Reihe Löcher $f\,f^1$ angebracht; oben bezw. unten wird das Rohr durch Scheiben verschlossen und mit den Rohrstutzen $r\,r^1$ versehen. Um das Metallrohr m schliessen sich die Horngummiringe $k\,k^1$, welche mit Nuthen versehen sind; in diese Nuthen, zwischen je zwei Horngummiringen wird ein cylindrischer Mantel $c\,c^1$ aus

dielektrischem Material eingelegt, an dessen Aussenseite eine
metallische Belegung $a\ b$ sich schliesst. Das ganze Gerüst aus
Horngummiringen und Mänteln aus dielektrischem Material bildet
einen dicht an das Metallrohr schliessenden Mantel; wo zwei Horngummiringe $k\ k^1$ an einander stossen, besitzen dieselben auf der
Innenseite Auskerbungen, durch welche der obere Mantelraum mit
dem anschliessenden unteren Mantelraum kommunicirt.

Die Luft oder das zu elektrisirende Gas wird bei r in die
obere Luftkammer l eingeführt, tritt durch die Löcher f in den
Mantelraum, verlässt denselben durch die Löcher f^1, tritt in die
Luftkammer l^1 und durch r^1 aus.

Der innere, zwischen den beiden Metallscheiben $t\ t^1$ gelegene
Raum w kann vermittelst der Rohre $s\ s^1$ dazu benutzt werden, um
einen Strom von Kühlwasser durchzuleiten.

Das Metallrohr m wird im einfachsten Falle mit dem einen
Pol der Elektricitätsquelle, die äusseren Metallbelegungen $a\ b$ dagegen mit dem anderen Pol verbunden; die elektrischen Ströme
verfolgen dann die durch punktirte Linien angedeuteten Richtungen.

Von der Firma Siemens & Halske werden Apparate in den
Handel gebracht, welche eine grössere Anzahl solcher Ozonröhren
zu einem System vereinigt haben.

In Haber's Grundriss der techn. Elektrochemie S. 561 ist ein
solcher Apparat abgebildet, der in Fig. 148 wiedergegeben ist.

Die zu ozonisirende Luft wird durch die einzelnen Röhren
nach einander geleitet. Die Schaltung der Belagflächen ist parallel.

Die Ozonbildung im allgemeinen ist abhängig von der Temperatur, dem Druck, der Reinheit des zu ozonisirenden Sauerstoffs, der Natur der Beimengungen des letzteren und von der
Spannung.

Temperaturerhöhung vermindert die Ozonausbeute, Steigerung
des Drucks erhöht dieselbe. Da der Ozonbildungsprocess ein exo-
thermischer ist, so ist es bei jedem Ozonapparat von Wichtigkeit,
für eine ausreichende Abkühlung des durch den Ozonisirungspro-
cess sich erwärmenden Gases zu sorgen, um die weitere Ozoni-
sirung nicht nachtheilig zu beeinflussen.

Geringe Beimengungen von Wasserdampf wirken bei niedrigen
Temperaturen (nahe an 0^0 und darunter) für die Ozonbildung
günstig, da hierdurch der Durchgang der Entladungen erleichtert
wird. Bei höherer Temperatur ist absolut trockener Sauerstoff vorzuziehen. Unter allen Umständen nachtheilig wirken grössere
Mengen von Wasserdampf; ebenso beeinflussen ein Kohlensäure-
gehalt oder mechanische Verunreinigungen die Ausbeuten an Ozon

Fig. 148.

ungünstig. Stickstoff vermindert die Ozonbildung nur in dem Maasse, als er den angewandten Sauerstoff verdünnt.

Was den Einfluss der Spannung anbelangt, so werden nennenswerthe Ozonmengen nur bei Anwendung hoher Spannungen gebildet. In der Regel werden Spannungen von 4000—6000 Volt angewendet. Die Wirksamkeit von Gleichstrom und Wechselstrom ist nach Shenstone und Priest nicht ganz gleich, und zwar ist letzterer etwas wirksamer. Die Ausbeute beträgt bei gutem Betriebsgang pro elektrische Pferdekraftstunde bis 18 g Ozon, im Mittel 13 bis 13,5 g. Ausser dem Fröhlich-Siemensschen Ozonentwickler sind im Laufe des letzten Jahrzehnts noch eine grosse Reihe von Ozonentwicklern vorgeschlagen worden, von denen nur wenige eine technische Bedeutung erlangt haben.

Schwierigkeiten bot nicht nur die Hitze der Entladungen, durch welche beträchtliche Mengen von Ozon wieder zerstört wurden, sondern auch die geringe Widerstandsfähigkeit des als Dielektrikum verwendeten Glases.

Wenn letzteres zur Umhüllung der Elektroden dient, schützt es zwar diese vor Oxydation, bewirkt aber eine beträchtliche Verringerung des producirten Ozons, so dass es für den Fabrikanten vortheilhafter ist, mit freien Elektroden zu arbeiten und dabei lieber mit einer stärkeren Abnützung der Elektroden zu rechnen.

Apparat von Andreoli.

Ein gute Ausbeute liefernder neuerer Ozonisirungsapparat ist der von Andreoli, der nach dem D. R.-P. No. 96058 die nachstehende Einrichtung zeigt:

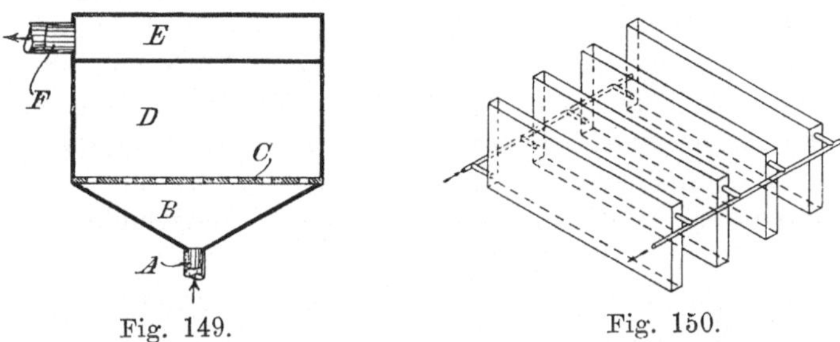

Fig. 149.   Fig. 150.

Derselbe bildet einen seiner Höhe nach in drei Kammern getheilten Kasten (siehe den Querschnitt Fig. 149), in dessen mittlere

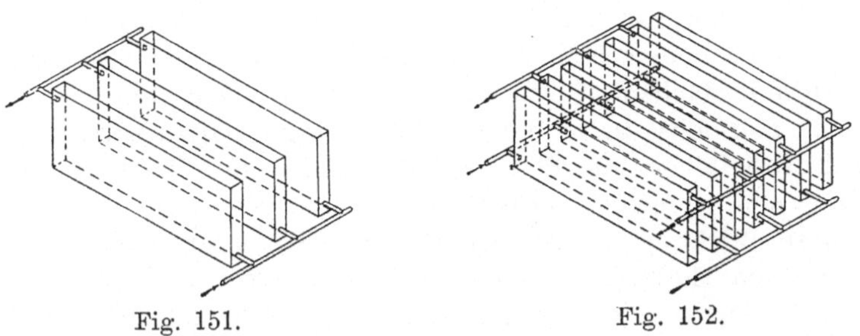

Fig. 151.   Fig. 152.

Kammer D die Elektroden eingesetzt werden. Letztere bestehen gemäss Fig. 150, 151 und 152 aus niedrigen, rechteckigen metallenen Kästen, welche, wie in den Figuren durch Ein- und Austrittspfeile angedeutet, von einem Kühlmittel (kalter Luft oder Wasser) aufsteigend durchströmt werden, und zwar münden die Elektroden gleichen Zeichens unten in eine gemeinsame Zuleitung, oben in eine gemeinsame Ableitung. Die beiden Elektrodenarten haben also je ihre Flüssigkeitscirkulation für sich; Fig. 152 zeigt sie zur Batterie zusammengesetzt; zwischen sie werden in bekannter Weise die elektrischen Scheiben eingesetzt (dieselben sind in den Zeichnungen fortgelassen). Sehr zweckmässig werden die Elektroden auf beiden Seiten mit zahlreichen Spitzen, z. B. in Form von sägeblattartig gezahnten Streifen besetzt. Den Elektroden strömt die Luft von unten durch die Oeffnung A zu, welche sie in die trichterförmige Vertheilungskammer B treten lässt. Diese ist oben mit einer Platte C abgedeckt, die von einer, der Anzahl der Elektrodenzwischenräume entsprechenden Anzahl Längsschnitte durchbrochen ist, so dass die Luft gleichmässig zwischen die Elektroden vertheilt wird, indem diese so in der Kammer D angeordnet werden, dass ihre Zwischenräume die Fortsetzungen der Vertheilungsschlitze bilden. Aus den Elektrodenzwischenräumen tritt die ozonisirte Luft oben in die mit weitem Abzug F versehene Entleerungskammer E.

Um die Luft in möglichst kurzer Berührung mit den Elektroden zu lassen und eine stärkere Erwärmung zu vermeiden, wird dieselbe in ozonisirtem Zustande an der Austrittsstelle abgesaugt. Die Elektroden sind mit einer dünnen Lackschicht überzogen, welche sowohl der Erwärmung als auch der Oxydation widersteht. Nach den Angaben von Andreoli soll dessen Apparat 30 bis 40 g Ozon pro elektrischer Pferdekraftstunde liefern.

Apparat von Yarnold.

Ein Ozonisirungsapparat, mit welchem ebenfalls gute Resultate erhalten werden, ist der von Yarnold (Am. P. No. 580244). Derselbe beruht auf dem Princip, dass die zu ozonisirende und zwischen den Entladerflächen durchströmende Luft während des Durchströmens möglichst in wirbelnder Bewegung erhalten wird, wodurch mehr Lufttheilchen mit den Entladerflächen in direkte Berührung kommen und ozonisirt werden sollen.

Diese Wirkung sucht Yarnold dadurch zu erreichen, dass er die einzelnen Entlader gerippt oder gewellt herstellt. In Fig. 153 bis 156 ist ein solcher Ozonisirungsapparat schematisch dargestellt. In dem Gefäss D sind eine Reihe von Entladungsplatten JJ' parallel und in geringen Abständen von einander angeordnet. Jede derselben besteht aus zwei gewellten Glasplatten $J_2 J_3$, zwischen welchen eine Lage Silberfolie derart eingebettet ist, dass letztere nur an der oberen Kante bis an den Rand der Glasplatten reicht, um dort durch einen Kontaktstreifen K' mit den beiden elektrischen Leitungen verbunden zu werden; an den übrigen Kanten jedoch endet die Silberfolie in entsprechendem Abstande.

An diesen Stellen sind die beiden Glasplatten durch eine Cement-
lage fest verbunden. Senkrecht zu den Entladungsplatten ist am
oberen Rande des Gefässes D je ein Metallstab L_2 angebracht, der

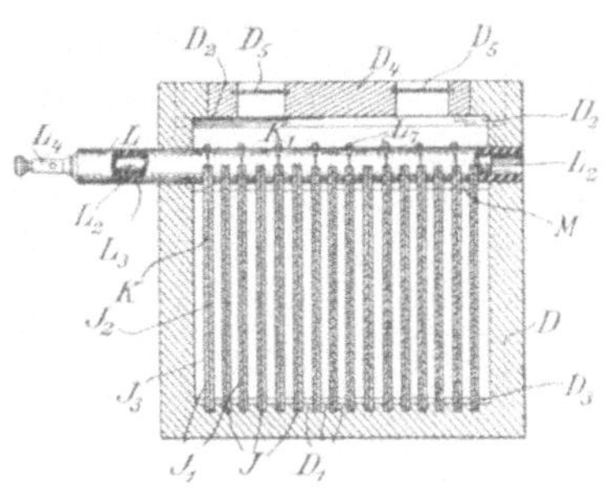

Fig. 153.

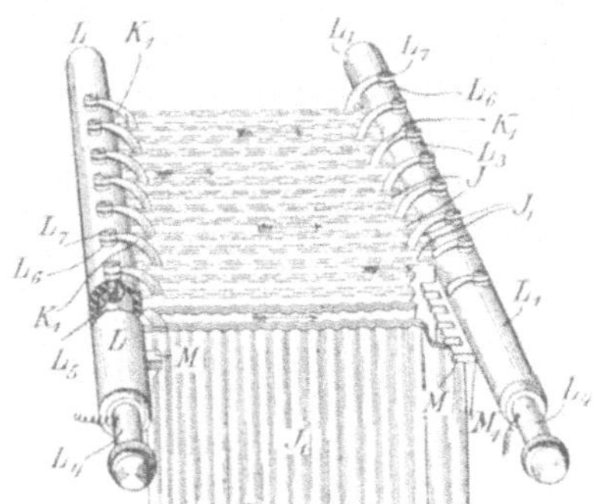

Fig. 154.

von einer Muffe aus nichtleitendem Material L_3 umgeben ist. Diese
Metallstäbe sind am Ende mit Klemmschrauben L_4, behufs Ver-
bindung mit der Elektricitätsquelle versehen und werden mit den
Entladerplatten durch die
Schrauben L_5, welche die
Muffen L_3 durchdringen und
an welchen die Kontakte K'
befestigt sind, verbunden. Die
Platten J werden mit L, die
Platten J' mit L' verbunden.
Die Befestigung der Platten
wird durch Rillen D', die im
Boden von D eingeschnitten
sind, sowie an ihren oberen
Enden durch in Stangen M'
vorhandene Einkerbungen M
bewirkt. Damit die Platten
gar nicht gegen einander verschoben werden können, sind
zwischen denselben noch Stäbe
oder Schnüre D_3 eingeschoben.

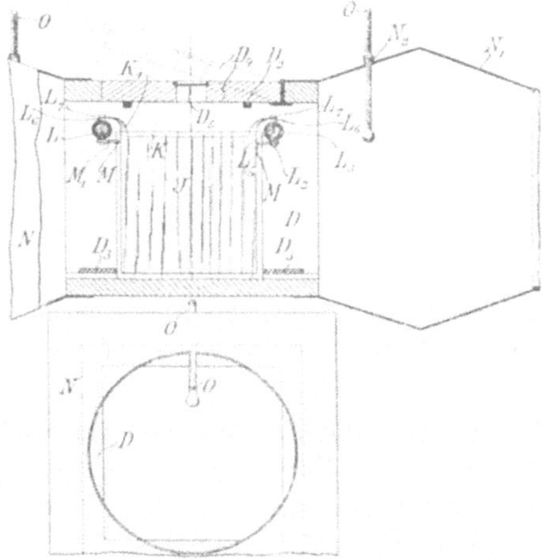

Fig. 155—156.

Die mit Fenstern D_5 versehene Decke D_4 ist an Scharnieren
befestigt und wird ausserdem durch Stangen D_2 aus isolirendem
Material gehalten, die in den Wandungen der Kammer D so eingebettet sind, dass sie leicht entfernt werden können, falls die
Entladungsplatten etwa herausgenommen werden sollen.

An beiden Enden des Apparats sind die Kammern N und N' angebracht, welche zweckmässig die in Fig. 155 und 156 angedeutete Form haben. Es wird dadurch ein gleichmässigerer Gasstrom zwischen den Entladerplatten erzielt und ebenso ein homogeneres Gemisch des ozonhaltigen Gases an der Austrittsstelle. Sowohl an der Eintritts- wie an der Austrittskammer sind Thermometer O angebracht, welche durch Stopfbüchsen N_2 abgedichtet werden und eine genaue Kontrolle der Temperaturen des Eintritts- und Austrittsgases ermöglichen.

Apparate von Otto.

Bei dem im D. R.-P. No. 96400 beschriebenen älteren Apparat von Otto werden bewegliche Elektroden angewendet, um die Ent-

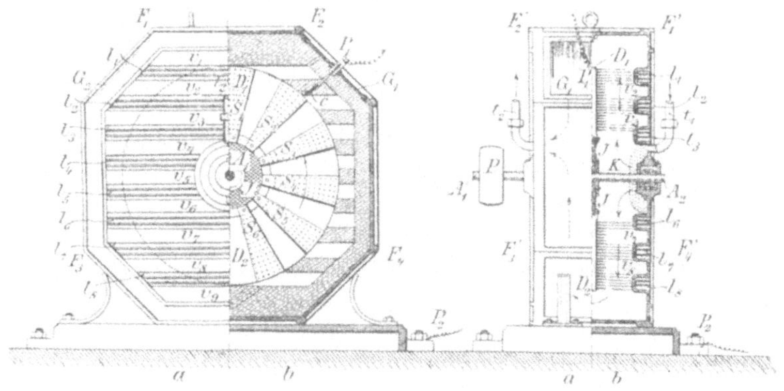

Fig. 157—158.

ladung nur sehr kurze Zeit wirken zu lassen und so eine weitergehende Erwärmung des Gasgemenges thunlichst zu vermeiden. Als einfaches Mittel hierzu dienen zwei parallele Ringkonduktoren, in denen eine Serie paralleler oder wenig geneigter Sektoren wie die Flügel einer Schraube ausgeschnitten sind. Die Mittelpunkte beider Ringe liegen auf derselben Axe, die beiden Ringe sind mit den entsprechenden Polen eines Hochspannungs-Transformators verbunden.

Die in Betracht kommenden Flächen können eben, wellenförmig oder mit Spitzen bedeckt sein. Der eine der Ringe steht fest, während der andere rotirt. Eine Entladung geschieht jedesmal, wenn die beiden vollen Sektoren sich gegenüber befinden, und erlischt, wenn sie sich von einander entfernen.

Die in den Zeichnungen Fig. 157 und 158 bezw. 159 und 160 dargestellten zwei Typen von Otto's Ozonapparaten mit beweglichen

Elektroden bewähren sich erfahrungsgemäss am besten. Der theils in Vorderansicht a und theils im Schnitt b durch Fig. 157 und theils in Seitenansicht a und theils im Schnitt b durch Fig. 158 dargestellte Apparat besteht aus einem soliden Gussrahmen in Form eines Achtecks $F_1 F_2 F_3 F_4$, dessen Seitenwände abwechselnd mit Vorsprüngen $V_1 V_2 V_3 V_4$ etc. und Vertiefungen $L_1 L_2 L_3 L_4$ etc. versehen sind. Letztere tragen ähnliche Flügel wie diejenigen der Sektoren.

Innerhalb des Rahmens $F_1 F_2 F_3 F_4$ und getragen von einer Axe $A_1 A_2$ durch Vermittlung eines Isolationsringes l kann sich eine Metallscheibe $D_1 D_2$ drehen, die eine Anzahl ebener und wellenförmiger oder mit Spitzen besetzter, oder mit Metallbürsten $S_1 S_2 S_3$ etc. aus Aluminium oder Platin versehener Sektoren trägt.

Eine Riemscheibe P auf der Axe $A_1 A_2$ dient zur Bewegung der Scheibe.

Zwei Glasplatten $G_1 G_2$ gestatten das Hineinsehen in den Apparat, von denen die eine G_1 in der Mitte durchbohrt ist und in dem Loche eine Metallstange trägt, die an einem Ende mit einer Bürste c, die den Strom zur Scheibe $D_1 D_2$ leitet, und an dem anderen Ende mit einer Drahtklemme P_1 versehen ist. In letzterer ist ein Leiter befestigt, der mit dem einen Pol eines Hochspannungs-Transformators verbunden ist und dessen anderer Pol mit dem Metallrahmen durch einen Leiter P_2 kommunicirt, der an einem der Fundamentbolzen des Apparates befestigt ist.

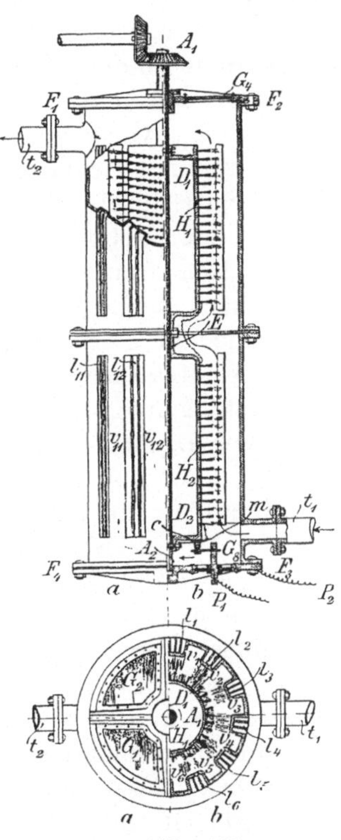

Fig. 159—160.

Die zu ozonisirende Luft- oder Sauerstoffmenge tritt in den Apparat durch das Rohr t_1 ein, wird durch ein Sieb K gleichmässig vertheilt, folgt den durch die Pfeile angedeuteten Richtungen und entweicht, nachdem sie der Einwirkung der Entladung unterworfen, durch ein Rohr t_2.

Sobald der Apparat in Thätigkeit ist, finden infolge der Ungleichheit der Entfernungen, welche die Sektoren $S_1 S_2 S_3$ etc. von den Partien $l_1 l_2 l_3 l_4$ etc. und $V_1 V_2 V_3$ etc. des Gussrahmens trennen,

die Entladungen in sehr kurzen Intervallen statt, und zwar dauernd
von einer Spitze der Sektoren zur anderen. Auf solche Weise wird
die Bildung von Kurzschlüssen absolut verhindert.

Der bewegliche Theil der durch Fig. 159 theils in Ansicht (a),
theils im Längsschnitt (b) und durch Fig. 160 theils in Oberansicht (a)
und theils im Horizontalschnitt (b) dargestellten Apparates wird aus
zwei oder mehreren Metallschrauben gebildet, die sich im Innern
eines Gusscylinders drehen, der wie der Rahmen des vorerwähnten
Apparates mit vorspringenden Partien $l_1 l_2 l_3$ etc. und zurücktretenden,
$V_1 V_2 V_3$ etc., versehen ist. Der Cylinder $F_1 F_2 F_3 F_4$ ist an jedem
Ende durch Glasplatten $G_1 G_2$ etc. geschlossen. Jede Schraube
$H_1 H_2$ wird durch eine Anzahl leitender Spitzen aus Platin, Aluminium etc. gebildet, die durch zwei zusammengedrehte Drähte
festgehalten werden und auf einem Cylinder $D_1 D_2$ von Porcellan
oder einer anderen geeigneten Isolirmasse befestigt sind.

Eine auf einem an der Unterseite des Porcellancylinders befestigten Metallring m schleifende Bürste C leitet den Strom zu
den Metallspitzen der Schrauben; diese Bürste wird durch einen
mit einer Drahtklemme P_1 versehenen Stift getragen, der eine der
den Cylinder abschliessenden Glasplatten durchdringt.

Der eine Pol eines Hochspannungs-Transformators ist vereinigt
mit der Drahtklemme P_1, der andere Pol steht mit dem Cylinder
$F_1 F_2 F_3 F_4$ durch einen an der Befestigungsschraube P_2 befestigten
Draht in direkter Verbindung. Die beiden Schrauben H_1 und H_2
sind durch die eine Zusammenschnürung bildende Scheibe E getrennt. Der Zweck dieser Scheibe ist, die Geschwindigkeit des
Gasstromes in den verschiedenen Theilen des Apparates zu regeln
und die zu ozonisirende, durch das Rohr t_1 eintretende und durch
das Rohr t_2 ausströmende Luft- oder Sauerstoffmenge in einer möglichst gleichförmigen Weise der Entladung zu unterwerfen. Die
Axe $A_1 A_2$ ist zur Erzeugung der rotirenden Bewegung mit einem
Triebwerk versehen.

Beim Betriebe des Apparates geschieht die Entladung zwischen den
die Schraube bildenden Spitzen und den Vorsprüngen $l_1 l_2 l_3$ etc. des
Cylinders. Die Entladungen beginnen und erlöschen in sehr kurzen
Zwischenräumen, so dass Kurzschlüsse absolut vermieden werden.

Um mit 50000 Volt zu arbeiten, ist es vortheilhaft zur Ver-
einfachung der Konstruktion des Apparates, die Metallspitzen durch
eine einfache gegossene Schraube aus Leisten von dreieckigem
Querschnitt zu ersetzen.

Bei dem beschriebenen Apparate ist die Entfernung der beweglichen von den feststehenden Theilen sehr gering, und zwar

wechselt sie mit der angewandten Spannung. Diese Entfernung beträgt z. B. bei 18000 Volt ungefähr 3 cm.

Die Apparate der vorbeschriebenen Art werden aus Gusseisen hergestellt.

Um die zu diesen Apparaten benutzten Materialien gegen die Einwirkung des Ozons unempfindlich zu machen, kann man sie mit einer Schicht nichtoxydirbaren Metalles, Platin, Gold etc. bedecken oder durch einen geeigneten Ueberzug von Email, Firniss etc. schützen.

Eine Abänderung des Princips der stufenweisen Einleitung und Unterbrechung der Entladungen kommt in einem neueren Apparate von Otto zum Ausdrucke (D. R.-P. No. 106514).

An diesem Apparate sind zwischen den festen Elektroden bewegliche Scheiben angeordnet. Diese sind in Sektoren eingetheilt, derart, dass bei ihrer Drehbewegung abwechselnd Entladungen stattfinden und wieder unterbrochen werden. Dieser Vorzug kann durch zweierlei Einrichtungen hervorgerufen werden.

Die eine davon besteht darin, dass die beiden entgegengesetztpoligen Elektroden so weit von einander entfernt sind, dass eine Entladung zwischen denselben nicht stattfinden kann sondern erst durch Vermittlung einer die Elektricität leitenden Scheibe ermöglicht wird. Letztere besitzt ausgeschnittene Sektoren und bewirkt bei ihrer Drehung die stufenweise Einleitung und Unterbrechung der Entladungen. Wenn umgekehrt die ungleichnamigen Elektroden unter normalen Verhältnissen wenig von einander entfernt sind, so dass eine Entladung zwischen denselben stattfinden kann, so werden die Einleitungen und stufenweise auf einander folgenden Unterbrechungen durch die Drehbewegung einer zwischen diesen Elektroden angeordneten Isolirscheibe von angemessener Stärke mit ausgesparten Sektoren erzeugt.

Eine Verbesserung in der Anordnung der beweglichen Elektroden des erstbeschriebenen Apparates, wodurch ein vollkommenes Durchmischen der in den Ozonerzeuger zugelassenen Luft oder des Sauerstoffs bewirkt wird, giebt Otto im D. R.-P. No. 120688 an. In Fig. 161 ist ein vertikaler Längsschnitt durch den um eine horizontale Axe rotirenden Ozonerzeuger dargestellt; Fig. 162 zeigt den Apparat zur Hälfte in Endansicht, zur Hälfte im Querschnitt. Das in diese Figur nicht eingezeichnete Lager 4 für die die Elektroden aufnehmende Welle 1 ist in Fig. 163 in Endansicht dargestellt.

Der Ozonerzeuger besteht im wesentlichen aus einem mit einer Längsöffnung b versehenen cylindrischen Gehäuse a, welches auf einer festen Grundlage *c* ruht. Durch die ganze Länge des Gehäuses *a* ist eine Welle *1* geführt, welche in Lagern *4* ruht und

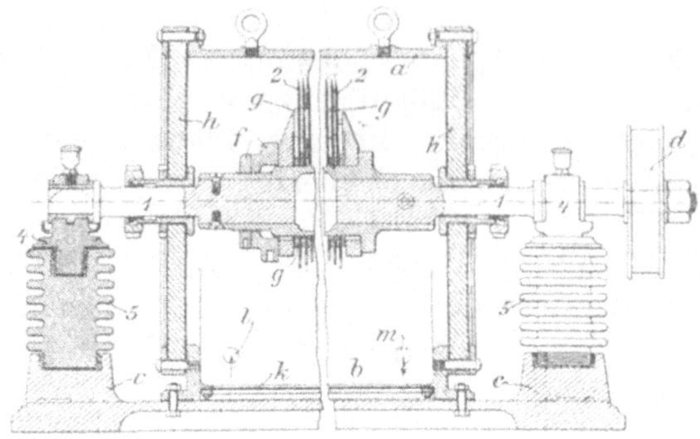

Fig. 161.

durch eine isolirte Riemenscheibe *d* in Drehung versetzt wird. Auf dieser ist eine grosse Anzahl von aus Stahlblechscheiben *2* mit scharfem Rand gebildeten Elektroden befestigt, deren jede mit einem Ausschnitt *3* versehen ist (Fig. 162), und so zu einander versetzt sind, dass durch die Ausschnitte *3* eine schraubenförmige Rinne gebildet wird. Durch die Drehung der Welle wird daher das durch den Apparat geleitete Gas innig gemischt und fortwährend in starker Strömung erhalten. Die sich drehende Welle *1* mit den auf ihr befestigten Elektroden *2* bildet gewissermassen ein Rührwerk, welches die bei den früher beschriebenen Otto'schen Apparaten auftretenden ruckweisen Stösse vollständig vermeidet.

Die einzelnen Elektroden *2* werden durch Scheiben *g* in geringem Abstand von einander gehalten und sind mittels Schraubenmuttern *f* auf der Welle *1* befestigt. Die Enden des Gehäuses *a* sind

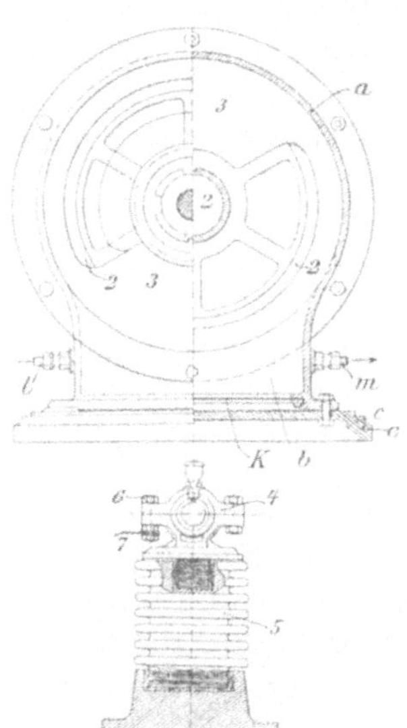

Fig. 162—163.

durch je einen Glasdeckel *h* verschlossen, um die Wirkungsweise des Apparates beobachten zu können.

Die Welle *1* ruht in zwei Lagern, welche auf isolirenden Blöcken aufsitzen. Eines dieser Lager ist mit einer Stromableitung *6*

(Fig. 163) versehen, welche durch den Draht 7 mit einem hochgespannten Transformator in Verbindung steht. Der andere vom Transformator ausgehende Draht ist in die Erde geführt, ebenso wie der Boden des Ozonerzeugers mit der Erde in Verbindung steht.

Die Scheiben 2 sind genau gleich gross und muss die Entfernung zwischen diesen und der Innenwandung des Cylinders a auf der ganzen Länge genau gleich sein. Diese Entfernung kann zwischen 10 und 100 mm schwanken, doch empfiehlt es sich, für gewöhnlich 30 mm anzunehmen, was für Scheiben von $1^1/_2$ mm Dicke mit zweiseitiger Schrägfläche von 10 mm Breite dem normalen Arbeiten bei Verwendung eines Stromes von 25000 Volt entspricht.

Die Gase, welche der Wirkung der Entladung unterworfen werden, gelangen durch ein enges Rohr l in den Apparat und entweichen wieder durch ein anderes Rohr m. Die Längsöffnung b des Cylinders a ist durch eine aus isolirendem Material gefertigte Wand k überspannt.

Die Wirkungsweise des Ozonerzeugers ist leicht verständlich. Bei einer einzigen Scheibe ist die Wirkung folgendermassen. Sobald ein elektrischer Strom in den Apparat geleitet wird, finden sehr kräftige Entladungen zwischen den Rändern der Scheiben und der Innenfläche des Gehäuses statt. Der ausgeschnittene Theil der Scheibe bleibt vollkommen unthätig; sobald ein Funken überspringt, oder sich ein Bogen bildet, findet dié Unterbrechung in dem gleichen Augenblick statt, in welchem der ausgeschnittene Theil der Scheibe sich dem durchbrochenen Theil b des Gehäuses gegenüber befindet. Es wird daher jeder Gefahr sofort und auf sichere Weise vorgebeugt.

Diese Erscheinungen wiederholen sich bei jeder Scheibe. Da diese zu einander leicht versetzt sind, so findet ein Widerstand nicht statt. Die einem Feuercylinder ähnliche Elektrode wird sich vielmehr stets gleichmässig drehen. Sie ist von veilchenblauen, heftig auftretenden Funken umgeben und wird von Zeit zu Zeit von schnell vorübergehenden Blitzen gestreift, sobald Unterbrechung der einzelnen Scheiben stattfindet. Unter dem Einfluss dieser Entladungen werden grosse Mengen Ozon gewonnen.

Die Entfernung zwischen den schräg auslaufenden Rändern der Scheiben 2 und der Innenwand des Gehäuses a ist natürlich genügend gross, damit keine Funken oder Bogen erzeugt werden, wohl aber eine ausgedehnte elektrische Entladung stattfinden kann, welche allein geeignet ist, grosse Mengen von Ozon zu erzeugen.

Dessenungeachtet ist aber das Bestreben zur Bildung eines Bogens vorhanden.

Um denselben zu unterdrücken, sind die Scheiben mit einem Ausschnitt und das Gehäuse mit einer Längsöffnung, in der eine isolirende Wand gespannt wird, versehen, so dass bei event. Bildung eines Bogens dieser gewissermassen geschnitten wird. Der Ausschnitt *3* der Scheibe *2* entspricht diesem Zweck. Wenn sich dieser dem durchbrochenen Theil des Cylinders gegenüber befindet, so entsteht ein Zwischenraum, welcher von dem gebildeten Bogen

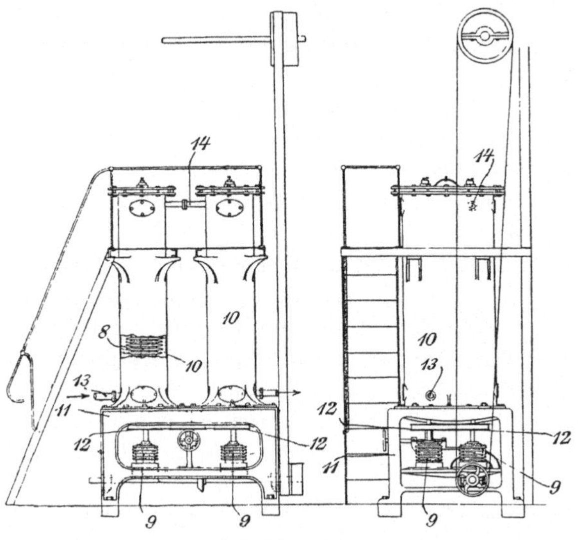

Fig. 164—165.

nicht übersprungen werden kann. Damit dieser Zwischenraum nicht leitend wirkt, ist der durch die Wand *k* gebildete isolirende Verschluss vorgesehen. Der Apparat soll sich während des Betriebes nicht sonderlich erwärmen, was wohl auf die durch die Rotation begünstigte Wärmeabgabe nach aussen zurückzuführen ist.

Der gleiche Apparat kann auch in senkrechter Stellung arbeiten. Man kann in diesem Fall entweder einen einzigen oder zwei mit einander verbundene senkrechte Cylinder verwenden.

Die Fig. 164 und 165 zeigen in Längs- bezw. Seitenansicht eine solche Anordnung.

Jede der beiden Elektrodenwellen läuft in Zapfenlagern *9*. Die Gehäuse *10* ruhen auf beliebig geformten Rahmen *11*. Die Drehbewegung der Elektroden geschieht durch mittels Riemens bethätigte Scheiben *12*. Das Gas gelangt in das Innere des ersten Apparates durch ein unteres Rohr *13* und entweicht durch ein diesem gegenüber angebrachtes oberes Rohr *14*, welches in den zweiten Apparat einmündet. Aus diesem wird das erzeugte Ozon durch ein unteres Rohr abgeführt.

Die cylindrischen Gehäuse, welche zur Aufnahme der sich drehenden Elektrode dienen, werden aus Gusseisen, Eisen- oder Stahlblech hergestellt. Anstatt der aus einzelnen Scheiben zusammengesetzten Elektrode kann man auch eine gegossene oder geschnittene Schraube von genau gleichem Durchmesser auf ihrer ganzen Länge verwenden, welche mit der für die Unterbrechung nothwendigen schraubenförmigen Rinne versehen ist und deren Gänge einen dreieckigen sehr spitzen Schnitt haben.

Apparate von Abraham und Marmier.

Bei diesen Apparaten (D. R.-P. No. 106 711) wird eine ununterbrochene Kühlung der Elektroden bewirkt. Beim Apparat von Andreoli sind bekanntlich auch die Elektroden hohl und mit Wasser gefüllt. Letzteres erneuert sich aber nicht kontinuirlich, sondern muss, falls es sich erwärmt hat, entleert und durch kaltes ersetzt werden. Auch die Einrichtung ist bereits bekannt, dass eine Elektrodenreihe kontinuirlich von einem Wasserstrome durchflossen und gekühlt wird. Abraham und Marmier bewirken aber die Kühlung in der Weise, dass einerseits beide Reihen von Elektroden durch einen beständig durchfliessenden Wasserstrom gekühlt werden, während anderseits in die Zu- und Ableitung des Kühlwassers für beide Elektrodenreihen Einrichtungen eingeschaltet sind, durch welche die zu- bezw. abfliessenden Wasserströme an mehreren Stellen periodisch abwechselnd unterbrochen werden, derart, dass niemals weder in der Zu- noch in der Ableitung des Kühlwassers einer der beiden Elektrodenreihen ein zusammenhängender Wasserstrom vorhanden ist, welcher die Elektricität ableiten könnte.

Das Verfahren kann in verschiedener Weise ausgeführt werden insofern, als sich die periodische Unterbrechung der zu- und abfliessenden Wasserströme in verschiedener Weise erreichen lässt.

Bei der Einrichtung nach Fig. 166 fliesst das zu- oder abfliessende Wasser aus einem Rohr oder Hahn R_1 in einen Behälter R_2, dessen Boden mit zahlreichen kleinen Löchern versehen ist, durch die das Wasser tropfenweise austritt und in einen zweiten darunter angeordneten Behälter R_3 hineintropft, aus welchem es entweder den Elektroden zugeführt werden oder, wenn die Einrichtung in die Ableitung eingeschaltet ist, in beliebiger Weise abfliessen kann. Im ersteren Falle, wenn die Einrichtung in die Zuführungsleitung eingeschaltet ist, muss der Behälter R_3, im anderen Falle der Behälter R_2 elektrisch isolirt werden.

Bei der Anordnung nach Fig. 167 fliesst das Wasser aus einem Hahn oder Rohr R_1 in einen Behälter R_2, welcher unten mit einem glockenartigen, nach unten offenen Einsatz S_1 versehen ist, innerhalb dessen ein Abflussrohr nahe der oberen Decke dieses Einsatzes ausmündet.

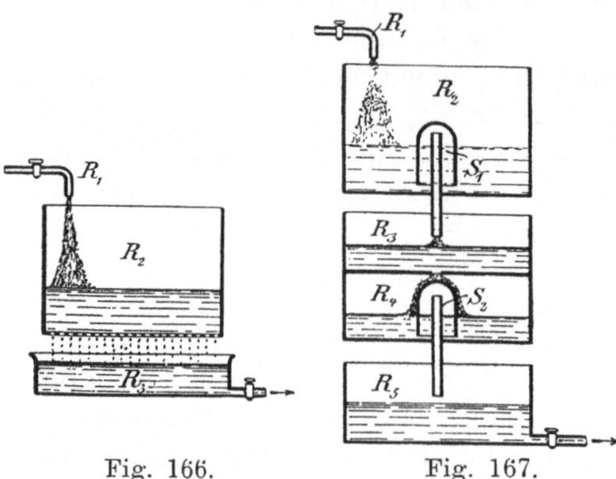

Fig. 166.   Fig. 167.

Infolge dieser Einrichtung kann das Wasser aus dem Behälter R_2 durch das Abflussrohr nur ausfliessen, nachdem das Wasser über das Niveau der oberen Ausmündung dieses Abflussrohres gestiegen ist.

Nach Erreichung dieses Höhenstandes fliesst dann nahezu das ganze im Behälter R_2 enthaltene Wasser durch das Abflussrohr aus, da der durch das Abflussrohr abfliessende Wasserstrahl eine saugende Wirkung ausübt, durch welche das im Behälter R_2 ausserhalb des Einsatzes S_1 befindliche Wasser bis zu dem unteren Rande dieses Einsatzes abgesaugt wird. Hierauf wird der weitere Ausfluss von Wasser aus dem Einsatz S_1 durch Eintritt von Luft in diesen Einsatz verhindert, und nun muss erst das Wasser im Gefäss R_2 wieder bis zur Höhe der oberen Ausmündung des Abflussrohres steigen, ehe die im Behälter R_2 inzwischen angesammelte Flüssigkeit wieder ausfliesst. In der Zwischenzeit bleibt also der Wasserstrom unterbrochen. Unterhalb dieses beschriebenen Gefässes ist ein zweites ähnliches Gefäss R_3 angeordnet, dessen unterer Theil zweckmässig durch eine mit einer mittleren Oeffnung versehene Zwischenwand von der oberen abgetheilt ist. Die aus dem oberen Gefäss abfliessende Flüssigkeit gelangt zuerst in den oberen Theil des Gefässes R_3 und fliesst von hier durch die mittlere Oeffnung allmählich in den unteren Theil R_4 des Behälters ein. In dem letzteren ist ein ähnlicher Einsatz S_2 wie im oberen Behälter und ein innerhalb des letzteren nahe dessen Decke ausmündendes Ausflussrohr angeordnet. Diese wirken in genau derselben Weise, wie oben für den Behälter R_2 angegeben. Aus dem Abflussrohr des Behälters R_4 gelangt das Wasser in einen Behälter R_5, aus welchem es in beliebiger Weise den Elektroden zufliessen oder abgeführt werden kann.

Aus der beschriebenen Anordnung ergiebt sich, dass der untere Behälter R_3 bezw. R_4 das Wasser aus dem oberen Behälter R_2 aufnimmt, während aus R_4 kein Wasser abfliesst. Erst wenn R_2 entleert und daher der Zufluss zum Behälter R_3 unterbrochen ist, fliesst aus dem Behälter R_4 das Wasser aus, so dass der Wasserstrom stets entweder im Ausflussrohr des oberen Behälters R_2 oder dem des Behälters R_4 unterbrochen ist. Die beschriebene Einrichtung unterbricht daher, wenn sie in die Zu- bezw. Ableitung des Kühlwassers eingeschaltet ist, die elektrische Verbindung, welche durch einen beständigen Wasserstrom bewirkt werden würde, ohne die beständige Zu- bezw. Ableitung von Kühlwasser zu verhindern.

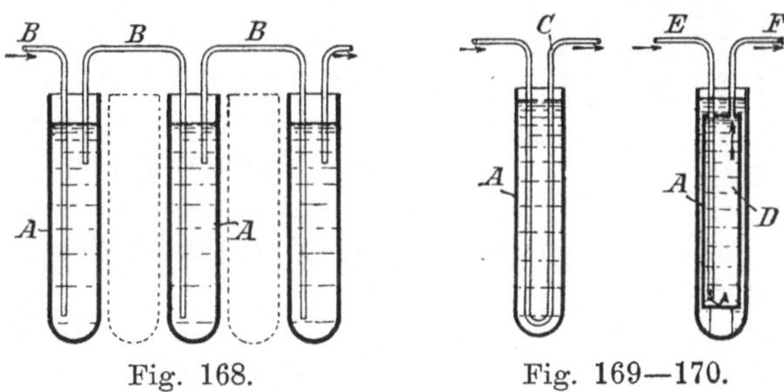

Fig. 168.   Fig. 169—170.

Um das Wasser durch sämmtliche Elektroden hindurch zu leiten, können die Hohlräume jeder der beiden Reihen derselben durch beliebige Röhren verbunden sein.

Im Falle die Elektroden aus Röhren A bestehen, wie aus Fig. 168 ersichtlich, die aus isolirendem Material, wie Glas oder dergl., hergestellt und unten geschlossen sind, kann man die Cirkulation des Wassers entweder mittels Heberöhren B bewirken, oder man kann auch in die Röhren A ein U-förmig gebogenes Rohr C eintauchen, wie in Fig. 169 gezeigt ist, durch welches das Kühlwasser hindurchfliesst. Schliesslich kann man auch, wie in Fig. 170 dargestellt, innerhalb des Rohres A einen metallenen Behälter anbringen, welcher ganz geschlossen und mit zwei Rohrverbindungen $E\,F$ versehen ist, welche die Zu- und Abführung des Kühlwassers gestatten.

Die übrige Einrichtung des Apparates ist aus Fig. 171 zu ersehen. Derselbe besteht aus einem luftdichten Kasten von etwa $2^3/_4$ m Höhe, in welchem parallel neben einander die Elektroden e

13*

isolirt aufgehängt sind. Die letzteren bestehen aus gusseisernen hohlen Scheiben, deren Flächen glatt abgedreht und mit starken Spiegelglasplatten *i* belegt sind. Zwischen je zwei Elektroden befindet sich ein grösserer Zwischenraum. Das Kühlwasser wird durch die hohlen Elektroden geleitet, und zwar um Erdschluss zu vermeiden, von zwei isolirten Wasserbehältern aus, von denen der eine die positiven, der andere die negativen Elektroden kühlt und zwar unter Zwischenschaltung der vorbeschriebenen Apparate zur abwechselnden Unterbrechung der Kühlwasserströme.

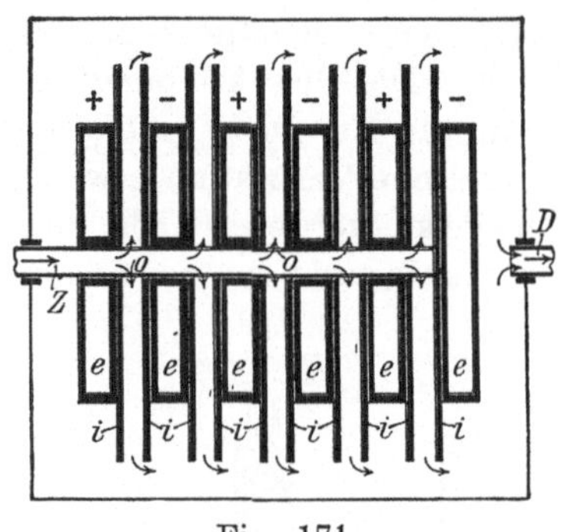

Fig. 171.

Die Elektroden sind sämmtlich in der Mitte durchbohrt und geht durch diese Bohrungen das Luftzuführungsrohr *Z*. Letzteres ist an seinem Umfange mit Löchern *v* versehen, welche zwischen den Elektroden ausmünden, so dass sich die durch *Z* eingeblasene Luft zwischen den Elektrodenplatten vertheilen kann und dort ozonisirt wird. Bei *D* verlässt dieselbe in ozonisirtem Zustande den Apparat.

Bei den mit Wasserkühlung arbeitenden Ozonapparaten hat der Feuchtigkeitsgehalt der Luft eine grosse Bedeutung, denn wenn die Temperatur in diesen Apparaten niedriger gehalten wird als diejenige, bei welcher die Trocknung der zugeführten Luft stattfindet, so kann in den Ozonisirungs-Apparaten ein Niederschlag von Feuchtigkeit erfolgen, durch welchen Kurzschluss hervorgerufen wird. Um diesem Uebelstande, der in der Regel erst nach Eintrittt des Kurzschlusses bemerkt werden kann und dessen Verhütung bis vor kurzem nur durch eine genaue Kontrolle des Feuchtigkeitsgehalts der zugeführten Luft ermöglicht wurde, zu begegnen, haben Siemens & Halske einen im D. R.-P. No. 123 514 beschriebenen Alarmapparat konstruirt, der die Umgebung bereits vor Eintritt des Kurzschlusses auf die bevorstehende Gefahr aufmerksam macht.

Das Princip dieses Apparates beruht darauf, dass eine im Ozonirungs-Apparat befindliche Glasplatte durch eine Wasserkühlung etwas unter die im Apparate herrschende Temperatur gebracht wird, so dass bei einem zu hohen Feuchtigkeitsgehalte der Luft diese Platte zuerst feucht wird, wodurch zwei mit der Platte verbundene Pole einer Stromquelle in leitende Verbindung treten und dadurch eine in den Stromkreis eingeschaltete Alarmvorrichtung in Thätigkeit setzen.

Was die Kosten des nach den gebräuchlicheren Verfahren dargestellten Ozons anbelangt, so macht Kershaw (London Elektr. Rev. 1898, 43, 151) darüber Angaben, die sehr zu Gunsten der englischen Apparate sprechen. In neuester Zeit sollen jedoch die Apparate von Otto, Abraham und Marmier sowie Fröhlich-Siemens die Oberhand behalten, wobei nochmals betont sei, dass die Verwendung derselben gegenwärtig zum allergeringsten Theile zu Bleichzwecken erfolgt, sondern hauptsächlich für Zwecke der Wasserreinigung.

Wasserstoffsuperoxyd.

Das Wasserstoffsuperoxyd (H_2O_2) wird namentlich in neuerer Zeit als Bleichmittel vielfach angewendet. Es wurde 1818 von Thénard entdeckt. Dasselbe findet sich auch in geringer Menge in der atmosphärischen Luft vor und entsteht bei den meisten Processen, bei welchen sich Ozon bildet, neben letzterem.

Durch vorsichtige Koncentration im Vakuum aus wässerigen Lösungen hergestellt, bildet es eine sirupdicke, geruchlose Flüssigkeit von herb-bitterem Geschmack und im allgemeinen stark oxydirenden Eigenschaften. Auf einzelne Körper wirkt es jedoch auch als Reduktionsmittel, z. B. auf höhere Metalloxyde, wie Pb_3O_4 und PbO_2, die es zu PbO reducirt.

Das Wasserstoffsuperoxyd ist unter Sauerstoffabspaltung sehr leicht zersetzlich, schon durch längeres Stehen bei gewöhnlicher Temperatur, noch rascher durch Erwärmen. Bei stärkerem Erhitzen kann eine explosionsartige Zersetzung erfolgen. Auch in Berührung mit Holzkohle oder einzelnen Metallen in feinvertheiltem Zustande (Gold, Silber, Platin etc.) findet eine plötzliche Zersetzung des Wasserstoffsuperoxydes statt.

Dasselbe löst sich leicht in Wasser und Alkohol, schwerer in Aether. Die schwach angesäuerte Lösung ist viel haltbarer als das reine Superoxyd und kann in gut verschlossenen Gefässen durch Monate unzersetzt aufbewahrt werden. Die bleichende Wirkung des Wasserstoffsuperoxydes beruht auf seiner oxydirenden Eigenschaft. Es wird hauptsächlich zum Bleichen von Wolle und Seide (besonders der wilden Seidenarten), ferner auch zum Bleichen von Elfenbein und anderen Knochen, von Federn etc. verwendet. Auch in der Kosmetik, als Haarbleichmittel, findet es Anwendung. Vor vielen anderen Bleichmitteln, insbesondere vor dem Chlor und dessen bleichenden Verbindungen hat es den grossen Vorzug, die Fasern fast gar nicht anzugreifen.

Das Wasserstoffsuperoxyd zersetzt Jodkaliumlösung nur langsam unter Jodausscheidung, bei Gegenwart von Eisenvitriollösung jedoch sofort, welche Reaktion auch als Erkennungsmittel dient. Wird das Wasserstoffsuperoxyd mit einer Chromsäurelösung vermischt und mit Aether geschüttelt, so färbt sich die Aetherschicht dunkelblau. Zwecks quantitativer Bestimmung lässt man eine Kaliumpermanganatlösung zu der mit Schwefelsäure versetzten Wasserstoffsuperoxydlösung fliessen, bis zum Eintritte bleibender Rothfärbung. Der Vorgang ist der folgende:

$$K_2Mn_2O_8 + 3H_2SO_4 + 5H_2O_2 = 2MnSO_4 + K_2SO_4 + 8H_2O + 5O_2.$$

Darstellung des Wasserstoffsuperoxyds.

Das Wasserstoffsuperoxyd kann durch Zersetzung der Alkali- oder Erdalkalisuperoxyde mit Säuren erhalten werden.

Gewöhnlich bildet das Baryumsuperoxyd das Ausgangsmaterial und soll deshalb zunächst die Darstellung des letzteren beschrieben werden.

Darstellung des Baryumsuperoxyds.

Die älteren Darstellungsmethoden des Baryumsuperoxyds beruhen auf der Zersetzung des Baryumnitrats. Das Baryumnitrat wird in Chamottetiegel gefüllt, letztere gut verschlossen und in einen Herdofen in der Weise eingesetzt, dass 24 Tiegel mit je 16 kg Beschickung für eine Glühoperation Platz finden. Es wird nun allmählich angefeuert, und zwar zunächst mit Holzkohle, mit welcher man den Tiegel umgiebt, später mit Koks. In dem Maasse, als der Koks verbrennt, wird wieder frischer um die Tiegel geschichtet, bis nach ca. 4 Stunden das Baryumnitrat niederschmilzt. Die Masse bleibt nun ca. 3 Stunden in schmelzflüssigem Zustande, verdickt sich dann allmählich und wird schliesslich fest. Man stürzt nun die aus Baryumoxyd bestehenden Kuchen aus den Tiegeln, und bewahrt sie, falls sie nicht gleich weiter verarbeitet werden, in eisernen Gefässen unter Luftabschluss auf. Die erkalteten Kuchen werden bis auf Wallnussgrösse zerkleinert und diese Stücke in ca. 1 m lange eiserne Rinnen eingebracht, welche ihrerseits wieder in gut schliessende gusseiserne Rohre von ca. 15 cm Durchmesser und 2,5 m Länge eingeschoben werden. Eine Gruppe solcher Rohre, die in einen Ofen eingelagert werden, stehen durch ein leeres Rohr mit einer mit Aetznatron gefüllten Trommel in Verbindung. Letztere hat Doppelböden, von denen der mittlere durchlocht ist. Auf dem durchlochten Boden ist entwässertes Aetznatron aufgeschichtet, um die durch einen Stutzen in die Trommel eingeleitete Luft zu trocknen und von Kohlensäure zu befreien, ehe sie über das Baryumoxyd streicht. Die Temperatur in den das Baryumoxyd enthaltenden Rohren wird durch 3—4 Stunden auf ca. 700° C. (Dunkelrothgluth) gehalten und die in oben beschriebener Weise gereinigte Luft durchgeleitet. Nach dieser Zeit ist die Umwandlung in Baryumsuperoxyd beendigt. Man entfernt nun die Rohre wieder aus dem Ofen, lässt abkühlen und entleert das Baryumsuperoxyd, welches eine grünliche Farbe besitzen muss. Stücke von weisser oder grauer Farbe deuten auf unvollständige Oxydation und werden mit der nächsten Charge neuerlich dem Oxydationsprocesse unterworfen. Das fertige, grünlich gefärbte Fabrikat wird gemahlen und in mit Papier ausgekleidete Fässer verpackt.

Da das zu oxydirende Baryumoxyd wasserfrei und sehr rein sein muss, und es schwierig ist, aus Baryumkarbonat ein so reines Produkt zu erhalten, wandte man früher als Rohmaterial nur Baryumnitrat an.

Neuerer Zeit sind jedoch einige Verfahren bekannt geworden, welche es ermöglichen, auch aus dem Karbonat direkt einen reinen, zur Superoxyddarstellung geeigneten Baryt zu erhalten.

Bei der Ueberführung des Baryumkarbonats in Baryt sind gewisse Bedingungen einzuhalten, wenn die Ausbeuten befriedigend sein sollen und die weitere Ueberführung in Superoxyd glatt von statten gehen soll. Darüber macht R. Heinz (Chemiker-Ztg. 1901, XXV, S. 200) nähere Angaben.

Vor allem empfiehlt es sich, Witherit (natürliches Baryumkarbonat) statt des künstlichen Produktes anzuwenden, da ersterer bedeutend leichter seine Kohlensäure abgiebt. Weiters kommen in Betracht die Wahl der Ofenkonstruktion und die richtige Führung des Glühprocesses. Schachtöfen haben sich am besten bewährt. Das zum Ofenbau verwendete basische Steinmaterial muss von bester Qualität sein und sorgfältig vermauert werden, um die rasche Abnutzung zu verhindern. Gewöhnliche Magnesitsteine sind ihres ziemlich beträchtlichen Schwundes und der geringen Haltbarkeit wegen wenig geeignet.

Der Ofen soll mit Generatorgas betrieben werden, welches allein eine richtige Führung des Glühprocesses zulässt und insbesondere die Möglichkeit einer raschen oder allmählichen Temperaturveränderung, sowie eine genaue Regulirung des Zuges sichert, da zu rasch gesteigerte und zu hohe Temperaturen die Ausbeute verringern. Letztere beträgt bei einem Kohlenverbrauche von durchschnittlich $125\,^0/_0$ ungefähr $70\,^0/_0$ Baryumoxyd, auf das verwendete Karbonat bezogen.

Bei ununterbrochenem Betriebe beträgt die Brenndauer zwölf Stunden. Man erhält bei sorgfältigem Einhalten aller Bedingungen, deren sonstige Details geheim gehalten werden, ein ca. $95\,^0/_0$iges Baryumoxyd, das sich zur Weiterverarbeitung auf Baryumsuperoxyd von ca. $90\,^0/_0$ sehr gut eignet.

Ein solches Verfahren nebst dazu gehörigem Apparat wird von Th. von Dienheim (D. R.-P. No. 64349) beschrieben.

Der reine, staubartig feine kohlensaure Baryt wird innig mit dem genauen Aequivalent an Kohlenstoff (vorzüglich Kienruss) gemischt und mittels Zusatzes einer kleinen Menge Theer in eine dickbreiige Masse gebracht. Aus dieser Masse formt man kleine Briketts oder Stücke, die getrocknet und in einem Ofen geröstet werden, welcher so eingerichtet ist, dass er das Röstprodukt, sowie die dasselbe enthaltende Retorte gegen die Einwirkung der atmosphärischen Luft, gegen schnellen Temperaturwechsel und andere nachtheilige Einflüsse schützt.

Zu diesem Zwecke wird:

1. beständig ein inertes Gas eingeblasen, wie z. B. Kohlenoxyd, welches, wenn durch Kohlensäure verunreinigt, von dieser letzteren erst befreit und hierauf in den Ofenkanälen entsprechend erhitzt wird. Das Kohlenoxyd kann aus der durch Zersetzung des Karbonats entstehenden Kohlensäure erhalten werden.

Dasselbe wird mittels einer Pumpe beständig in die Retorte geblasen, nimmt bei seinem Durchgang die durch die Zersetzung des Karbonats entstehenden Gase mit und strömt in einen Gasometer, von wo es aufs neue die Retorte durchstreicht. Statt diese Reinigung unter Druck vorzunehmen, kann dieselbe natürlich auch durch Anwendung eines Vakuums erzielt werden. Zu diesem Zweck werden die Oeffnungen der Kammer D (Fig. 172) geschlossen und die vom oberen Theil der Retorten abgehenden Röhren t und t_1 mit Saugapparaten in Verbindung gesetzt. Das Vakuum ist natürlich entsprechend der Gasbildung in A und B zu reguliren. In beiden Fällen ist die Hauptsache, die Retorte von den Gasen zu befreien, welche der gänzlichen Umwandlung des kohlensauren Baryts in wasserfreien Baryt entgegenwirken.

2. erfolgt ein Zusatz von Kohlenstücken zu den zu röstenden Briketts im Verhältniss von ungefähr $10\,^0/_0$, um den in der Retorte befindlichen Sauerstoff und die Kohlensäure zu verbrauchen,

damit hierzu nicht die in den Briketts enthaltene Kohle herangezogen wird.

Bei der Herausnahme des Materials aus dem Ofen sondert man die beigefügten Kohlenstücke sorgfältig von dem gewonnenen Baryt, damit dieselben bei der weiteren Oxydation des letzteren nicht störend wirken.

Der so erhaltene Baryt wird aufs neue in eine Retorte desselben Ofens gebracht, wo er unter Dunkelrothgluthtemperatur und unter der Einwirkung eines trockenen und reinen Luftstromes in Baryumsuperoxyd verwandelt wird.

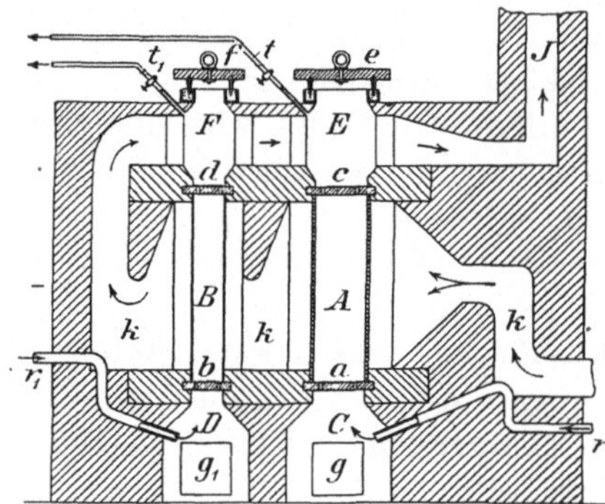

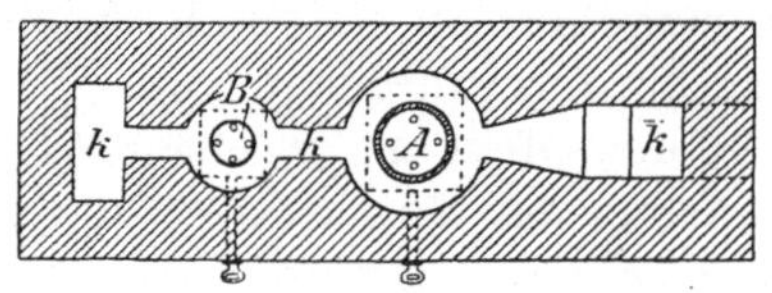

Fig. 172—173.

Die Zeichnung Fig. 172 zeigt im Vertikalschnitt einen Schachtofen von drei Etagen mit Gasheizung, in welchem die Retorten A und B angebracht sind, die nach unten je mittels der beweglichen Verschlussorgane $a\ b$ mit den Kammern $C\ D$ der unteren Etage, sowie durch die ebenfalls beweglichen Sohlen oder Böden $c\ d$ mit den Retorten $E\ F$ der oberen Etage in Verbindung stehen. Fig. 173 ist ein Querschnitt durch die Mitte des Ofens.

Die zur Umwandlung des Karbonats in Baryt bestimmte Retorte A besteht aus feuerfestem Thon und ist inwendig mit Magnesia oder mit Kohle ausgekleidet; die Retorte B, welche zur Umwandlung des Baryts in Baryumsuperoxyd bestimmt ist, besteht aus Eisen oder Stahl.

Die oberen Retorten $E\ F$ bestehen auch aus Eisen oder Stahl; sie dienen zur Aufnahme der folgenden Ladungen, welche für ihre bevorstehende Verarbeitung vorgewärmt werden. Ihr Verschluss geschieht durch die mit Sandabdichtung versehenen Deckel $e\ f$; unterhalb dieser Deckel sind durch Hähne verschliessbare und zum Gasaustritt dienende Röhren $t\ t_1$ angebracht.

Die Sohlen $a\ b\ c\ d$ haben feine Löcher, damit die Gase durch die Etagen ungehindert cirkuliren können; sie werden von der Aussenseite des Ofens durch in Asbeststopfbüchsen verpackte Axen in Thätigkeit gesetzt. Der Inhalt der Retorten A bezw. B gelangt in die Kammern C bezw. D; in dieselben münden auch die Rohre $r\ r_1$ für die gereinigten und in den Querkanälen wieder erhitzten Gase; die Kammern haben nach aussen die hermetisch abschliessenden Thüren $g\ g_1$.

Die Feuergase gelangen in die Kanäle $k\ k$ und ertheilen der Retorte A eine Weissgluthhitze von ungefähr 1200^0 C., der Retorte B eine Dunkelrothgluthhitze von ca. 700^0 C. und den Retorten $E\ F$ eine Temperatur von 400^0—500^0 C., worauf sie durch das Kamin J entweichen.

Die Beschickung des Ofens etc. geschieht wie folgt: Man füllt die Retorten $A\ B$ mit den vorher in den Retorten $E\ F$ erhitzten Produkten, wobei man die Sohlen dieser Retorten öffnet und darauf Acht giebt, dass die Hähne $t\ t_1$ geschlossen sind, um den Zuzug der äusseren Luft zu vermeiden. Gleichzeitig bläst man das inerte Gas (Kohlenoxyd), bezw. Luft durch die Kammern $C\ D$ in die Retorten A bezw. B und füllt die Retorten $E\ F$ wieder, worauf man sofort deren Deckel $e\ f$ schliesst und die Hähne $t\ t_1$ öffnet.

Das inerte, für die Retorte A bestimmte, dem Gasometer durch eine kontinuirlich wirkende Pumpe entnommene Gas wird gereinigt und wieder erhitzt und erfüllt zuerst die Kammer C, wo es konstant eine neutrale Atmosphäre aufrecht erhält, durchströmt dann die Retorte A, dieselbe von den darin enthaltenen unreinen Gasen säubernd, durchläuft die Retorte E, wo es einen Theil der erhaltenen Hitze zu Gunsten des in derselben enthaltenen Rohmaterials abgiebt; es entweicht durch das Rohr t, um sich nach genanntem Gasometer zu wenden, von welchem aus es nach abermaliger Reinigung neuerdings für die Ofenheizung genommen werden kann.

Gleichzeitig liefert eine andere Pumpe der Retorte B ebenfalls gereinigte und erhitzte atmosphärische Luft, deren Sauerstoff durch den darin enthaltenen Baryt absorbirt und deren Stickstoff durch das Rohr t_1 abgeführt wird.

Nach beendigter Röstung entleert man die Retorten $A\ B$ durch Oeffnen der Sohlen $a\ b$. Die vollständig verwandelten Produkte, nämlich der Baryt der Retorte A und das Baryumhyperoxyd der Retorte B, fallen in die Kammern C und D, wo sie von einem Wagen aufgenommen werden, und wobei der Baryt der schädlichen Einwirkung von Luft und Feuchtigkeit entzogen wird. Man beschickt die Retorten $A\ B$ und $E\ F$ nun aufs neue und unterbricht die Arbeit nur behufs Auswechslung der Wagen in den Kammern $C\ D$. Das Baryumhyperoxyd wird zerkleinert und fein gemahlen, entsprechend dem für den Handel erforderlichen Feinheitsgrad.

Darstellung des Wasserstoffsuperoxyds aus Baryumsuperoxyd.

Zur Darstellung von Wasserstoffsuperoxyd wird das fein gepulverte Baryumsuperoxyd in verdünnte Salzsäure allmählich eingetragen, bis die Säure nahezu neutralisirt ist. Man wartet dabei immer wieder ab, bis eine Partie Superoxyd gelöst ist, ehe man eine weitere zusetzt.

Nun filtrirt man durch ein geeignetes Filter ab, lässt die Lösung abkühlen und setzt derselben so viel Barytwasser zu, dass die Oxyde der Schwermetalle und die Kieselsäure ausgefällt werden und sich auch noch ein schwacher Niederschlag von Baryumsuperoxydhydrat bildet. Nach Trennung von diesem Niederschlage wird aus der Lösung das Baryumsuperoxydhydrat mit einem Ueberschusse von Barytwasser gefällt. Der erhaltene krystallinische Niederschlag wird mit kaltem Wasser gewaschen und kann in feuchtem Zustande durch längere Zeit aufbewahrt werden, ohne sich zu zersetzen. Aus dem Baryumsuperoxydhydrat wird schliesslich das Wasserstoffsuperoxyd in der Weise dargestellt, dass man ersteres unter ständigem Rühren in verdünnte Schwefelsäure einträgt, bis dieselbe nahezu neutralisirt ist. Man filtrirt nun das Baryumsulfat ab, fällt im Filtrate noch den letzten Rest der Schwefelsäure mit Barytwasser aus und filtrirt neuerlich. Die erhaltene Lösung von Wasserstoffsuperoxyd zeigt eine je nach der Koncentration der angewandten Säure verschiedene Koncentration, meist nicht über $3—5\,^0/_0$. Höher koncentrirte Lösungen sind auf diesem Wege nicht zu erhalten, da das Wasserstoffsuperoxyd im allgemeinen sehr leicht zersetzlich ist und seine Zersetzbarkeit mit der Koncentration zunimmt.

Eine andere in neuerer Zeit angewendete Methode der Wasserstoffsuperoxyddarstellung wird von A. Bourgougnon (Journ. Am. Soc. 12, S. 64, Ztschr. f. ang. Ch. 1890, S. 272) in nachstehender Weise angegeben:

Das Baryumsuperoxyd wird zunächst hydratisirt, und zwar in der Weise, dass das gepulverte Dioxyd langsam in einem gewöhnlichen, cylindrischen Steinguttopf, welcher etwa bis zur Hälfte mit Wasser gefüllt ist, eingerührt wird. Die Mischung wird dann sich selbst überlassen und nur alle halbe Stunden zehn Minuten lang umgerührt, bis zur vollendeten Hydratisation. Die Arbeit erfordert drei bis vier Stunden, nach welcher Zeit das Baryumdioxyd in einen dicken, vollständig weissen Brei umgewandelt ist. Inzwischen hat man sich in einem mit Blei ausgelegten Gefässe eine Mischung von Wasser und Fluorwasserstoffsäure hergestellt und das Gefäss selbst mit Eis derart gekühlt, dass das Säuregemisch auf 10^0 C. abgekühlt wird, welche Temperatur während der Umsetzung nicht überschritten werden darf. Nun beginnt man mit dem Zusatze des Baryumdioxydhydrats in Mengen von nicht über 1,5—2 kg auf einmal und unter fortwährendem Rühren. Die ganze Menge des Hydrats sollte in etwa zwei Stunden eingetragen sein und wird das Rühren vier Stunden lang fortgesetzt. Das Baryumdioxyd ist dann in Fluorid umgewandelt. Nach dem Absetzen des Niederschlages wird die überstehende Flüssigkeit in ein anderes, in gleicher Weise gekühltes Gefäss abgelassen. Die klare Flüssigkeit enthält einen Ueberschuss von Säure und die Verunreinigungen, welche aus den Rohstoffen stammen (Eisenoxyd, Thonerde und Manganoxyd). Zu dieser unreinen Lösung werden nun vorsichtig kleine Mengen Baryumdioxydhydrat gesetzt, bis alle Säure neutralisirt ist. Die Flüssigkeit verliert dann plötzlich ihre gelbe Farbe. Jetzt kommt es darauf an, die Lösung schnell durch Filtration von dem Niederschlage zu trennen. Der Niederschlag steigt infolge eingeschlossener Gasblasen an die Oberfläche und sollte daher die Flüssigkeit unter demselben abgehebert werden, um nicht vorzeitig das Filter zu verstopfen. Das Filtrat muss sofort angesäuert und mit Schwefelsäure von Baryt befreit werden. Man lässt den ausgefällten schwefelsauren Baryt über Nacht absetzen und zieht die klare Superoxydlösung durch Heber áb.

Alle Niederschläge werden durch Pressen und Waschen von anhängender Lösung befreit und die Waschwässer einem frischen Ansatze zugesetzt.

Eine andere Darstellungsmethode des Wasserstoffsuperoxyds besteht darin, dass das Baryumsuperoxyd mit wässeriger Kohlensäure unter Druck zersetzt wird, worauf das resultirende Baryumkarbonat ebenfalls unter Druck filtrirt wird.

Die Versuche, koncentrirtere Wasserstoffsuperoxydlösungen herzustellen, hatten bis vor kurzem nur einen geringen Erfolg, da selbst durch Eindampfen im Vakuum nur Lösungen erhalten wurden, die 265—295 Volumtheile Sauerstoff entwickelten. Bei weiterer Koncentration zersetzte sich ein Theil des Wasserstoffsuperoxyds. Auch durch Ausfrierenlassen konnte die Koncentration nicht erhöht werden. Erst Wolffenstein (D. R.-P. No. 85 802) fand, dass die Zersetzung von ganz bestimmten Substanzen veranlasst wird, von welchen allerdings oft die minimalsten Spuren genügen, um eine solche Zersetzung zu bewirken. Ganz reines Wasserstoffsuperoxyd zeigt eine viel grössere Beständigkeit.

Man hat hinsichtlich der Reinheit des Wasserstoffsuperoxyds insbesondere die nachstehenden Punkte zu berücksichtigen:

1. Das Wasserstoffsuperoxyd muss neutral oder sauer reagiren.

2. Es darf keine Substanzen enthalten, welche zersetzliche Peroxyde liefern, wie z. B. die Schwermetalle.

3. Es muss frei sein von unlöslichen Körpern jeder Art, auch von ganz indifferentem chemischen Charakter, wie z. B. Sand. Ein solches Wasserstoffsuperoxyd kann ohne Schwierigkeit, mit oder ohne Vakuum, bis auf etwa $50\,^0/_0$ eingedampft werden. Beim Weitererhitzen im Vakuum destilliren dann mit steigender Temperatur noch höher koncentrirte, chemisch reine Wasserstoffsuperoxyd-lösungen über.

Um $99\,^0/_0$iges, chemisch reines Wasserstoffsuperoxyd zu erhalten, wird nach Wolffenstein die $50\,^0/_0$ige Lösung mit Aether extrahirt, der Aether abdestillirt und hierauf das Wasserstoffsuperoxyd bei 68 mm Druck und 84—85° C. destillirt, wobei das chemisch reine Produkt übergeht.

Im Handel finden sich nur die verdünnten, $3—10\,^0/_0$igen Lösungen von Wasserstoffsuperoxyd.

Natriumsuperoxyd.

———

Das Natriumsuperoxyd (Na_2O_2) wird, ähnlich wie das Wasserstoffsuperoxyd, erst in neuester Zeit als Bleichmittel in ausgedehnterem Maasse angewandt. Es ist von rein weisser Farbe, die
beim Erhitzen einen Stich ins Gelbe erhält, schmilzt schwerer als
Aetznatron und zersetzt sich in der Hitze nicht. Das handelsübliche Superoxyd ist von gelblicher Farbe. An der Luft zerfliesst
das Natriumsuperoxyd allmählich unter Sauerstoffentwicklung und
Bildung von Aetznatron, und muss daher unter möglichstem Luftabschluss aufbewahrt werden. Mit Wasser zersetzt es sich unter
starker Erhitzung — bei Anwendung grösserer Mengen selbst explosionsartig — in Aetznatron und Wasserstoffsuperoxyd. Das wirksame Agens beim Bleichen ist somit das Wasserstoffsuperoxyd. Es
ist ein sehr kräftiges Oxydationsmittel und oxydirt z. B. Silber,
Schwefel, Jod etc. Um bei der Herstellung von Bleichbädern die
starke Erhitzung zu vermeiden, muss das Natriumsuperoxyd stets
in kaltem Wasser und nur allmählich in kleinen Mengen, unter
stetem Rühren, in Lösung gebracht werden. Das Freiwerden des
wirksamen Sauerstoffs erfolgt um so rascher, je alkalischer das
Bleichbad ist. Diese Wirkung der Alkalinität hat aber daran ihre
Grenze, dass — namentlich wenn mit heisser Lösung gearbeitet
wird — die letztere oft plötzlich unter starker Gasentwicklung auf
einmal zersetzt und dadurch werthlos wird. Darum kann die durch
Behandlung von Natriumsuperoxyd mit Wasser erhaltene Lösung
nicht schlechtweg als Bleichbad benutzt werden, sondern es muss
erst ein Theil des Aetznatrons beseitigt werden. Dies geschieht
entweder durch Zusatz von Magnesiumsulfat, wobei Magnesium-
hydrat ausgeschieden wird, das man dann noch mit Schwefelsäure

neutralisirt, oder man löst das Natriumsuperoxyd direkt in mit
Schwefelsäure versetztem Wasser, wobei man darauf zu achten hat,
dass die Lösung schliesslich noch etwas alkalisch bleibt.

Auch Oxalsäure wird in verschiedenen Fällen zur Herstellung
von Natriumsuperoxyd-Bleichlösungen verwendet.

Die so erhaltenen Lösungen können zum Bleichen aller Arten
von Garnen und Geweben angewandt werden, in gleicher Weise,
wie dies schon bei Besprechung des Wasserstoffsuperoxyds erwähnt
wurde; insbesondere findet es Anwendung zum Bleichen von Wolle,
Seide, Stroh, ferner von Wachs, Horn, Elfenbein, Federn (braune
Straussenfedern werden vollständig gebleicht). Für Baumwolle und
Leinen stellen sich die Kosten zu hoch.

Das Bleichen mit Natriumsuperoxyd kann dadurch noch ökonomischer gestaltet werden, dass man gebrauchte Bleichbäder durch
einfaches Ansäuern für längere Zeit unzersetzt aufbewahren und
sie jederzeit durch Alkalischmachen wieder gebrauchsfertig erhalten kann.

Darstellung des Natriumsuperoxyds.

Dasselbe wird durch Verbrennen des metallischen Natriums in
trockener, kohlensäurefreier Luft oder in Sauerstoff erhalten.

Apparat von Castner.

Eine für industrielle Zwecke geeignete Darstellungsmethode
stammt von Castner (D. R.-P. No. 67094). Nach dieser Methode
wird das Natriumsuperoxyd in kontinuirlichem Betriebe und in
ganz gleichmässiger Beschaffenheit gewonnen. Es wird metallisches
Natrium im Gegenstrom der oxydirenden Wirkung eines Luftstromes bei einer Temperatur von 300° C. ausgesetzt. Zur Ausführung dient der nachstehend beschriebene Apparat:

Fig. 174 ist zum Theil Vertikalschnitt, zum Theil Ansicht des
Apparates, Fig. 175 ein Querschnitt durch den Apparat und Fig. 176
eine Endansicht desselben.

In dem Ofen A ist ein Eisen- oder anderes Rohr B vorgesehen,
welches durch Endplatten C dicht geschlossen wird. In das Rohr B
mündet das Luftzuführungsrohr D, welches mit einem Abschluss-
ventil E versehen ist, während am hinteren Ende des Rohres B
ein Abführungsrohr F angebracht wird. Der Ofen wird durch eine
oder mehrere Feuerungen G geheizt. Das zu oxydirende Alkalimetall wird in Aluminiumbehälter H gebracht, die auf kleine, auf
Schienen laufende Rollwagen J gesetzt werden können.

Es empfiehlt sich, den Ofen zuerst bis auf eine Temperatur von etwa 300° C. anzuheizen, worauf die Behälter H mit dem Alkalimetall in das Rohr B eingeführt und in demselben entlang gefahren werden, so dass sie die ganze Länge des Rohres einnehmen. Darauf wird Luft, welche von aller Feuchtigkeit, sowie von Kohlensäure befreit worden, durch das Rohr B gedrückt oder gesaugt, bis eine genügende Voroxydation des Alkalimetalles eingetreten ist. Hierauf wird die zugelassene Menge Luft durch Einstellung des Ventils E derart geregelt, dass ein stetiger und kontinuirlicher Luftstrom von bestimmter Stärke für einen bestimmten Zeitabschnitt durch den Apparat streicht. Bei dieser

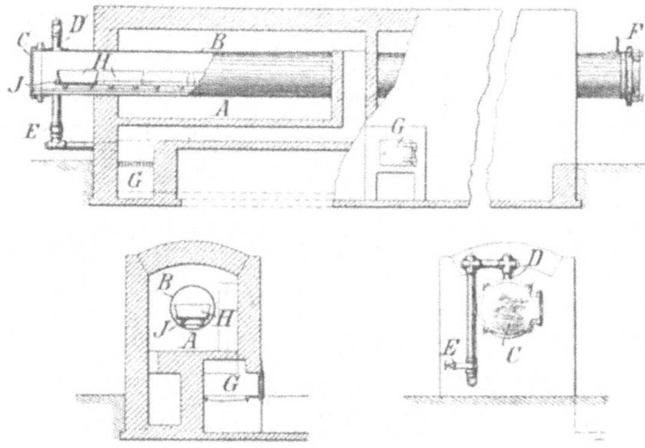

Fig. 174—176.

Behandlung wird das Metall an dem Ende des Rohres, an welchem die Luft eintritt, sehr schnell oxydirt, so dass es möglich wird, die Behälter an jenem Ende des Rohres zunächst zu entfernen und durch andere, mit frischem Metall beschickte an dem anderen Ende des Rohres zu ersetzen, wobei die Rollwagen allmählich nach vorn gestossen werden. Hierdurch wird also das Oxyd, kurz bevor es aus dem Rohre B entfernt wird, der Einwirkung von reiner Luft unterworfen, während das Metall an dem anderen Ende des Rohres B durch Luft, welche fast sauerstofffrei ist, langsam oxydirt wird und die Kästen zwischen den Enden entsprechend mehr oder weniger schnell oxydirt werden, je nachdem sie dem einen oder anderen Theil des Rohres näher liegen.

<h3 style="text-align:center">Apparat von Neuendorf.</h3>

Einen nicht kontinuirlich arbeitenden, jedoch einfacheren Apparat zur Darstellung von Natriumsuperoxyd empfiehlt H. Neuendorf (D. R.-P. No. 95063).

Derselbe besteht aus einem System von flachen Metallkästen,
die so angeordnet sind, dass sie von den Feuergasen eines Ofens
umspült und auf einer Temperatur von circa 400° C. erhalten
werden. In der Zeichnung (Fig. 177 und 178) ist der Ofen (der
Einfachheit halber) mit nur einer Etage dargestellt, häufig wird es
sich der Raumersparniss wegen empfehlen, mehrere Etagen anzuwenden. Gusseiserne Kammern, die nach aussen durch mit Asbest
abgedichtete Thüren T verschlossen sind, enthalten die flachen

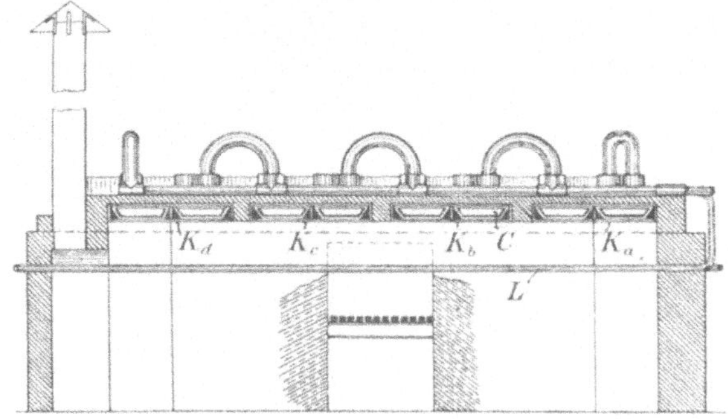

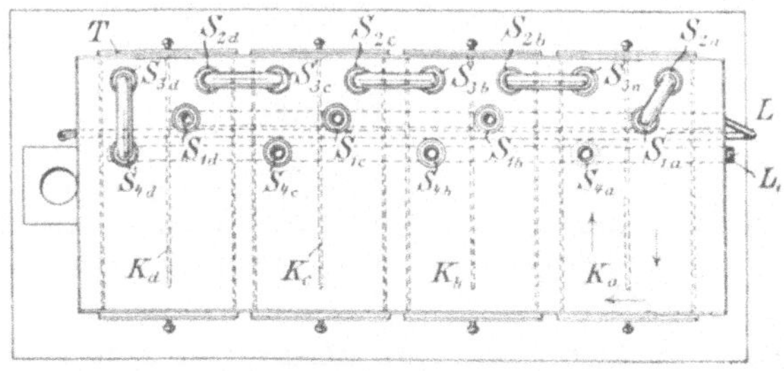

Fig. 177—178.

Kasten C, die zur Aufnahme des Natriums dienen. Die Kammern
sind mit Stutzen S für den Lufteintritt und Austritt versehen und
können durch Krümmer nach Belieben unter einander, mit einer
Centralluftleitung L und einer Centralableitung L_1 verbunden werden.
In der Zeichnung sind beispielsweise vier Kammern K_a K_b K_c K_d
dargestellt. Die Schaltung ist so angenommen, dass die Luft von
der Leitung L durch die Stutzen S_{1a} und S_{2a} in die Kammer K_a
eintritt, von dieser durch S_{3a} und S_{2b} in Kammer K_b etc., bis sie
endlich durch S_{4d} und Ableitung L_1 den Ofen verlässt. Die Schaltung
lässt sich so bewerkstelligen, dass jede der Kammern in cyklischer

Vertauschung als erste in den Kreislauf eingefügt werden kann. Es ist dann jedesmal die vorhergehende Kammer diejenige, bei der der Luftaustritt stattfindet. Die Kammern sind durch Scheidewände in der Längsrichtung getheilt, so dass der Luftstrom den durch Pfeile, wie in K_a, bezeichneten Weg zu nehmen hat.

Die Arbeitsmethode ist folgende: Sobald der Ofen genügende Temperatur zeigt, werden sämmtliche Kasten mit Natrium beschickt, in die Kammern geschoben und die Thüren luftdicht geschlossen. Die Schaltung wird, wie in der Zeichnung angegeben, so eingestellt, dass die Luft in Kammer K_a eintritt, alle Kammern bis K_d passirt und aus Kammer K_d austritt. Nach gehöriger Zeit wird Kammer K_a geöffnet, der Kasten entleert und frisch beschickt und die Schaltung geändert, so dass die Luft nunmehr den Weg K_b K_c K_d K_a nimmt. In gleichen Intervallen werden jetzt die anderen Kammern beschickt und entleert, und zwar so, dass jedesmal die letztbeschickte Kammer den austretenden und die demnächst zu entleerende Kammer den eintretenden Luftstrom erhält. Die zutretende Luft, die getrocknet und kohlensäurefrei gemacht sein muss, wird vorher auf $350-400^0$ C. erwärmt.

Die Heizung der Kammern kann durch Feuerung oder durch heisse Gase (überhitzten Dampf etc.) erfolgen.

Ammoniumpersulfat.

Von den Salzen der Perschwefelsäure (Ueberschwefelsäure), welche zuerst von Hugh Marshall dargestellt und später im Vereine mit der Ueberschwefelsäure von Elbs und Schönherr eingehend studirt wurden, hat lediglich das Ammoniumpersulfat, $(NH_4)_2S_2O_8$, eine gewisse praktische Bedeutung erlangt, indem es in der Bleicherei — bisher allerdings nur versuchsweise — verwendet wurde. Einer ausgedehnteren Verwendung dürfte der hohe Herstellungspreis wohl dauernd im Wege stehen. Dasselbe bildet weisse Krystalle und ist in trockenem Zustande selbst bei 100^0 C. beständig. Feucht zersetzt es sich langsam schon bei Zimmerwärme unter Abgabe von stark ozonisirtem Sauerstoff.

$$(NH_4)_2S_2O_8 + H_2O = 2NH_4HSO_4 + O$$

1 Theil Ammoniumpersulfat ist in 2 Theilen kalten Wassers löslich; dasselbe ist aus Wasser von 60^0 C. umkrystallisirbar.

Aus einer Lösung von Kaliumkarbonat wird ein dicker, krystallinischer Niederschlag von Kaliumpersulfat gefällt.

Darstellung des Ammoniumpersulfats.

Dasselbe wird durch Elektrolyse einer gesättigten Lösung von Ammoniumsulfat erhalten:

$$(NH_4)_2SO_4 = \overset{+}{(NH_4)} + \overset{-}{(NH_4SO_4)}$$

Die elektrolytische Zelle besteht aus einem äusseren Gefässe aus glasirtem Thon, Glas, Hartgummi etc., in welchem ein Diaphragma aus porösem Thon angeordnet ist. In letzterem ist die aus Platin bestehende Anode untergebracht, während die Kathode im äusseren Gefässe durch eine Bleischlange gebildet wird, welche behufs Kühlung der Kathodenlauge von kaltem Wasser durchströmt wird. Auch die Anodenlauge wird zweckmässig gekühlt. Als Anodenlauge wird eine etwas angesäuerte, gesättigte Lösung von

Ammoniumsulfat verwendet, als Kathodenflüssigkeit 1 : 1 verdünnte Schwefelsäure. Das Ammoniumpersulfat scheidet sich in fester Form aus der Anodenflüssigkeit aus und wird von Zeit zu Zeit daraus entfernt. Die Lösung wird dann wieder mit Ammoniumsulfat gesättigt und mit der Elektrolyse fortgefahren. Da durch Eindringen von Schwefelsäure aus dem Kathoden- in den Anodenraum die Anodenlauge allmählich damit angereichert wird, neutralisirt man die überschüssige Säure zeitweise mit Ammonkarbonat. Aetzammoniak ist für diesen Zweck nicht zu empfehlen, da dadurch die Temperatur bedeutend erhöht und infolgedessen Zersetzung des gebildeten Persulfats eintreten würde.

Wenn die Kathodenlauge ammoniakalisch wird, setzt man frische Schwefelsäure zu, da die Leitungsfähigkeit der ammoniakalischen Lösung sehr gering ist und somit der Widerstand beträchtlich zunimmt.

Deissler (D. R.-P. No. 105008) giebt ein Verfahren der Persulfatdarstellung an, nach welchem das Alkali- bezw. Ammoniumsulfat ohne Anwendung eines Diaphragmas elektrolysirt wird. Die reducirende Wirkung des Wasserstoffes wird dadurch verhindert, dass man die Kathodenflüssigkeit von den Oxydationsprodukten frei hält. Man umgiebt zu diesem Behufe die Kathode mit einer Lösung von geringem specifischen Gewichte, die man über der specifisch schwereren Anodenflüssigkeit lagert, welche Schichtung auch während der Elektrolyse erhalten werden muss. Der zu diesem Verfahren verwendete Apparat ist sehr einfach und besteht aus einem Gefässe, in dessen unterem Theile die Anode, im oberen Theile die Kathode sich befindet.

Die Anodenflüssigkeit wird durch Zusatz von festem Ammonsulfat in koncentrirtem Zustande erhalten. Die Kathodenflüssigkeit ist etwa halb gesättigt. Das specifische Gewicht der Anodenflüssigkeit beträgt dann circa 1,24, das der Kathodenflüssigkeit 1,12.

Das Verfahren wird dadurch in kontinuirlicher Weise ausgeführt, dass man das Ammonsulfat mittels eines Trichters durch die Kathodenflüssigkeit in die Anodenflüssigkeit bringt, so dass die Schichtenbildung der Flüssigkeit nicht gestört wird.

Sollte während des Betriebes allmählich eine Vermischung der schwereren Anodenflüssigkeit mit der leichteren Kathodenflüssigkeit stattfinden, oder das specifische Gewicht der Kathodenflüssigkeit infolge der durch die Elektricität bewirkten Wasserzersetzung sich erhöhen, so muss man die Kathodenflüssigkeit erneuern oder mit Wasser verdünnen, bis das angegebene specifische Gewicht wieder annähernd erreicht ist.

Kaliumperkarbonat.

E. J. Constam und A. v. Hansen [1]) stellten eine neue Klasse von oxydirenden Substanzen dar, indem sie, von den bei der Auflösung von Alkalikarbonaten in Wasser gemachten Beobachtungen ausgehend, die Möglichkeit erkannten, auf elektrolytischem Wege, unter Anwendung starker Koncentration der Lösungen und hoher Stromdichte an der Anode eine Vereinigung der Ionen MCO_3 zu neuen Molekülen

$$MCO_3 - MCO_3,$$

den Perkarbonaten, eintreten zu lassen.

Das leichtest darstellbare Perkarbonat ist das Kaliumperkarbonat $K_2C_2O_6$). Dasselbe ist sehr zerfliesslich und in wasserhaltigem Zustande von himmelblauer Farbe; getrocknet wird es weiss. Es ist nur bei einer dem Nullpunkte nahen Temperatur unzersetzt in Wasser löslich und bildet in wärmerem Wasser unter Sauerstoffentwicklung das Bikarbonat. Das Kaliumperkarbonat giebt mit Säuren Sauerstoff nebst Kohlensäure, wobei stets etwas Wasserstoffsuperoxyd gebildet wird; mit Aetzalkalien Sauerstoff allein. Oxydirbaren Substanzen gegenüber verhält es sich als Oxydationsmittel, während es in anderen Fällen, z. B. Superoxyden gegenüber, reducirend wirkt.

Es entfärbt Indigo und bleicht Faserstoffe, doch ist gegenwärtig eine industrielle

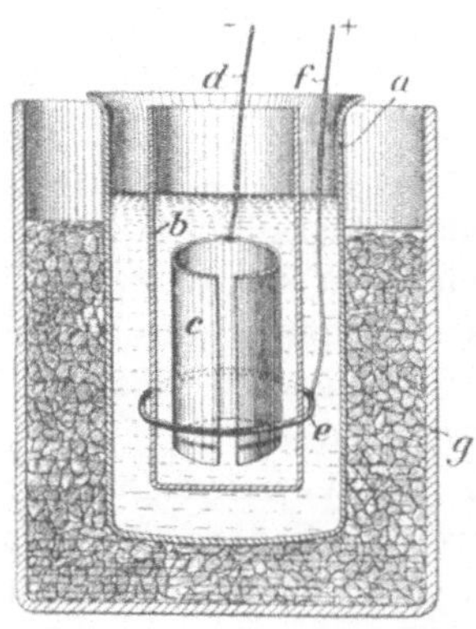

Fig. 179.

[1]) Ztschr. f. Elektrochem. 1896, III, S. 137, 1897, III, S. 445.

Verwendung zu Bleichzwecken ganz ausgeschlossen, da die Herstellung zu umständlich und kostspielig ist, so dass es hier nur der Vollständigkeit halber Erwähnung findet.

Darstellung des Kaliumperkarbonats.

Eine poröse Zelle C (Fig. 179), in welcher eine Platinkathode c angeordnet ist, wird mit einer bei -10^0 C. gesättigten Lösung von Pottasche gefüllt und in ein Becherglas a eingebracht, welches die gleiche Lösung enthält. Die Platinanode e ist in den ringförmigen Zwischenraum zwischen der Becherglaswandung und der porösen Zelle eingesenkt. Die Drähte d und f sind mit den Polen der Elektricitätsquelle verbunden.

Das Becherglas a befindet sich in einem weiteren Gefässe g, das mit einer Kältemischung gefüllt ist und ersteres sammt Inhalt auf -16^0 C. abkühlt. Man wählt vortheilhaft möglichst hohe Stromdichten, da dann Temperaturschwankungen, soweit sich dieselben zwischen -10^0 C. und -15^0 C. bewegen, ohne Einfluss auf die Ausbeute sind.

Kaliumpermanganat.

Das Kaliumpermanganat ($K_2Mn_2O_8$) bildet kleine — wenn frisch dargestellt — nahezu schwarze Krystalle mit einem grünlichen Schimmer, der an der Luft, ohne sonstige Veränderung des Salzes, in Stahlblau mit kupfrigem Schimmer übergeht. Es löst sich in 15—16 Theilen kalten Wassers mit dunkelpurpurrother Farbe. Bei einer Temperatur von über 200^0 C. zersetzt es sich unter Sauerstoffabspaltung und Bildung von Kaliummmanganat. Das Kaliumpermanganat ist ein sehr energisches Oxydationsmittel und oxydirt z. B. viele oxydationsfähige Körper bei Abwesenheit von Wasser schon beim einfachen Zusammenreiben in der Kälte — oft sogar unter Feuererscheinung und Explosion. Auch in Lösung wirkt es auf organische Substanzen kräftig oxydirend und beruht darauf seine Bleichkraft. Es wird zum Bleichen von Leinen, Seide, Jute etc. verwendet. Für Baumwolle ist seine Anwendung zu kostspielig. Infolge seiner kräftig oxydirenden Eigenschaften ist das Kaliumpermanganat auch ein ausgezeichnetes Desinfektionsmittel.

Darstellung des Kaliumpermanganats.

Das Kaliumpermanganat wird durch Oxydation des entsprechenden Manganats erhalten. Die Manganate haben die Eigenschaft, in Berührung mit Luft durch Zersetzung der Mangansäure und unter Ausscheidung von Mangansuperoxyd allmählich in Permanganate überzugehen. Dieser Oxydationsvorgang kann in verschiedener Weise beschleunigt werden und benutzt man hierzu in neuerer Zeit den elektrolytischen Weg. Da das Kaliummanganat das Ausgangsmaterial für die Permanganatdarstellung bildet, so soll zuerst die Darstellung ersterer Verbindung besprochen werden.

Kaliummanganat wird durch Zusammenschmelzen von Aetzkali oder Kalisalpeter mit Braunstein — im ersteren Falle vortheilhaft unter Zusatz von Kaliumchlorat — erhalten. Es sind dafür eine Reihe von Vorschriften bekannt, die sich hauptsächlich auf verschiedene Mengenverhältnisse der einzelnen Ausgangsmaterialien und auf verschiedene Schmelzdauer beziehen.

Eine ältere Vorschrift giebt an, dass ca. 1500 kg Aetzkali mit 350 kg fein vertheiltem Braunstein in flachen Gefässen während 48 Stunden zur Rothgluth erhitzt werden sollen. Das Schmelzgut wird dann heiss ausgelaugt und die erhaltene Lösung des Manganats behufs Ueberführung in Permanganat zunächst mit Schwefelsäure neutralisirt und dann durch Eindampfen koncentrirt. Dabei scheidet sich erst Glaubersalz aus, das durch Ausschöpfen entfernt wird, und die Lösung des Manganats geht allmählich in Permanganat über.

Gute Ausbeuten soll das nachstehende Verfahren ergeben. In 500 kg Kalilauge von 1,44 spec. Gew. werden 105 kg Kaliumchlorat gelöst und die Lösungen zusammen eingedampft. Während des Eindampfens setzt man 180 kg fein gepulverten Braunstein hinzu und setzt das Erhitzen so lange fort, bis die Masse ruhig fliesst. Man lässt dann unter stetem Umrühren erkalten.

Die pulverige Masse wird nun in eisernen Kesseln auf Rothgluth erhitzt, bis sie dickflüssig geworden, abermals erkalten gelassen, und dann zerschlagen. Der Vorgang beim Schmelzen der Mischung ist folgender:

$$6MnO_2 + 2KClO_3 + 12KOH = 6K_2MnO_4 + 2KCl + 6H_2O.$$

Schliesslich wird die Schmelze in einem grossen Kessel mit viel Wasser erhitzt und sodann die erhaltene Lösung ruhig stehen gelassen. Von dem sich absetzenden Mangansuperoxydhydrat wird die klare Lösung abgezogen und zur Krystallisation verdampft. Das Kaliummanganat zerfällt beim Auflösen allmählich in Permanganat und Mangansuperoxydhydrat.

$$3K_2MnO_4 + 6H_2O = 4KOH + K_2Mn_2O_8 + MnO_2 + 4H_2O.$$

Aus 180 kg Braunstein werden ca. 100 kg Kaliumpermanganat erhalten.

Der Uebergang des Manganats in das Permanganat wird durch Zusatz von Schwefelsäure bis zur nahezu neutralen Reaktion oder auch durch Einleiten von Kohlensäure beschleunigt. Ein auf der Anwendung von Kohlensäure beruhendes Verfahren wird bei der Darstellung des Natriumpermanganats S. 223 beschrieben.

Zur beschleunigteren Ueberführung des mangansauren in das übermangansaure Salz wurde von Städler auch Chlor vorgeschlagen dabei wird jedoch das werthvolle Kali in Chlorkalium verwandelt, welches nur auf verhältnissmässig kostspielige Weise wieder in Kalihydrat verwandelt werden kann.

In neuester Zeit verwenden die **Farbenfabriken vorm. Friedr. Bayer & Co.** Ozon zur Oxydation der Manganatläugen (D. R.-P. No. 118232).

Es tritt dabei nicht, wie bei den übrigen Permanganat-processen, Braunstein als Nebenprodukt auf, sondern es wird das gesammte Manganat in Permanganat umgesetzt. Letzteres fällt, da es in der alkalischen Lauge schwer löslich ist, unmittelbar krystallinisch aus; die Lauge bleibt rein alkalisch und kann nach Entfernung des ausgeschiedenen Permanganats durch Eindampfen koncentrirt und wieder zur Herstellung der Manganatschmelze verwendet werden. Um den Ozongehalt der ozonisirten Luft vollständig auszunutzen, lässt man diese durch eine Reihe von Gefässen gehen, deren erstes stets beinahe fertig oxydirte Manganatlauge, die folgenden weniger oxydirte und das letzte, der gewählten Reihenfolge entsprechend, frische Lauge enthält.

Naturgemäss können bei diesem Verfahren weit koncentrirtere Manganatlaugen verwendet werden, als es die Bildung der Nebensalze bei den älteren Verfahren gestattet. Eine Grenze liegt bezüglich der Koncentration, wenn man unmittelbar reines Permanganat erzielen will, nur in der Filtrirfähigkeit der rohen Manganatlaugen, deren Braunsteingehalt — vom Lösen der nicht völlig umgesetzten Schmelze stammend — dann mittels Filtration entfernt werden muss. Die Durchführung des Verfahrens geschieht in folgender Weise:

Durch eine Lösung von 250 kg Kaliummanganat in 1000 l Wasser wird bei einer Temperatur von etwa 40° C. ein ozonhaltiger kohlensäurefreier Luftstrom geleitet, bis die grüne Farbe der Flüssigkeit in Roth übergegangen ist und bis ein Tropfen, auf Fliesspapier gebracht, keinen grünen Auslauf mehr giebt. Man lässt nun erkalten. Das gebildete Kaliumpermanganat, welches sich zum Theil schon während der Operation ausgeschieden hatte, setzt sich dabei in harten derben Krystallen an den Wandungen des Gefässes ab. Die alkalische Lauge wird alsdann abgegossen und in den Process zurückgegeben. Das Permanganat wird durch Schleudern und Nachwaschen mit wenig kaltem Wasser von der anhaftenden Mutterlauge befreit und getrocknet.

Eine andere mit Vortheil angewendete Methode der Oxydation von Manganatlaugen beruht in der Anwendung des elektrischen Stromes. Die dabei stattfindende Permanganatbildung besteht in einem anodischen Oxydationsvorgange.

Das älteste derartige Verfahren wurde von der Chemischen Fabrik vorm. Schering (D. R.-P. No. 28782) angegeben.

Verfahren der „Chemischen Fabrik vorm. E. Schering".

Die zur Elektrolyse dienende Zelle enthält ein Diaphragma, durch welches die Elektroden von einander geschieden werden. Als Anodenflüssigkeit dient die Lösung des Manganats, als Kathodenflüssigkeit Wasser. Bei der Elektrolyse scheidet sich an der Anode das Permanganat, an der Kathode das Alkalihydroxyd unter Wasserstoffentwicklung ab.

Der Process wird durch folgende Gleichung veranschaulicht:

$$2K_2MnO_4 + 2H_2O = K_2Mn_2O_8 + 2KOH + H_2.$$

Man kann die Elektrolyse auch ohne Diaphragma durchführen, doch ist dann das Alkalihydroxyd vom Permanganat nicht getrennt.

Verfahren des „Salzbergwerkes Neu-Stassfurt" (D. R.-P. No. 101710).

Bei diesem Verfahren, das nur eine Ausgestaltung des vorbeschriebenen bildet, werden die Elektroden ebenfalls durch Diaphragmen getrennt und dient das Manganat als Anodenflüssigkeit und Wasser als Kathodenflüssigkeit. Um eine häufige Unterbrechung der Elektrolyse durch Entleeren und Füllen der Zellen zu vermeiden und um das Alkalihydroxyd nicht in zu verdünnter Form zu erhalten, wurde auf Grund der Beobachtung, dass die

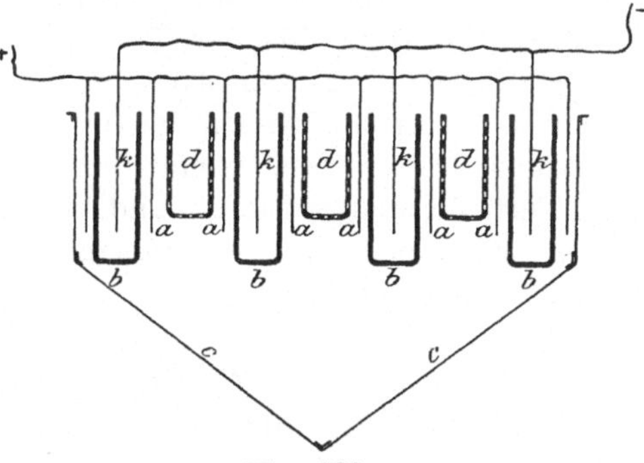

Fig. 180.

Flüssigkeit in der Anodenzelle einen hohen Gehalt an Alkalihydroxyd annehmen kann, ohne dass der durch den elektrischen Strom bewirkte Oxydationsprocess beeinträchtigt wird, der nachstehende Weg, unter Anwendung des in Fig. 180 dargestellten Apparates eingeschlagen, wobei die Manganate der Anodenflüssigkeit in fester Form zugeführt werden:

Der nach unten zugespitzte Kasten c bildet den Anodenraum, in welchem die Kathodenzellen b auf Trägern befestigt oder aufgehängt werden. Die Kathodenzellen bestehen aus langen, schmalen Kästen mit porösen Wänden, welche als Diaphragmen wirken. An den Längsseiten der Kathodenzellen befinden sich die Anoden *a*. Beim Beginn einer Operation füllt man den Anodenraum am besten mit einer Mutterlauge, welche bei der Reinigung oder Umkrystallisation der erzeugten Permanganate gewonnen wird. Die nach bekannter Reaktion zu oxydirenden Manganate werden in den mit einem Siebboden versehenen Kasten *d* eingefüllt und lösen sich in dem Maasse, wie die Bildung der Permanganate in der unter dem Siebkasten befindlichen Flüssigkeit vor sich geht. Das durch die Oxydation sich bildende Alkalihydroxyd hat das Bestreben, so lange durch das Diaphragma nach der Kathode zu wandern, bis ein Ausgleich des Alkalihydrats durch Diffusion von der Kathode nach der Anode stattfindet. Das dem Manganat etwa beigemengte Alkalihydroxyd bleibt im Anodenraum und kann zusammen mit dem sich bildenden so lange angesammelt werden, bis die Anodenflüssigkeit stark alkalisch geworden ist. Zum Beispiel kann bei der Darstellung von Kaliumpermanganat die Flüssigkeit bis zu $40\,^0/_0$ Kalihydrat aufnehmen. In dieser koncentrirten alkalischen Flüssigkeit sind die gebildeten Permanganate fast unlöslich und scheiden sich unterhalb der Kathodenzellen in dem trichterförmigen Anodenraume aus. Jede Operation kann so lange ohne Unterbrechung fortgesetzt werden, bis der Trichter mit Permanganat gefüllt oder der Alkaligehalt in der Anodenflüssigkeit zu gross geworden ist. Man kann aber auch nach der beschriebenen Ausführungsform ganz kontinuirlich arbeiten, wenn der Trichter während des Betriebes vom Permanganat entleert und die koncentrirte Alkalilösung von Zeit zu Zeit theilweise abgelassen und durch die oben bezeichnete Mutterlauge ersetzt wird.

Verfahren von Deissler.

Nach dem Verfahren zur Alkalipermanganatdarstellung von Deissler (D. R.-P. No. 105008) findet die elektrolytische Oxydation der Manganate ohne Anwendung eines Diaphragmas statt, indem man die reducirende Wirkung des Wasserstoffes dadurch verhindert, dass man die Kathodenflüssigkeit von den anodischen Oxydationsprodukten getrennt hält. Dieser Zweck wird in der Weise erreicht, dass man die Anode mit einer Lösung von hohem specifischen Gewichte und die Kathode mit einer Lösung von geringem specifischen Gewichte umgiebt, indem man die leichtere Flüssigkeit über die schwerere schichtet und dafür Sorge trägt, dass dieser Zustand während der elektrolytischen Oxydation erhalten bleibt. Der hierbei verwendete Apparat besteht aus einem Gefässe, in dessen unterem Theile die Anode, im oberen Theile die Kathode sich befindet.

Man löst das Alkalimanganat vortheilhaft möglichst koncentrirt in einer verdünnten Alkalihydratlösung, so dass das specifische Gewicht der erhaltenen Lösung etwa 1,3 beträgt, damit die Spaltung des Manganats in Permanganat und Mangansuperoxyd nicht eintritt, und führt diese Lösung der Anode zu. Als Kathodenflüssigkeit wird dann eine verdünnte Lösung von Alkalihydrat (1,12 spec. Gew.) darüber geschichtet.

Das Verfahren wird in kontinuirlicher Weise ausgeführt, indem man das Alkalimanganat mittels eines Rohres oder Trichters durch die Kathodenflüssigkeit in die Anodenflüssigkeit einführt, so dass dadurch die Schichtenbildung der Flüssigkeiten nicht gestört wird. Auf die Erhaltung dieser beiden Schichten während der Elektrolyse muss das Hauptaugenmerk gelegt werden.

Sollte während des Betriebes allmählich eine Vermischung der schwereren Anodenflüssigkeit mit der leichteren Kathodenflüssigkeit stattfinden, oder das specifische Gewicht der Kathodenflüssigkeit infolge der Wasserzersetzung sich erhöhen, so muss man die Kathodenflüssigkeit erneuern oder mit Wasser verdünnen, bis das angegebene specifische Gewicht wieder annähernd erreicht ist.

Verfahren von Lorenz.

Eine interessante Methode der Darstellung von Permanganat stammt von Lorenz (Ztschr. f. anorg. Chem. XII, S. 393). Derselbe wendet zur Elektrolyse einer Alkalilösung Anoden aus Manganmetall und — behufs Vermeidung von Reduktionen durch nascirenden Wasserstoff — als Kathoden Kupferoxydplatten an. Schon bei sehr geringer Spannung (1,5 Volt) beginnt an der Anode Permanganatbildung, die bei zwei und mehr Volt sehr energisch auftritt. Das Permanganat sinkt in Schlieren an der Anode zu Boden. An Stelle einer Anode aus reinem Mangan kann auch Ferromangan verwendet werden Das Eisen verwandelt sich dabei ausschliesslich in unlösliches Hydroxyd, ohne dass daneben eine Bildung eisensaurer Salze stattfindet.

Bei diesem Verfahren soll die Permanganatbildung sehr rasch dadurch beeinträchtigt werden, dass sich auf der Oberfläche der Anode eine Schichte von Mangansuperoxyd bildet, die zeitweise entfernt werden muss, um die Ausbeute nicht zu sehr zu verringern. Um diesem Uebelstand zu umgehen, bringt G r i n e r (D. R.-P. No. 125060) Anoden aus Mangankarbid zur Anwendung (siehe S. 225).

Natriumpermanganat.

Das Natriumpermanganat ($Na_2Mn_2O_8 + 6H_2O$) besitzt dem Kaliumpermanganat ganz analoge Eigenschaften, auf welche hier verwiesen sei. Es ist nur in Wasser beträchtlich leichter löslich und daher schwierig krystallisirt zu erhalten. Auch seine Anwendung ist eine ganz gleiche, nur ist das Kalisalz infolge seiner besseren Krystallisationsfähigkeit leichter rein zu erhalten als das Natronsalz, während bei letzterem infolge der billigeren Ausgangsmaterialien (Natriumverbindungen) wieder die Herstellungskosten geringer sind.

Darstellung des Natriumpermanganats.

Auch die Darstellung des Natriumpermanganats erfolgt in ganz analoger Weise wie die des Kaliumpermanganats, aus Natriummanganat. Es sind daher alle Methoden, welche für die Oxydation des Kaliummanganats zu Permanganat angegeben wurden, auch für das Natriummanganat anwendbar.

Verfahren von Tessié du Mothay und Maréchal.

Eine Methode, die von Tessié du Mothay und Maréchal (Dingler, Polyt. Journ. 201, S. 58) speciell für die Gewinnung des Natriumsalzes angegeben wird, sei hier angeführt.

Aus den Manganchlorürlaugen der Braunstein-Chlorentwickler wird mit Aetzkalk Manganoxydulhydrat ausgefällt.

Letzteres wird abfiltrirt, mit dem gleichen Aequivalent Aetznatron gemengt und bei Luftzutritt auf 400^0 C. erhitzt, wodurch sich Natriummanganat bildet.

Die Umwandlung dieses Salzes in Permanganat geschieht in sehr einfacher Weise durch Zusatz von schwefelsaurer Magnesia,

Chlormagnesium oder Chlorcalcium zu der Lösung. Die Umsetzung findet nach folgender Gleichung statt:

$$3Na_2MnO_4 + 2MgSO_4 + 2H_2O = Na_2Mn_2O_8 + 2Na_2SO_4 +$$
$$+ 2Mg(OH)_2 + MnO_2.$$

Verfahren von W. J. Menzies (E. P. No. 1213, 1893).

Hierbei findet die Ueberführung der festen Manganatschmelze in ein Gemisch von Permanganat und Soda statt, welches Gemisch dann direkt in den Handel gebracht werden soll. Die überschüssiges Alkali enthaltende Manganatschmelze wird in festem Zustande mit Kohlensäure behandelt, um das Alkali in Karbonat und gleichzeitig das Manganat in Permanganat überzuführen. Die Kohlensäure wird entweder in Form von Bikarbonat oder als freie Kohlensäure angewendet. In beiden Fällen hängt die Menge der zur Anwendung gelangenden Kohlensäure natürlich von der Zusammensetzung der Manganatschmelze, bezw. von dem Gehalte an Aetzalkali ab.

Bei Anwendung von Bikarbonat mischt man gewöhnlich 1 Theil Manganat mit $1-1^1/_2$ Theilen Bikarbonat in der Weise, dass man die beiden Materialien in einer Mühle beliebiger Konstruktion zusammen mahlt. Dabei wirkt die Kohlensäure des Bikarbonats auf das Aetzalkali unter gleichzeitiger Permanganatbildung ein.

Bei Anwendung von freier Kohlensäure wird dieselbe in einem rotirenden Gefäss auf das gepulverte Manganat einwirken gelassen und dabei unter Wärmeentwicklung rasch absorbirt. Man hat darauf zu achten, dass die Temperatur nicht zu hoch steigt, was durch eine entsprechende Regulirung des Kohlensäurestromes oder durch Kühlung der Gefässoberfläche geschehen kann.

Der dafür verwendete Apparat ist in Fig. 181 in Seiten-, in Fig. 182 in Vorderansicht und in Fig. 183 im Grundriss dargestellt. Derselbe besteht aus einem aus Stahlplatten zusammengesetzten Cylinder A, der mit hohlen, in Lagern a drehbaren Axen versehen ist. Die Lager ruhen auf einem Rahmenwerke auf. Durch diese hohlen Axen wird an einer Seite die Kohlensäure zugeführt, während an der anderen Seite die verdrängte Luft und Feuchtigkeit abströmt. Dieselben ragen in das Innere des Cylinders herein und sind dort nach aufwärts gebogen (b, Fig. 181), um ein Festsetzen des Cylinderinhaltes und ein Verstopfen der Gaszu- und -ableitung zu verhindern. Im Cylinder A und im Ausströmungsrohr sind Oeffnungen $e\,e$ angeordnet, welche dazu dienen, bei etwaigen Verstopfungen der in den Cylinder ragenden Rohre Luft durchzublasen

oder, wenn nöthig, die im Cylinder befindlichen Gase rasch ab-
strömen zu lassen. An der Aussenseite des Cylinders A führt das
Ausströmungsrohr C zu einem Ventilator F, welcher das Gas durch
den Kühlapparat D und dann durch das Rohr d, das an das Kohlen-
säurezuführungsrohr y anschliesst, wieder zurück in den Cylinder A
treibt. Der Cylinder A ist weiters mit dicht verschliessbaren Oeffnungen versehen, durch welche das Manganat eingeführt und das
fertige Permanganat herausgebracht wird.

Die Arbeitsweise besteht darin, dass, nachdem die Manganat-
charge in den Cylinder eingebracht und die Füllöffnung geschlossen
wurde, der Cylinder langsam durch die an der Welle h befestigte

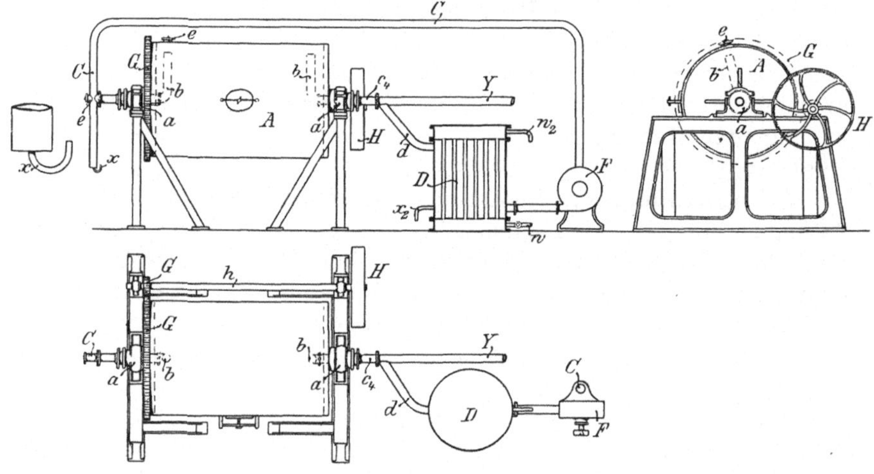

Fig. 181—183.

Scheibe H mittels des Zahnradantriebes G in Bewegung gesetzt
wird. 2—6 Umdrehungen in der Minute sind ausreichend. Wenn
nun durch das Rohr y Kohlensäure in des Innere des Cylinders
gelangt, steigt die Temperatur rapid und die Kohlensäure wird
rasch absorbirt. Der Fortschritt der Karbonisirung wird durch
zeitweise herausgenommene Proben verfolgt. Wenn die Absorption
aufhört, fällt die Temperatur und das fertige Permanganat kann aus
dem Cylinder herausgenommen werden. Bei zu rapider Temperatursteigerung muss entweder der Cylinder A an der Aussenseite mit
Wasser gekühlt werden oder — was vorzuziehen ist — die heissen
Gase werden mittels des Ventilators F rascher aus A abgesaugt,
durch den Kühlapparat D gepresst und darauf wieder in den
Cylinder zurückgeführt. Der Kühlapparat D besteht aus einem

von Kühlwasser umgebenen Rohrsysteme. Das Kühlwasser tritt bei w ein und bei w_2 wieder aus. An der Unterseite des Rohres C ist noch eine Ablassvorrichtung d für das Kondenswasser angebracht.

Es können auch mehrere solche Apparate mit einander verbunden sein, welche die Kohlensäure der Reihe nach durchströmt, nachdem sie die entsprechend dazwischen geschalteten Kühler passirt hat.

Das fertige Natriumpermanganat, welches mit Soda und Natriumbikarbonat vermischt ist, wird fein gemahlen und direkt in den Handel gebracht. Selbstverständlich kann dasselbe auch durch Krystallisation von den anhaftenden Beimengungen getrennt werden.

Verfahren von Griner (D. R.-P. No. 125060).

Wie schon auf S. 221 erwähnt wurde, besteht dieses Verfahren in der direkten Herstellung von Permanganaten aus Aetzalkalien auf elektrolytischem Wege unter Anwendung von Anoden aus Mangankarbid. Da das Verfahren speciell für die Herstellung von Natriumpermanganat beschrieben wird, so sei dasselbe hier angeführt.

In einer porösen Zelle, welche eine Aetznatronlösung von ca. 36^0 Bé enthält, ist die Mangankarbid-Anode angeordnet. Diese Zelle befindet sich in einem grösseren Gefäss, welches mit Natronlauge der gleichen Stärke gefüllt ist und in das die Kathode aus Eisenblech eingehängt wird. Die bei der Elektrolyse resultirende Lösung enthält pro Liter ungefähr 200 g Natriumpermanganat und ausserdem noch eine ansehnliche Menge von freiem Aetznatron, welche der Abscheidung des Natriumpermanganats hinderlich ist, da man letzteres durch Eindampfen nicht gewinnen kann. Um dasselbe abscheiden zu können, lässt man nunmehr in dem Kathodenraum verdünnte Aetznatronlösung cirkuliren und setzt die Elektrolyse fort. Dabei geht der in der Anodenzelle vorhandene Ueberschuss an Aetznatron allmählich in die verdünntere Lösung des Kathodenraumes über und es bleibt in der Anodenzelle eine fast reine Natriumpermanganatlösung zurück, aus welcher durch Eindampfen das feste Permanganat gewonnen werden kann. Während für den ersten Theil der Elektrolyse die Anode aus reinem Mangankarbid bestehen muss, da sonst sekundäre Reaktionen störend wirken, kann für den zweiten Theil die Anode auch geringe Menge von Eisen oder einem anderen Metalle enthalten.

––––––––

Schwefeldioxyd.

Das Schwefeldioxyd (SO_2), auch „schweflige Säure" — deren Anhydrid es in Wirklichkeit bildet — genannt, ist in seinen wichtigsten Eigenschaften schon seit den ältesten Zeiten bekannt, was darauf zurückzuführen sein dürfte, dass es bei der Verbrennung des in vulkanischen Gegenden natürlich vorkommenden Schwefels an der Luft entsteht. Als Gas wurde es zuerst 1775 von Pristley über Quecksilber aufgefangen und nicht viel später stellte Lavoisier fest, dass das Schwefeldioxyd Säurecharakter besitze und weniger Sauerstoff enthalte als die Schwefelsäure. Das Schwefeldioxyd, gewöhnlich schweflige Säure (deren Anhydrid sie in Wirklichkeit darstellt) genannt, kommt in der Natur in den Exhalationen thätiger Vulkane vor, sowie in einigen Quellwässern, welche in der Nähe solcher Vulkane ihren Ursprung haben. Das Schwefeldioxyd entsteht durch Oxydation (am besten durch direkte Verbrennung) von Schwefel, Metallsulfiden, Schwefelwasserstoff, Schwefelkohlenstoff, ferner durch Zersetzung von Thioschwefelsäure und Thionsäuren, sowie durch Reduktion von Schwefelsäure und Metallsulfaten. Letztere Methode wird in der Regel bei der Darstellung der schwefligen Säure in kleinem Maassstabe angewendet. Man lässt metallisches Kupfer, Quecksilber oder auch ein anderes Metall, oder Kohle, oder Schwefel auf koncentrirte Schwefelsäure einwirken. Die dabei auftretende Reaktion ist z. B. bei der Anwendung von Kupfer die folgende:

$$2H_2SO_4 + Cu = CuSO_4 + SO_2 + 2H_2O.$$

Eigenschaften.

Das Schwefeldioxyd ist bei gewöhnlicher Temperatur ein farbloses Gas von erstickendem Geruche. Das aus dem Molekulargewicht berechnete specifische Gewicht beträgt 2,21328, gefunden wurde es von verschiedenen Beobachtern zwischen 2,247 und 2,255.

Ein Liter Schwefeldioxyd wiegt bei 0^0 und 760 mm Druck 2,862 g. Die Bildungswärme desselben beträgt rund 70000 Kalorien. Das Schwefeldioxyd wird schon bei einer Temperatur von -10^0 C. zu einer farblosen Flüssigkeit verdichtet, deren Siedepunkt zwischen -8^0 und $-10,5^0$ C. gefunden wurde. Der kritische Punkt wurde mit 156^0 C. festgestellt. Das flüssige Schwefeldioxyd vergast bei gewöhnlicher Temperatur sehr rasch, doch wird ein Theil durch die bei der Verdampfung hervorgerufene Abkühlung einige Zeit flüssig erhalten. Der Erstarrungspunkt ist -76^0 C. Das specifische Gewicht des flüssigen Schwefeldioxyds ist bei $0^0 = 1,4338$, das des festen ist höher.

Die Dampfspannung des Schwefeldioxyds beträgt bei 0^0 C. etwa 2, bei 20^0 C. etwa 6 und bei der kritischen Temperatur 79 Atmosphären.

Das Schwefeldioxyd ist in Wasser und Alkohol und in fast allen Metallsalzlösungen reichlich löslich; auch Schwefelsäure — sowohl koncentrirte als verdünnte — absorbirt beträchtliche Mengen. Die wässerige Lösung des Schwefeldioxyds kann auch als eine Lösung seines Hydrats (H_2SO_3) in Wasser angesehen werden. Letztere Verbindung konnte bisher nicht isolirt werden, da beim Eindampfen der Lösung Schwefeldioxyd entweicht.

Es sind jedoch eine Reihe von Hydraten der Verbindung H_2SO_3 bekannt, welche sich bei niedriger Temperatur aus der wässerigen Lösung abscheiden, so z. B. die Verbindungen:

$$H_2SO_3 + 8H_2O,$$
$$H_2SO_3 + 10H_2O$$

und $\qquad H_2SO_3 + 14H_2O.$

1 Volumtheil einer mit Schwefeldioxyd gesättigten wässerigen Lösung enthält nach Carius bei 0^0 C. 68,861, bei 10^0 C. 51,383, bei 15^0 C. 43,564 und bei 20^0 C. 36,206 Volumtheile SO_2. Das specifische Gewicht der gesättigten Lösung beträgt nach Bunsen und Schönfeld bei 0^0 C. 1,06091, bei 10^0 C. 1,05472 und bei 20^0 C. 1,02386.

Die wässerige Lösung des Schwefeldioxyds zeigt die Eigenschaften einer Säure und bildet zwei Reihen Salze: neutrale Sulfite von der Formel M_2SO_3 und saure Sulfite oder Bisulfite von der Formel $M'HSO_3$. Dieselben entstehen durch Einwirkung des Schwefeldioxyds auf Oxyde, Hydroxyde oder Karbonate von Metallen. Das Schwefeldioxyd, sein Hydrat, sowie die Salze desselben sind kräftige Reduktionsmittel. Dagegen wirkt nur freies Schwefeldioxyd bezw. dessen Lösung giftig; die Salze besitzen diese Eigenschaft nicht, wenn sie auch, in grossen Mengen genossen, schliesslich Indispositionen hervorrufen. Auch der Vegetation ist die schweflige Säure sehr schädlich. Sie bildet den Hauptbestandtheil des sogenannten Hüttenrauchs. In den beschädigten Pflanzentheilen, insbesondere den Blättern, ist meist nur noch Schwefelsäure nachweisbar, welche durch Oxydation entstanden ist.

Die schweflige Säure wirkt auf thierische Fasern, wie Wolle, Seide, Federn etc. bleichend. Auch manche Pflanzenfasern (Cellulose, Holz, Stroh etc.) werden gebleicht. Bei vielen Pflanzenfarbstoffen findet aber keine Zerstörung, sondern nur eine Reduktion statt, so dass sich dieselben durch Sauerstoffaufnahme an der Luft wieder zurückbilden und die Bleichwirkung somit keine dauernde ist. In vielen Fällen beruht die bleichende Wirkung der schwefligen Säure jedoch nicht auf einer Reduktion des Bleichgutes, sondern auf einer Verbindung mit den Farbstoffen der Faser oder auf bisher noch nicht festgestellten chemischen Vorgängen.

Die weitaus überwiegende Menge aller producirten schwefligen Säure wird zur Darstellung von Schwefelsäure verwendet. Beträchtliche Mengen dienen auch zur Herstellung des in der Sulfit-Cellulose-Fabrikation verwendeten Calciumbisulfits.

Die Verwendung als Bleichmittel für Wolle, Seide und Stroh, sowohl in freiem Zustande als auch in Form von Sulfiten und Bisulfiten tritt dagegen sehr in den Hintergrund.

Früher wurde das Schwefeldioxyd auch als Desinfektionsmittel vielfach verwendet, doch wird seine Desinfektionskraft von anderen Mitteln bedeutend übertroffen.

Darstellung des Schwefeldioxyds.

Wie bereits angeführt wurde, ist die Menge der schwefligen Säure, welche zu Bleichzwecken verwendet wird, eine verschwindende gegenüber denjenigen Mengen, welche der Schwefelsäurefabrikation zugeführt werden.

Darum sollen hier auch nur diejenigen Methoden der Darstellung besprochen werden, welche zu der Verwendung der schwefligen Säure als Bleichmittel ebenfalls in Beziehung stehen.

Als Rohmaterial für die Darstellung von schwefliger Säure im allgemeinen dienen: Schwefel und eine Reihe von Schwefelverbindungen schwerer Metalle, welche in der Natur vorkommen (Kiese, Blenden, Glanze), so: der Pyrit, auch Schwefelkies oder Eisenkies genannt, der Kupferkies, die Zinkblende, der Bleiglanz etc.

Schwefel. Derselbe ist seit den ältesten Zeiten bekannt und diente lange Zeit als ausschliessliches Ausgangsmaterial für die Schwefligsäure- bezw. Schwefelsäuregewinnung.

Die grössten Schwefellager finden sich in Sicilien vor, doch kommt Schwefel auch anderwärts, insbesondere in vulkanischen Gegenden vor, z. B. in Island, in Russland (Gouvernement Astrachan), Spanien (Andalusien), Japan, an verschiedenen Orten der Vereinigten Staaten, in den vulkanischen Gegenden von Mexiko, Ecuador, Chile etc.

Ausserdem wird Schwefel noch aus verschiedenen Stoffen künstlich dargestellt, z. B. durch Extraktion der gebrauchten Gasreinigungsmasse der Leuchtgasfabriken, in welcher grosse Mengen Schwefel aufgespeichert sind; aus den Sodarückständen der Leblanc-Sodafabrikation, insbesondere nach dem Verfahren von Chance und Claus etc.

Der sicilianische Schwefel kommt in drei Sorten (Reinheitsgraden) in den Handel, welche die englischen Bezeichnungen „firsts", „seconds" und „thirds" führen, jedoch alle ziemlich rein sind und nur $0,5\,^0/_0$ bis höchstens $4\,^0/_0$ Asche hinterlassen.

Man untersucht den Schwefel gewöhnlich nur durch Veraschen und Wägung der Asche. In dem aus Sodarückständen erhaltenen Schwefel kommt häufig Arsen vor, das beim Ausziehen des Schwefels mit Schwefelkohlenstoff als Schwefelarsen zurückbleibt.

Wenn in Bleichereien selbst die zur Bleiche erforderliche schweflige Säure dargestellt wird, so geschieht dies nur aus Schwefel und zwar meist noch in der Weise, dass in der Bleichkammer so viel Schwefel verbrannt wird, als nöthig ist, um die zum Bleichen erforderliche Menge an schwefliger Säure zu liefern.

Apparat von Gebr. Körting.

Ein Apparat, der in Bleichereien zur Darstellung von schwefliger Säure angewendet wird, ist der von Gebrüder Körting (nach Lunge, Sodaindustrie, 2. Aufl., 1. Bd., S. 189, in Fig. 184 und 185 dargestellt). A ist eine gusseiserne Retorte mit einer durchlöcherten Schale a, in welche der Schwefel kommt. B ist ein aus Hartblei gefertigter Injektor, welcher mittels eines Dampfstrahles Luft durch die Löcher $b\,b$ nach A einsaugt und den Schwefel zur Verbrennung bringt.

Die Dämpfe müssen nach unten in das innere Rohr des gusseisernen Kühlers C treten, in dessen ringförmigen Raum Kühlwasser von unten eintritt und oben wieder abläuft. Der Kasten D, auf

welchem der Kühler steht, hält sublimirten Schwefel und andere
Verunreinigungen zurück, und von hier führt ein Rohr das gereinigte
Schwefeldioxyd nach seinem Verwendungsorte.

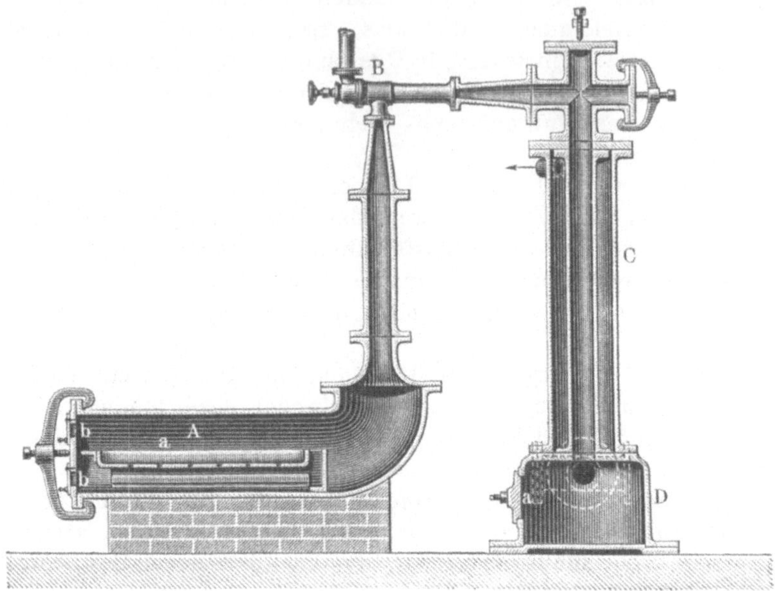

Fig. 184.

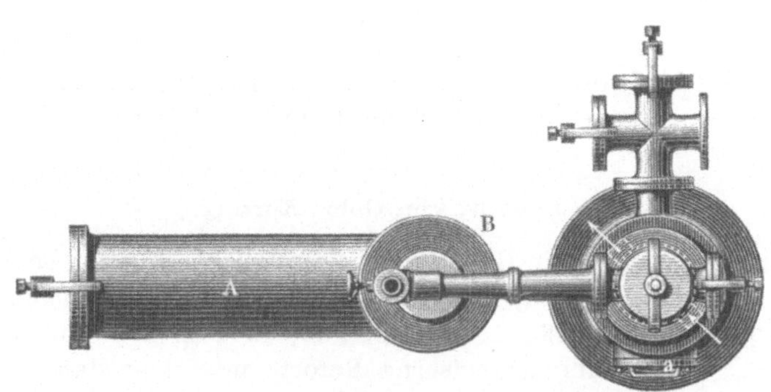

Fig. 185.

Grössere Apparate zur Darstellung von schwefliger Säure werden
in Bleichanlagen nicht verwendet. Man zieht dann die bequemer
zu handhabende verflüssigte schweflige Säure, eventuell auch
wässerige Lösungen von schwefliger Säure, ferner Sulfite und Bisulfite vor.

Zur Herstellung dieser Verwendungsformen der schwefligen Säure bedient man sich jedoch meist nicht des Schwefels als Ausgangsmaterial, und sind daher nachstehend nur einige neuere Schwefelöfen der Vollständigkeit halber näher beschrieben.

Schwefelofen von Ch. H. Fish (D. R.-P. No. 62216).

Dieser Ofen ist in Fig. 186 in Seitenansicht, in Fig. 187 im senkrechten Längsschnitt, Fig. 188 in Vorderansicht, Fig. 189 in Hinteransicht und in Fig. 190 im senkrechten Querschnitt dargestellt.

Der Haupttheil a des Ofens besteht wie gewöhnlich aus einer langen, im wesentlichen wagrechten Kammer mit gewölbter Decke und flachem Boden. Der letztere ist hier aber auf dem grösseren Theile seiner Länge tiefer als die an den Enden der Kammer befindlichen Oeffnungen gelegen, wie am besten aus Fig. 187 hervorgeht. An seinen Enden bildet der Boden ansteigende schiefe Ebenen $a_2 a_3$, durch welche der Anschluss an die erwähnten Oeffnungen hergestellt ist.

An seinem vorderen Ende besitzt der Ofen ein Mundstück b mit der Einfüllthür c, welche — wie ersichtlich — auf einer geneigten Führung verschiebbar ruht und mit einer Zugschnur oder -Kette c_2 versehen ist, die über Rollen c_3 geht und ein Gegengewicht c_4 trägt, so dass die Thüre c behufs Beschickens des Ofens leicht gehoben und nachher wieder bequem geschlossen werden kann.

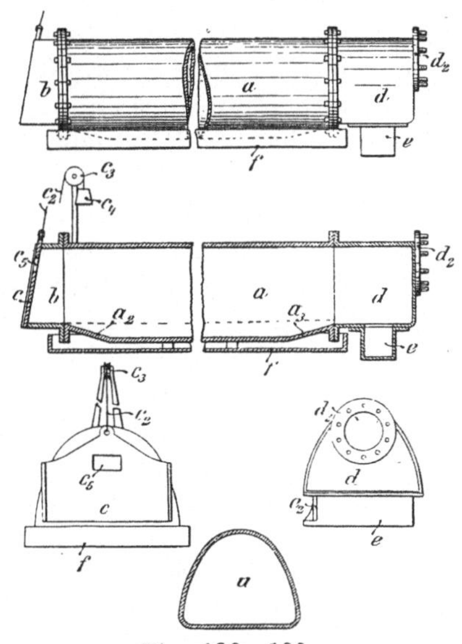

Fig. 186—190.

In der Einfallthür c ist eine in Fig. 187 und Fig. 188 sichtbare Oeffnung c_5 angebracht, um die zur Unterhaltung der Verbrennung des Schwefels erforderliche Luft einzulassen.

Der Schwefel schmilzt, sobald er entzündet ist, und brennt auf dem Boden des Ofens in halbflüssigem Zustande weiter, wobei die schiefen Ebenen $a_2 a_3$ an den beiden Enden des Bodens ein Ausfliessen des Schwefels verhindern.

Der Ofen ist gegen das hintere Ende zu leicht geneigt, derart, dass die Auslassöffnung ein wenig tiefer als das Mundstück b liegt, wie die wagrechte punktirte Linie in Fig. 187 veranschaulicht. Die brennende Masse wird daher zu einer Bewegung nach dem hinteren Ende des Ofens hin veranlasst, und während der Schwefel verbrennt und schliesslich vollständig aufgezehrt wird, findet eine Trennung desselben von dem aschenartigen Rückstand, d. h. dem Sand, Schmutz und erdigen Verunreinigungen statt.

Letzterer Rückstand muss bei älteren Ofenkonstruktionen gewöhnlich an der Füllöffnung an der Vorderseite entfernt werden, wobei Verluste an schwefliger Säure und sonstige Störungen unvermeidlich sind. Um diese Uebelstände zu vermeiden, ist der Ofen von Fish mit einer Nebenkammer d versehen, die sich an das hintere Ende des Haupttheiles anschliesst und die Auslassöffnung d_2 hat, welche mit dem Abzugsrohr für das entwickelte Gas in Verbindung steht.

Der Haupttheil dieser Nebenkammer d liegt mit der Auslassöffnung der Kammer a des Ofens in gleicher Höhe, jedoch ist an dem Boden von d unterhalb eines darin gebildeten Loches ein Behälter e vorgesehen, welcher an dem einen Ende (in Fig. 189 links) eine mit einem abnehmbaren Deckel e_2 verschliessbare Oeffnung besitzt, die für gewöhnlich durch den Deckel geschlossen ist, so dass der innere Raum der Nebenkammer d nicht mit der äusseren Luft in Verbindung steht.

Die Kammer d und der Behälter e dienen zur Aufnahme der Asche, welche sich von dem Schwefel in dem Maasse, wie dieser verbrannt und nach dem hinteren Ende des Ofens vorgeschoben wird, allmählich absondert. Die Asche sammelt sich in dem Behälter e, aus dem sie von Zeit zu Zeit nach Oeffnen der Thür e_2 durch Herausdrücken oder Herausziehen entfernt werden muss.

Beim Betriebe des Ofens wird der frische Schwefel nach Erforderniss durch die Thür c, welche zu diesem Zwecke immer nur auf kurze Zeit geöffnet zu werden braucht, eingeführt. Er hat dann das Bestreben, den bereits brennenden Schwefel vorzuschieben. Auf diese Weise wird der letztere allmählich nach dem hinteren Ende des Ofens bewegt, und zwar in dem Maasse, wie am vorderen Ende frisches Material zugeführt wird. Die Asche wird hierbei auch nach hinten und auf der geneigten Ebene a_3 in die Kammer d befördert, von wo sie nahezu frei von Schwefel in den Aschenfang e fällt. Eine rückläufige Bewegung der Masse ist dabei vollständig ausgeschlossen.

Der Ofenkörper a liegt in der gebräuchlichen Weise in einer Wasserpfanne f und wird, wie üblich, durch aus Sprengröhren auf ihn herabtröpfelndes Wasser kühl erhalten.

Schwefelofen von E. Némethy.

Eine Einrichtung, welche zur Gewinnung von kaltem, trockenem, schwefelsäurefreiem Schwefeldioxyd für Zwecke der Sulfitdarstellung dienen soll, wird von E. Némethy (D. R.-P. No. 48285) angegeben. Es ist dies ein Schwefelofen, von dem das sich entwickelnde Schwefeldioxyd, welches theilweise durch den Sauerstoff und die Feuchtigkeit der infolge des scharfen Zuges vorhandenen überschüssigen Luft zu Schwefelsäure umgewandelt ist, durch einen

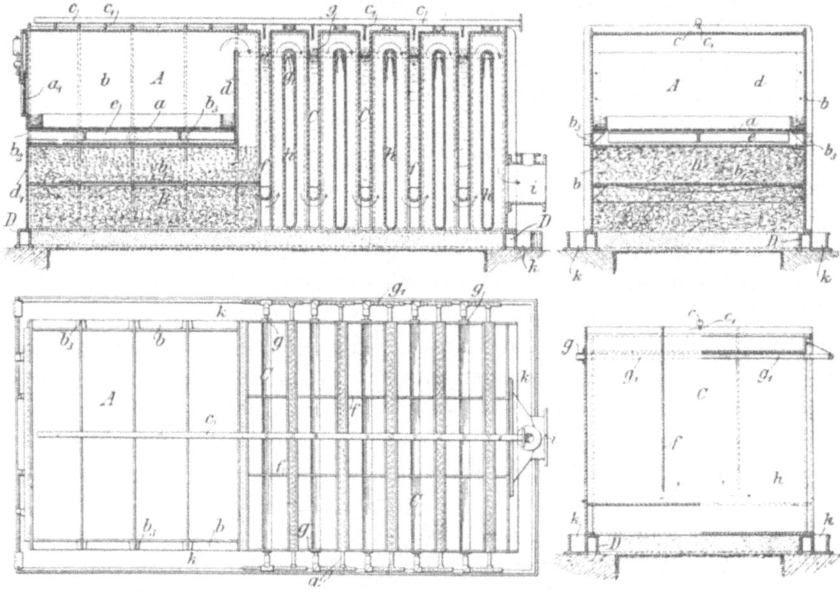

Fig. 191—194.

mit Eisendrehspänen gefüllten Raum geführt wird, woselbst die Schwefelsäure gebunden wird, so dass vollständig schwefelsäurefreies Schwefeldioxyd aus dem erwähnten Raume in die Kühlbatterie strömt, die es in kaltem, trockenem Zustande verlässt. In Fig. 191 ist der Ofen in vertikalem Längenschnitt und in Fig. 192 in Oberansicht dargestellt. Fig. 193 ist ein Schnitt nach x-x der Fig. 192 und Fig. 194 ein Schnitt nach y-y-z-z der Fig. 192.

Die Vorrichtung besteht im wesentlichen aus der Verbrennungskammer A, der Vitriolkammer B und der aus einer beliebigen Anzahl Wasserkasten C zusammengesetzten Kühlbatterie. Die Verbrennungskammer A, auf deren durchlochter Feuerplatte a das schwefelhaltige Material verbrannt wird, besitzt eine Feuerthür a_1

und ist oben und seitwärts durch mit äusseren Rippen versehene Kühlplatten b begrenzt, welche durch die Ausmündungen c_1 der Kühlwasserröhre c beständig mit Wasser berieselt werden.

Die in der Verbrennungskammer entwickelten Gase strömen über die Feuerbrücke d und gelangen in die unterhalb befindliche, mit Eisendrehspänen oder einem anderen Schwefelsäure absorbirenden Material gefüllte Vitriolkammer B, deren beide durch die eingelegte Platte b_1 gebildete Abtheilungen sie passiren und dabei die mitgeführte Schwefelsäure, deren Bildung wegen des zur vollkommenen Verbrennung nothwendigen Luftüberschusses und der immer vorhandenen Feuchtigkeit unvermeidlich ist, abgeben. Die Vorderwand d_1 der Vitriolkammer ist abschraubbar, um das Reinigen und Beschicken derselben leicht zu ermöglichen. Die Verbrennungsluft gelangt durch den Spalt b_2 und die seitlichen Löcher b_3 des zwischen der Feuerplatte a und der oberen Begrenzungswand der Vitriolkammer B befindlichen Raumes e in den Apparat.

Das von Schwefelsäure befreite Schwefeldioxyd gelangt aus der Vitriolkammer B in die aus Wasserkasten C zusammengesetzte Kühlbatterie, durchströmt dieselbe im Sinne der Pfeile (Fig. 191) und verlässt sie durch den Rohrstutzen i, von wo aus es nach dem Laugenapparat geleitet werden kann. Jeder Wasserkasten zerfällt durch zwei nicht vollständig bis zum Boden reichende Querwände f in drei unten mit einander in Verbindung stehende Abtheilungen, welche das in die mittlere Abtheilung einströmende Kühlwasser im Sinne der Pfeile (Fig. 191) durchfliessen muss, um hiernach durch die seitlich angeschraubten Rohrstutzen g und kurze Schlauchstücke in die die Seiten-, sowie die Hohlwände h der Kühlbatterie berieselnden Spritzröhren g_1 zu gelangen.

Die ganze Vorrichtung ist auf einem in der Mitte mit trockenem Sande ausgestampften Hohlgussrahmen D montirt, welcher zugleich auch die Abflussrinne k für das gebrauchte Kühlwasser enthält. Die einzelnen Theile der Vorrichtung, mit Ausnahme des Heizthürrahmens, der Platte d_1, sowie der Feuerbrücke d, sind nicht verschraubt, sondern dicht an einander geschoben und mit Miniumkitt abgedichtet, so dass sich jeder Theil unter dem Einflusse der Wärme für sich frei ausdehnen und zusammenziehen kann, ohne dass ein Springen oder Undichtwerden zu befürchten wäre. Die Ritzen zwischen den Wasserkasten, sowie um die Feuerplatte herum sind überdies noch mit Sand überdeckt.

Der Apparat von Némethy ist grösstentheils aus unbearbeiteten Gusseisenstücken, und zwar leicht zerlegbar, zusammengesetzt und nimmt sehr wenig Raum ein; er vereinigt also die Vortheile eines billigen Herstellungspreises mit denen einer bequemen Handhabung.

Ausser dem Schwefel werden, wie schon erwähnt wurde, auch eine Reihe in der Natur vorkommender Schwefelmetalle zur Darstellung von schwefliger Säure verwendet. Davon sollen nun die hauptsächlich in Betracht kommenden Verbindungen, sowie die Apparate zu deren Verarbeitung besprochen werden.

Ein solches Erz ist der Schwefelkies (Pyrit). Der in der Natur vorkommende Pyrit besteht der Hauptsache nach aus Doppeltschwefeleisen (FeS_2). Derselbe krystallisirt im regulären System, ist von speisgelber, in derben Stücken oft grauer Farbe.

Eine zweite krystallinische Form des Doppeltschwefeleisens ist der Markasit oder Strahlkies (auch Binarkies genannt), welcher im rhombischen System krystallisirt und eine graulich speisgelbe bis grünliche Farbe zeigt. Beimengungen des Eisenkieses bilden häufig der Magnetkies (Fe_7S_8) und der Kupferkies ($FeCuS_2$). Bei den zur Schwefligsäuredarstellung verwendeten Pyriten steigt der Kupfergehalt jedoch selten über $4^0/_0$. Pyritlager finden sich in fast allen Ländern der Erde und werden meist an Ort und Stelle verwerthet; nur einzelne davon besitzen eine internationale Bedeutung für die Schwefelsäurefabrikation. Die grössten Mengen kupferhaltigen Pyrits mit sehr hohem Schwefelgehalt ($46\!-\!50^0/_0$) kommen in Spanien und Portugal vor. Auch die Vereinigten Staaten von Nordamerika sind sehr reich an Pyrit. In Deutschland (Westfalen), in Oesterreich (Böhmen und Steiermark), in Südungarn, der Schweiz, England und Irland, Schweden und Norwegen, Belgien und auch Frankreich finden sich Pyritlager. Der Schwefelgehalt erreicht jedoch nur in seltenen Fällen die Höhe der spanischen Kiese.

Der Werth der Kiese nimmt aber nicht proportional ihrem Schwefelgehalte, sondern viel rascher ab, was darauf beruht, dass der Gehalt an unverbranntem Schwefel in den Abbränden bei allen Sorten ziemlich gleich ist, ebenso wie auch der Arbeitsaufwand für die gleiche Gewichtsmenge Kies derselbe bleibt, ohne Rücksicht darauf, ob der Kies $35^0/_0$ oder $50^0/_0$ Schwefel enthält. Was die Werthbestimmung des Schwefelkieses anbelangt, so ist in erster Linie eine Schwefelbestimmung erforderlich. Dieselbe wird durch Aufschliessen des feingepulverten Kieses mit rauchender Salpetersäure oder mit Königswasser und Fällung der entstandenen Schwefelsäure mit Chlorbaryum, unter Beobachtung der üblichen Vorsichtsmassregeln vorgenommen. Wenn Pyrite unbekannter Zusammensetzung vorliegen, müssen natürlich auch die übrigen Bestandtheile nach den betreffenden analytischen Methoden bestimmt werden.

Auch die aus den Pyriten gewonnene schweflige Säure wird zum weitaus grössten Theil zur Schwefelsäurefabrikation angewendet. Ein nicht unbeträchtlicher Theil dient ferner zur Darstellung der für die Sulfitcellulosefabrikation erforderlichen Calciumbisulfitlauge und nur ein sehr geringer Theil zur Darstellung von zu Bleichzwecken zu verwendender flüssiger schwefliger Säure oder von Lösungen derselben oder von Sulfiten und Bisulfiten. Im Nachstehenden sind darum nur die wichtigsten gegenwärtig angewendeten Apparattypen zur Gewinnung der schwefligen Säure aus Kiesen angeführt, bei welchen gewöhnlich ein daran anschliessendes Schwefelsäuresystem die Hauptmenge der schwefligen Säure konsumirt, während nur ein Bruchtheil zur Darstellung der obangeführten Bleichmaterialien Verwendung findet.

Darstellung der schwefligen Säure aus Schwefelkiesen.

Die schweflige Säure wird aus dem Pyrit durch Abrösten (Erhitzen bei Luftzutritt) erhalten. Der in den Handel kommende Pyrit besteht aus grösseren Stücken, welche vor ihrer Verarbeitung zerkleinert werden müssen, da sonst einerseits Verschlackung und anderseits eine unvollkommene Abröstung stattfindet. Diese Zerkleinerung geschah früher meist durch Handarbeit, gegenwärtig auch vielfach mit Steinbrechmaschinen.

Bei der Zerkleinerung durch Handarbeit wird der Kies mit langstieligen Hämmern zerschlagen, deren Schwere sich nach der Härte des Kieses richtet. Die harten Kiessorten lassen sich zwar leichter zerkleinern als die weichen, geben aber weniger pulverigen Abfall als letztere. Das zerkleinerte Material wird zweimal gesiebt, einmal durch Siebe von 3—6 cm Maschenweite, um alle gröberen Stücke zu sondern, und dann durch 6—12 mm Siebe, um den Feinkies zu trennen. Die so sortirten Stücke sind zur Abröstung in sogenannten Stückkiesöfen vorbereitet. Der Feinkies wird entweder gesondert — oder in einigen Ofensorten auch zusammen mit dem Stückkies — abgeröstet. Die Zerkleinerung des Pyrits wird auch in Steinbrechmaschinen vorgenommen, von welchen die vortheilhafteste die von Blake ist.

Dieselbe sei nach Lunge's Angaben (Sodaindustrie, 2. Aufl. I. Bd., S. 191 und 192) im Nachstehenden beschrieben: In Fig. 195 und Fig. 196 bezeichnen A und B die beiden Backen, zwischen welchen das Erz zerquetscht wird. A ist feststehend und vertikal,

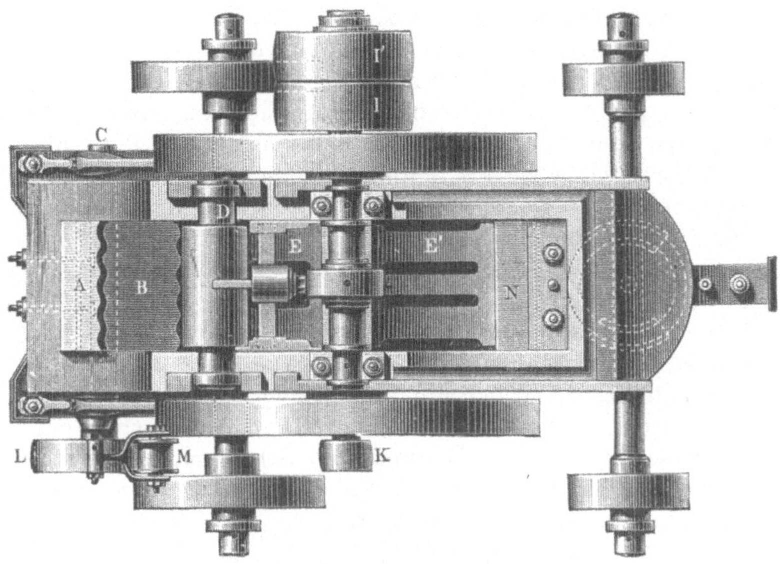

Fig. 195.

Fig. 196.

B beweglich und bildet mit A einen Winkel von ca. 72°. B wird durch den Kniehebel $E\,E'$ mittels des Kurbelgetriebes $G\,H$ in kleine Schwingungen um die Axe D versetzt. Dadurch wird die Backe B

gegen die aufgegebenen Kiesstücke gedrückt; die Rückbewegung von B wird durch die Gummifeder F bewirkt. Der Kniehebel ist mittels der hinter dem Schenkel E' liegenden Keilvorrichtung N verstellbar. Die Walze C bewirkt das regelmässige Auswerfen der zerkleinerten Steine und erhält ihre Bewegung durch Riemenbetrieb von der Hauptwelle H aus mittels der Scheiben K und L nebst der Spannrolle M. Der Antrieb der Schwungrad- und Kurbelwelle geschieht durch Riemenbetrieb, unter Vermittlung der Fest- und Losscheibe J und J'. Die ganze Maschine ist auf einem vierrädrigen Wagen montirt.

Es wurde noch eine Reihe anderer Kiesbrecher konstruirt, deren Besprechung jedoch zu weit führen würde.

Der Feinkies muss deshalb in der Regel in besonderen Oefen abgeröstet werden, weil er sonst die Luftkanäle zwischen den einzelnen Kiesstücken unter Bildung von Schlackenkuchen verlegen würde, wodurch nur eine unvollständige Abröstung und überhaupt ein ganz unregelmässiger Betrieb erreicht würde.

Oefen zum Abrösten von Stückkies.

Die älteren Typen der Stückkiesöfen sind Schachtöfen oder sogenannte Kilns. Da selbe aber nur noch in der Schwefelsäurefabrikation Anwendung finden, so entfällt ihre Besprechung an dieser Stelle.

Von diesen Oefen ist man allmählich über verschiedene Zwischentypen zum Herdofen übergegangen, von welchem eine Reihe einander ziemlich ähnlicher Konstruktionen sowohl in England als auch in Deutschland unter dem Namen „englischer Stückkiesofen" sehr verbreitet ist.

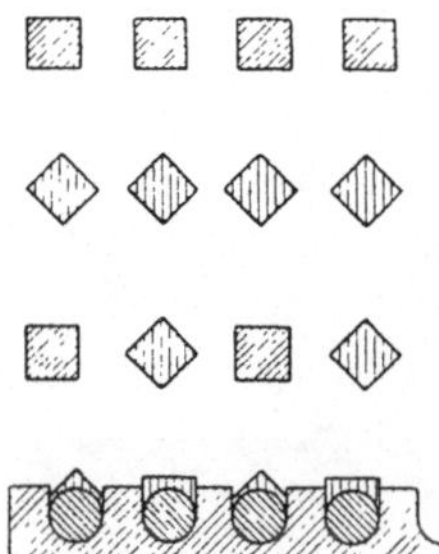

Englische Stückkies-Oefen.

Diese Oefen bestehen aus gemauerten Kammern, in welchen horizontale Roste angeordnet sind, auf welche der Kies aufgeschüttet wird. Die Roststäbe sind in Lagern drehbar und besitzen meist quadratischen Querschnitt (Fig. 197 bis Fig. 200). Vor der Beschickung werden dieselben diagonal gestellt (Fig. 198), so dass die Zwischenräume zwischen den einzelnen Stäben am geringsten sind. Diese Zwischenräume sind so gewählt, dass die rohen Kiesstücke nicht durchfallen können. Ist ein Theil abgeröstet, so werden die Roststäbe mittels mit längeren Hebelarmen versehener Schlüssel um

Fig. 197—200.

90° gedreht, wodurch sich die Zwischenräume zwischen denselben vergrössern und die bei der Abröstung ohnehin in kleinere Stücke zerbröckelten Abbrände durchfallen können. Wenn ein Theil derselben zwischen den Roststäben stecken bleibt, so dreht man

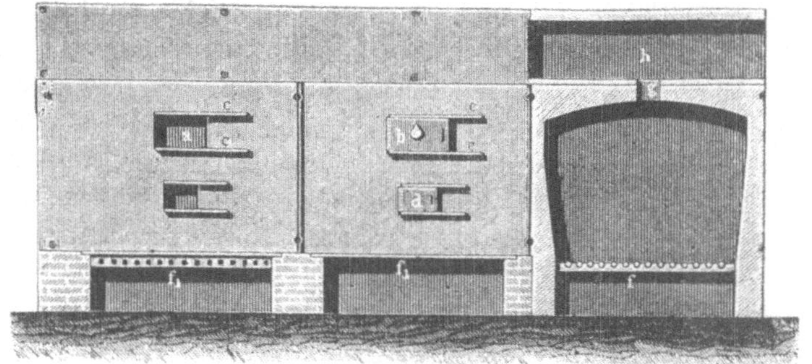

Fig. 201.

die Stäbe mehrere Male hin und her, wodurch ein theilweises Zerdrücken der Abbrände stattfindet und letztere dann mit Leichtigkeit entfernt werden können. Ein viel verwendeter derartiger Stückkiesofen ist in den aus Lunge's Sodaindustrie 2. Aufl., I. Bd. (S. 209) entnommenen Zeichungen Fig. 201—203 dargestellt.

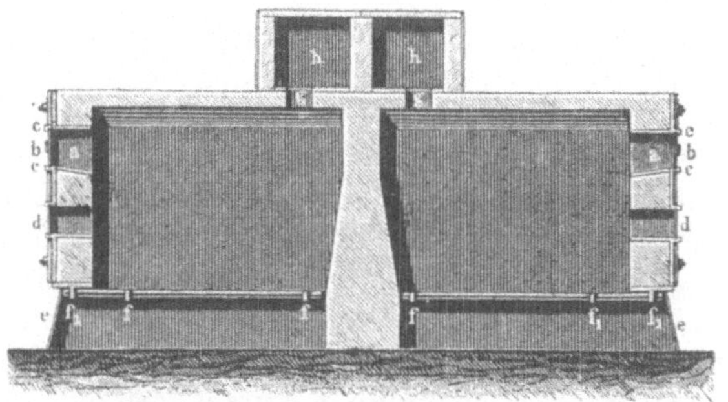

Fig. 202.

In Fig. 201 sind zwei Oefen in Vorderansicht, einer im Durchschnitt gezeigt; am ersten Ofen sind die Arbeits- und Aschenöffnungen weggenommen.

Fig. 202 ist ein Querdurchschnitt, welcher zeigt, wie zwei Ofenreihen an einander gebaut sind, da immer eine ganze Reihe solcher Oefen gleichzeitig in Betrieb steht.

Fig. 203 ist ein Grundriss, wobei ein Ofen gerade über dem Roste, die anderen in der Mitte der Thüröffnung durchschnitten gedacht sind.

a ist die Arbeitsöffnung mit der Thür *b*, welche in den an die Frontplatte angegossenen, mit Nuthe versehenen Schienen *c c* verschiebbar angeordnet ist. In ähnlicher Weise funktionirt die kleine, nur in Ausnahmefällen zu öffnende Thür *d*. Die entsprechenden Maueröffnungen sind durch Eisenplatten geschützt.

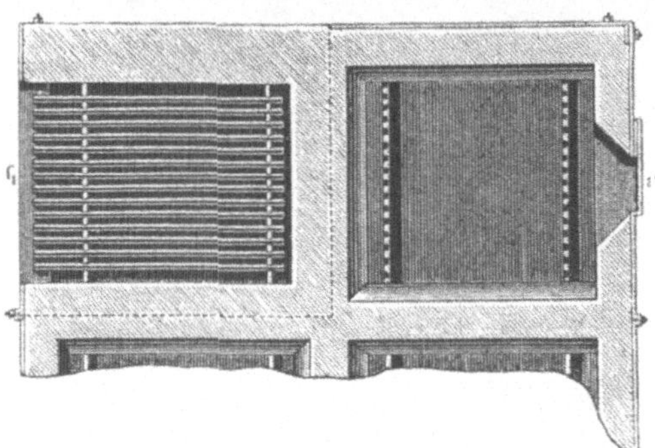

Fig. 203.

e ist der bewegliche Deckel des Aschenfalles, mit Luftlöchern versehen. *f f* sind die Rostträger, deren vorderster f_1 zugleich die Bodenplatte für die Vordermauer trägt und mit runden Löchern durchbohrt ist, während *f f* halbrund ausgeschnitten ist. Die Deckgewölbe sind parallel mit den Arbeitsöffnungen gespannt und durch die Füchse *g g* mit den Gaskanälen *h h* verbunden. Letztere sind, sowie der Ofenbau selbst, ganz mit gusseisernen Platten armirt und mit Thonfliesen bedeckt.

Der Betrieb in den englischen Stückkiesöfen gestaltet sich folgendermassen:

Der Ofen wird zunächst zwecks Anheizung mit bereits abgeröstetem Kies (Kiesabbränden) bis ca. 8 cm Höhe beschickt, auf welche Höhe man dann Holz oder Stückkohle aufbringt. Nun wird der Schieber im Fuchs des Ofens geschlossen, die Arbeitsthür jedoch offen gelassen und das Brennmaterial entzündet. Nach 18—24 Stunden ist der Ofen rothglühend; es werden dann noch etwaige Brennmaterialstücke herausgezogen und der Ofen sogleich mit Pyrit beschickt, der sich binnen kurzer Zeit entzündet. Man schliesst sodann die Arbeitsthür und öffnet den Schieber im Fuchs für den Abzug der Gase, wodurch der Röstprocess eingeleitet ist, der nun ganz von selbst weiter geht, da die durch die Verbrennung des Schwefels erzeugte Wärme dafür ausreicht. Man schichtet den Pyrit 45—70 cm hoch, je nach der Grösse und Detailkonstruktion des Ofens und nach der Qualität der Pyrite. Schwefelreichere, kupferhaltige Pyrite dürfen nicht so hoch geschichtet werden wie geringwerthigere Sorten. Um eine möglichst gute Abröstung zu erzielen, wird der Kies täglich mehrmals mittels starker Brechstangen, die durch die Arbeitsthüren eingeführt werden, durchgearbeitet. Das Material muss auch im Ofen gleich vertheilt sein und bei der Beseitigung der Abbrände durch das Drehen der Roste muss darauf gesehen werden, dass dies gleichmässig geschieht, damit keine Ungleichheit der Schichthöhe auftritt. Auch die Luftzufuhr spielt bei der Abröstung eine wichtige Rolle. Man lässt nicht nur die zur Verbrennung des Schwefels zu schwefliger Säure erforderliche Luftmenge zutreten, sondern einen beträchtlichen Ueberschuss, und zwar insbesondere deshalb, weil der grösste Theil der schwefligen Säure zur Schwefelsäurefabrikation verwendet, also weiter oxydirt wird.

Wird zu wenig Luft zugeführt, so sublimirt Schwefel und setzt sich in die Flugstaubkammern und Gasleitungen, die sich an den Ofen anschliessen, ab. Aus dem gleichen Grunde bilden sich auch sogenannte Schlacken oder Sauen, welche aus Einfach-Schwefeleisen (FeS) bestehen und kompakte Massen bilden, die den Luftdurchgang dann noch weiter vermindern, sodass unvollständig abgeröstete Kiespartien an den Rost kommen und aus dem Ofen entfernt werden.

Die Regulirung der Luft geschieht durch Löcher in der Aschenfallthür oder Arbeitsthür und durch den Schieber im Gasabzugrohr.

Auch eine zu hohe Kiesschicht im Ofen kann die Luftzufuhr beeinträchtigen.

Bei richtigem Gange soll ein derartiger Kiesofen in seinem oberen Theile aussen so heiss sein, dass er mit der Hand nicht angefasst werden kann, und die Temperatur soll nach unten zu allmählich abnehmen, dass der Ofen in der Höhe der Roststäbe nur mehr lauwarm ist.

Bei richtig geleitetem Ofengange erreicht man Kiesabbrände mit 3 bis $4^0/_0$ Gehalt an unabgeröstetem Schwefel.

Eine weitere Herabminderung des Schwefelgehalts ist nur in Ausnahmefällen zu erreichen, dagegen steigt derselbe mitunter auf $6^0/_0$ und mehr. Der gut abgeröstete Kies zerbröckelt leicht und besitzt die den verschiedenen Sorten von Eisenoxyd eigenthümliche rothbraune Farbe. Wenn viele Schlacken darunter sind, so deutet dies auf mangelhafte Abröstung. Obzwar diese äusseren Merkmale schon Anhaltspunkte für den normalen Gang des Ofens geben, ist es doch nöthig, den Schwefelgehalt der Abbrände fortdauernd durch Analysen zu kontrolliren.

Die neueren Anlagen der englischen Stückkiesöfen sind nach Hasenclever (Chem. Ind. 1895, S. 493) so eingerichtet, dass die

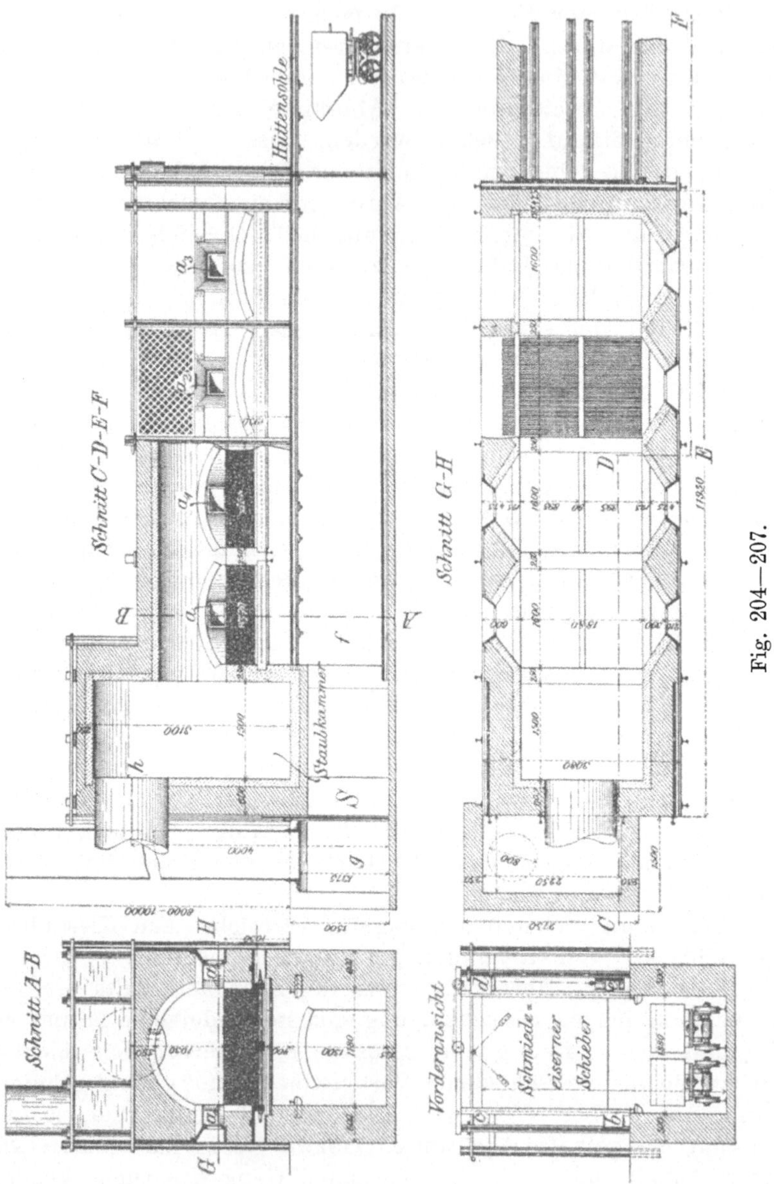

Abbrände in unter die Roste einzuführende Kippwagen oder sonstige flache Wagen fallen und damit direkt weggebracht werden
können, während sie bei den älteren Oefen erst unter dem Ofen

fortgezogen werden müssen. Eine derartige Anlage ist in den nachstehenden, den obcitirten Mittheilungen Hasenclever's entnommenen Zeichnungen (Fig. 204—207) dargestellt. Bei der Neubeschickung des Ofens wird nach der Entfernung der Abbrände auf den auf Schienen laufenden Wagen der Schieber b, c, d, e (s. Vorderansicht) geschlossen und der Schieber S im Kanal $g\,f$ geöffnet. Letzterer Kanal befindet sich hinter dem Kiesofen und führt zu einem Schornstein, in welchen keine Feuerungen einmünden und der nur so hoch zu sein braucht, dass die Mündung über das Dach der Hütte herausreicht. Durch das Oeffnen des Schiebers wird der Raum unter den Röstöfen durch den Kanal $f\,g$ mit dem Schornstein verbunden. Die Luft, welche durch den nicht luftdicht schliessenden Schieber $b\,c\,d\,e$ unter die Roststäbe tritt, wird dann theilweise durch den Kanal $g\,f$ in den Schornstein gesogen, und der Schwefelkies brennt so langsam, dass aus den entsprechenden Arbeitsthüren a oder $a_1\,a_2\,a_3$ keine schweflige Säure austritt. Nun wird durch zwei Arbeiter gleichzeitig chargirt, worauf die Arbeitsthüren wieder geschlossen werden, ebenso der Schieber S, während der Schieber $b\,c\,d\,e$ in die Höhe gezogen wird, wonach die Entwicklung der schwefligen Säure wieder ihren Fortgang nimmt. Dieser Vorgang bei der Neubeschickung hat den Zweck, das Ausströmen von schwefliger Säure und die damit verbundenen Belästigungen der Umgebung möglichst zu vermeiden.

Oefen zum Abrösten von Feinkies.

Wie bereits auseinandergesetzt wurde, müssen zur Abröstung von Feinkies besondere Ofentypen Verwendung finden. Es wurde eine Reihe derartiger Oefen in Vorschlag gebracht und theilweise auch verwendet, von welchen hier jedoch nur einer — die weitaus verbreitetste Type dieser Art — der speciell auch bei der Herstellung von Bisulfit Verwendung findende Etagenofen von Malétra, eingehender besprochen werden soll.

Etagenofen von Malétra.

In den Fig. 208, 209 und 210 ist die Einrichtung eines von Schaffner in Aussig verbesserten Ofens Malétra'schen Systems dargestellt.

Das Princip des Malétra-Ofens beruht darauf, dass im Innern des Ofenraumes eine Reihe von Platten angeordnet ist, auf welche das abzuröstende Erz aufgebracht und dort allmählich abgeröstet wird.

Bei dem aus Fig. 208 ersichtlichen Ofensystem sind 7 Platten angeordnet, von denen jede durch eine eigene Thür bedient wird.

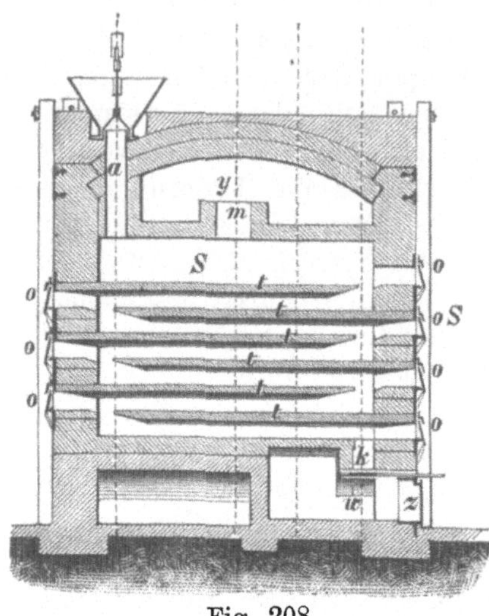

Fig. 208.

Es sind an einer Seite drei, an der anderen vier Thüren angeordnet, zum Unterschied von den älteren Oefen Malétra'schen Systems, bei welchen die Arbeitsthüren nur an einer Seite angebracht waren. Die Arbeitsthüren sind als Schiebethüren konstruirt.

Die einzelnen Platten sind aus Chamotte sehr sorgfältig hergestellt und an den Seiten, wo sie befestigt sind, verstärkt. Ueber dem eigentichen Ofenraum befindet sich ein Flugstaubkanal, durch welchen die abziehenden Schwefligsäure-Gase noch in eine grössere Flugstaubkammer und hierauf zum Verbrauchsorte gelangen. An der Decke des Ofens ist der Beschickungstrichter angebracht, dessen eisernes Rohr durch den Flugstaubkanal hindurch in das Innere

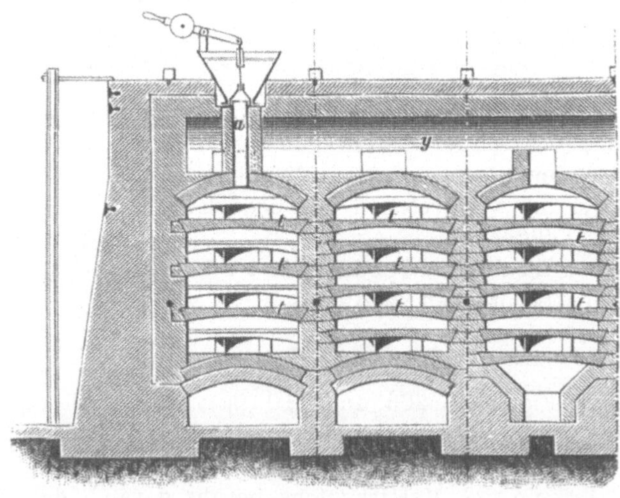

Fig. 209.

des Ofens reicht und mit einem eisernen Konus verschlossen ist, der bei der Beschickung mittels einer Hebeleinrichtung gehoben

und durch das nachgefüllte Erzklein wieder gasdicht nieder-
gedrückt wird.

Bei der Inbetriebsetzung des Ofens wird derselbe erst mittels
einer besonderen Feuerung zur Weissgluth gebracht, worauf man
sämmtliche Platten mit Feinkies beschickt. Derselbe entzündet
sich sofort, und die entstehenden Schwefligsäure-Gase ziehen über
die einzelnen Platten im Zickzackwege hinauf und durch y (Fig. 210)
zum Flugstaubkanal f. Die Neubeschickung wird dann nicht mehr
durch die Arbeitsthüren, sondern durch den Trichter an der Ofen-

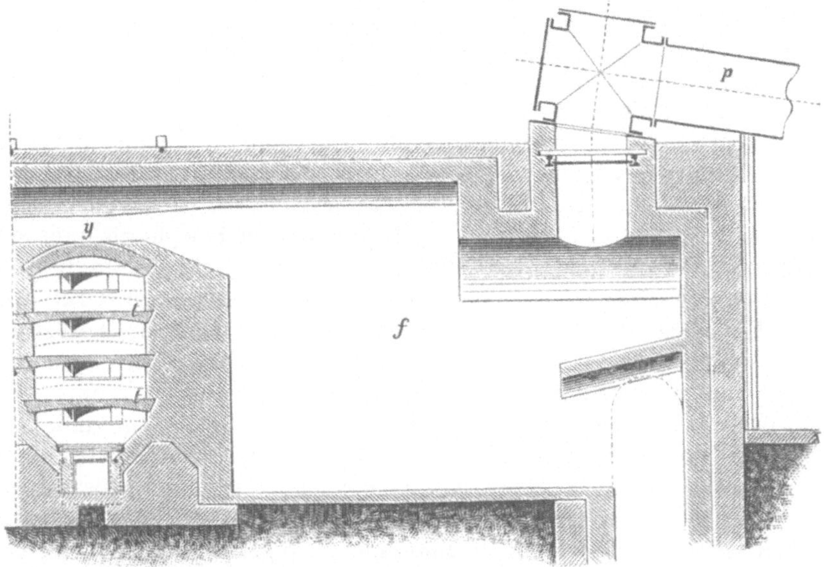

Fig. 210.

decke vorgenommen, und zwar wird zunächst der abgeröstete Kies
der untersten Platte entfernt und der Kies der vorletzten auf die
unterste Platte mit langstieligen eisernen Krücken herabgezogen und
dort wieder gleichmässig ausgebreitet. Man lässt dann allmählich
den Kies sämmtlicher Platten um eine Etage tiefer krücken, sodass
schliesslich die oberste Etage frei wird, auf welche die frische
Beschickung durch den Trichter aufgebracht wird. Die Temperatur
der einzelnen Platten nimmt ab, je weiter unten dieselben liegen,
und zwar weil sich in gleichem Maasse der noch unverbrannte
Schwefel vermindert.

Die zur Verbrennung erforderliche Luft wird bei normalem
Betrieb nur bei der Arbeitsöffnung der untersten Platte eingeführt,

doch hat man sich vor einem zu grossen Luftüberschuss in Acht
zu nehmen, da sonst die unteren Platten zu sehr abgekühlt werden.
Aus dem gleichen Grunde sollen die Arbeitsthüren beim Umschaufeln nie länger als unbedingt nöthig offen gehalten werden.

Die Abröstung in den Oefen Malétra'schen Systems ist vollständiger als in den Stückkiesöfen, und erreicht man Abbrände
mit weniger als 1 $^0/_0$ Schwefelgehalt. Der Durchschnitt ist 1,5 $^0/_0$
Schwefel.

Feinkiesofen von Mac Dougall.

Ein Feinkiesofen, der auch zur Abröstung von Blende ver-
wendbar ist und bei welchem die Bewegung der Erze auf maschi-
nellem Wege geschieht, ist der Ofen von Mac Dougall. Der Ofen
ist schachtförmig, von cylindrischer Gestalt, mit einer Reihe von
in entsprechenden Zwischenräumen übereinander liegenden kreis-
runden Platten versehen, durch deren Mittelpunkt die Axe eines
Rührwerks geht, dessen einzelne Rührarme so angeordnet sind,
dass sie das Erz abwechselnd nach den an der Peripherie oder am
Centrum der betreffenden Platte liegenden Oeffnungen führen,
durch welch letztere es dann nach der nächsten Etage herabfällt.
Das Erz wird oben in den Ofen eingebracht. Die zur Abröstung
erforderliche Luft wird durch einen Ventilator zugeführt. Um die
Verbrennung in Gang zu bringen, verbindet man das unten befindliche Mannloch mit dem Feuer eines Kohlenherdes und lässt
dasselbe so lange auf die Erze wirken, bis sie Feuer fangen.
Dann schliesst man das Mannloch wieder und der Röstprocess
geht von selbst weiter. Einen grossen Nachtheil des Mac Dougall-
schen Ofens bilden die bedeutenden Flugstaubmengen, welche
dieser Ofen producirt und welchem Mac Dougall durch die Konstruktion besonderer Flugstaubkammern zu begegnen suchte.

Andere mechanische Feinkies-Rostöfen für Pyrit wurden von
Spence (D. R.-P. 9267), Mackenzie u. A. konstruirt, deren Besprechung jedoch nicht in den Rahmen dieses Buches fällt.

Ein anderes Erz, welches speciell für die Herstellung von
flüssigem Schwefeldioxyd, von Sulfiten und Bisulfiten eine ausgedehnte Verwendung findet, ist die Zinkblende.

Dieselbe besteht aus Schwefelzink (ZnS) und zeigt meist eine
braune bis schwarze Farbe. Die Krystalle sind gelb bis grün und
gehören dem regulären System an. Die Zinkblende kommt meist
zusammen mit Eisenkies, Kupferkies, Bleiglanz, Quarz, Kalkspath
etc. vor. Auch Cadmium, sowie geringe Mengen von Thallium,

Indium etc. sind in der Zinkblende enthalten. Fundorte sind: In Ungarn (bei Schemnitz), in Sachsen (bei Freiberg), in der Rheinprovinz, Nassau, in Schweden, Amerika etc. Die Hauptmengen flüssigen Schwefeldioxyds aus durch Abrösten von Zinkblende dargestellter schwefliger Säure werden in Oberschlesien und der Rheinprovinz gewonnen.

Oefen zum Rösten von Zinkblende.

Die Zinkblende bildet das wichtigste aller Zinkerze, und es ist für die Zinkgewinnung von Wichtigkeit, das Schwefelzink möglichst vollständig in Zinkoxyd zu verwandeln. Diese Oxydation geht jedoch viel schwerer von statten als beim Schwefelkies, da sich zum Theil auch Zinksulfat bildet. Weiters ist der Schwefelgehalt der Zinkblende an und für sich geringer als der des Pyrits; derselbe beträgt höchstens $35\,^0/_0$, meist jedoch nur etwas über $20\,^0/_0$. Aus diesen Gründen sind die Pyrit-Röstöfen für Blende nicht verwendbar und hat man letztere behufs Gewinnung von Zink durch lange Zeit ohne Verwerthung der schwefligen Säure in Flammöfen abgeröstet. Dies hatte jedoch eine so schädliche Wirkung auf die Vegetation der Nachbarschaft solcher Hütten im Gefolge, dass schon aus diesen Gründen — abgesehen von dem wirthschaftlichen Nachtheil durch den Verlust der schwefligen Säure — an eine Abhülfe gedacht werden musste.

Blenderöstöfen von Hasenclever und Helbig.

Der erste wirklich zweckentsprechende Blenderöstofen wurde von Hasenclever und Helbig 1874 konstruirt und jahrelang in vielen deutschen Hüttenwerken mit Erfolg verwendet. Gegenwärtig ist derselbe jedoch vollständig durch andere, neuere Konstruktionen verdrängt.

Die Einrichtung dieses Blenderöstofens ist aus der Zeichnung Fig. 211 ersichtlich. Das Erz wird in den Trichter eingefüllt und muss, bevor es in die Muffel gelangt, eine grosse geneigte Ebene passiren, welche von unten mit dem abgehenden Feuer des Muffelofens beheizt wird. Würde das Erz auf einer 43^0 geneigten Fläche frei herunterrutschen, so würde mit Rücksicht darauf, dass feinkörnige Körper beim Anschütten in Haufen an ihrer Oberfläche einen annähernd konstanten Winkel von 33^0 bilden, am Ende eine 1,2 m hohe Erzschicht entstehen, und eine Röstung im Innern unmöglich sein. Es befinden sich daher von 50 zu 50 cm Scheidewände, welche einige Centimeter von der geneigten Ebene ent-

fernt sind und auf der ganzen Fläche dünne Erzschichten herstellen. Die Scheidewände haben eine seitliche Oeffnung und sind
so aufgestellt, dass die schweflige Säure aus der Muffel auf einem
langen Wege über das Erz streicht. Hierbei findet eine Anreicherung der Gase und eine fortschreitende Vorröstung der Erze statt.
Die Feuerzüge unter der geneigten Ebene sind von der Seite
leicht zugänglich und können ohne Schwierigkeit während des
Betriebes gereinigt werden. Von der schiefen Ebene gelangt das

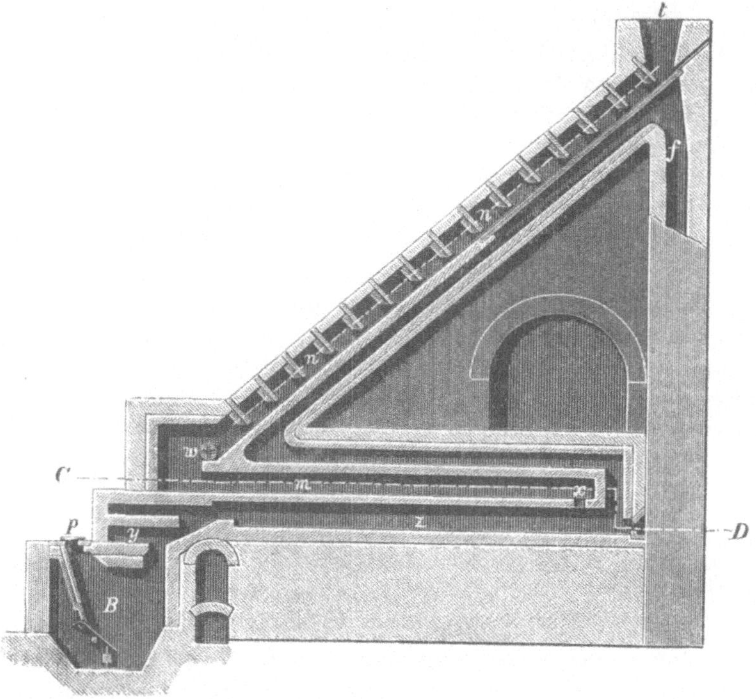

Fig. 211.

Erz vermittelst einer Walze w in die Muffel. Diese Walze ist inwendig hohl, damit Luft zur Abkühlung durch dieselbe cirkuliren
kann. Dieselbe wird durch ein Wasserrädchen bewegt und wirft
je nach der Quantität des aufgegebenen Wassers, dessen Zufluss
durch einen Hahn regulirt werden kann, alle 2 bis 3 Minuten eine
kleine Menge Erz auf die Sohle der Muffel. Durch die Bewegung
der Walze wird auf der geneigten Ebene ein Nachrutschen des
Erzes bewirkt. Die unterhalb von w angesammelten Erze werden
von einem Arbeiter alle zwei Stunden in der Muffel ausgebreitet

und allmählich bis zu x vorwärts geschoben, wo sie durch eine kleine Oeffnung auf die Herdsohle z gelangen, um daselbst mit direktem Feuer gänzlich abgeröstet zu werden. Die schweflige Säure, welche sich auf der untersten Sohle entwickelt, entweicht mit den Feuergasen durch den Essenkanal f, während die Gase der Muffel und der geneigten Ebene weiter verarbeitet werden. Der Brennstoff wird bei p eingetragen. Als Gaserzeuger dient ein Generator B.

Blenderöstofen von Eichhorn und Liebig.

Dieser Ofen ist das in verschiedenen Varianten verbreitetste System von Blenderöstofen. In dem im D. R.-P. No. 21032 be-

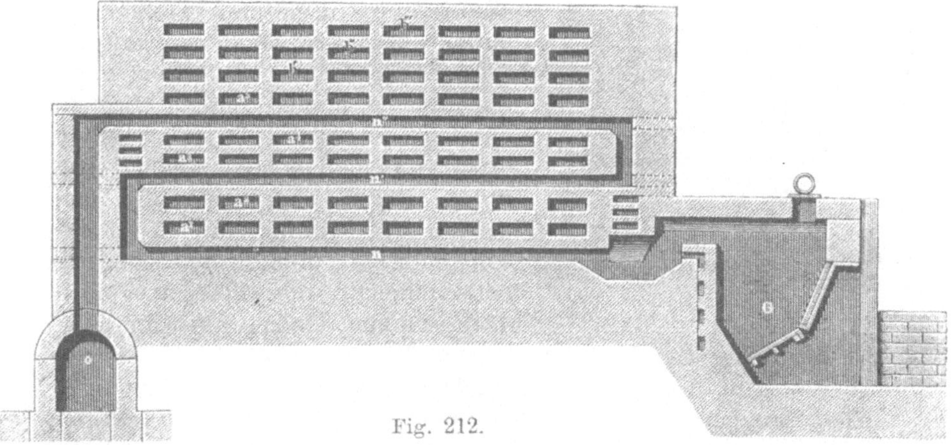

Fig. 212.

schriebenen Ofen wird die Blende durch eine Anzahl über einander liegender Kammern befördert, wobei die Verbrennungsluft in erhitztem Zustande durch die unterste Kammer zugeführt wird. Die unteren Kammern werden mittels einer Gasfeuerung geheizt, während die 3 obersten Kammern durch die bei der Oxydation der Blende frei werdende Wärme die erforderliche Temperatur erhalten. In Fig. 212 u. 213 (nach Lunge, Sodaind., 2. Aufl., I. Bd. S. 250 u. 251 bezw. D. R.-P. No. 21032) ist der Ofen von Eichhorn und Liebig im Schnitt dargestellt. Derselbe besteht aus einem mit Muffeln a^1, a^2, a^3, a^4, a^5, b', b'' und b''' ausgesetztem Schacht, welch erstere abwechselnd an beiden Seiten mit Arbeitsthüren c versehen sind.

Die Kammern a^1, a^2, a^3 und a^4 werden durch aus dem Generator G stammende Feuergase erhitzt, welche zuerst die Kanäle nn durchziehen, dann in die Höhe steigen und in die Kanäle $n''n''$

und schliesslich in den Essenkanal *o* gelangen. Die für den Röstprocess erforderliche Luft tritt durch die Arbeitsthür *d* zu, gelangt
in den Kanal *e* und in die Muffel a^1, wobei sie durch das Mauerwerk der Kanäle *nn* vorgewärmt wird, und durchzieht schliesslich
der Reihe nach die einzelnen Muffeln, dabei das in denselben enthaltene Schwefelzink oxydirend. Die Zinkblende wird durch den
Trichter *f* in die oberste Muffel b''' eingebracht und allmählich in
die darunter befindlichen Muffeln vor-
geschoben. Nach vollständiger Abröstung wird sie schliesslich aus der
untersten Muffel in den Raum *g* entleert. Wie schon erwähnt, wird in
den drei obersten Muffeln der Röstprocess nur durch die bei der Oxydation des Schwefelzinks frei werdende
Wärme unterhalten. Von den durch
Feuergase erhitzten Muffeln wird die
unterste, in welche die am weitesten
oxydirte Blende gelangt, am stärksten
erhitzt, und verringert sich die Temperatur der einzelnen Muffeln in aufsteigender Richtung, während der
Schwefelgehalt des Röstgutes nach
oben zunimmt, sodass also der Röst-

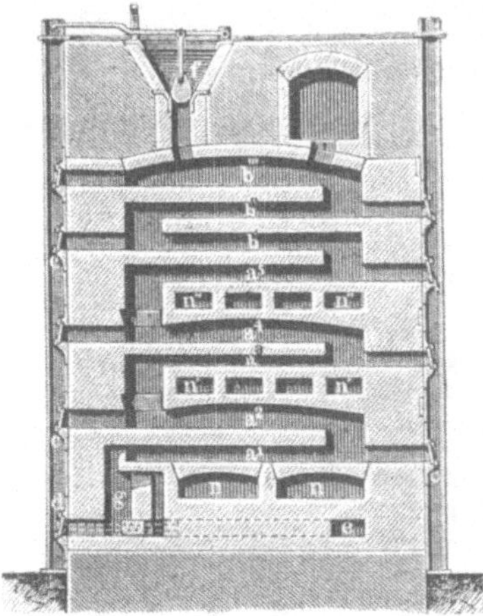

Fig. 213.

process in der denkbar rationellsten Weise geleitet wird.

Die Erze besitzen beim Verlassen des Ofens einen Schwefelgehalt von nur $0,1\,^0/_0$. In 24 Stunden können mit einem solchen
Ofen ca. 4,5 Tonnen Blende abgeröstet werden. Die Röstgase enthalten 8 bis $10\,^0/_0$ schweflige Säure.

Es wird immer eine Reihe solcher Oefen zu einem Systeme
vereinigt angewendet.

Blenderöstofen von Hasenclever.

Eine Verbesserung des Eichhorn-Liebig-Ofens stellt der Blenderöstofen von Haseclever dar (Fig. 214 bis Fig. 217), welcher
neuester Zeit im Rheinland und in Ober-Schlesien die alten Hasen-
clever-Helbig-Oefen ganz verdrängt hat.

Derselbe besteht aus mehreren über einander liegenden Muffeln
MM, welche durch vertikale Kanäle mit einander verbunden sind
und von der Rostfeuerung *RR* aus erhitzt werden. *FF* sind die
Feuerzüge, welche von der Flamme von unten nach oben durch-
zogen werden und oben mit den Essenkanal *K* in Verbindung

stehen. Durch die Beschickungstrichter TT wird die zu röstende
Blende in die oberste Muffel eingeführt und in derselben dann
von Zeit zu Zeit vorwärts geschoben. Durch den senkrechten

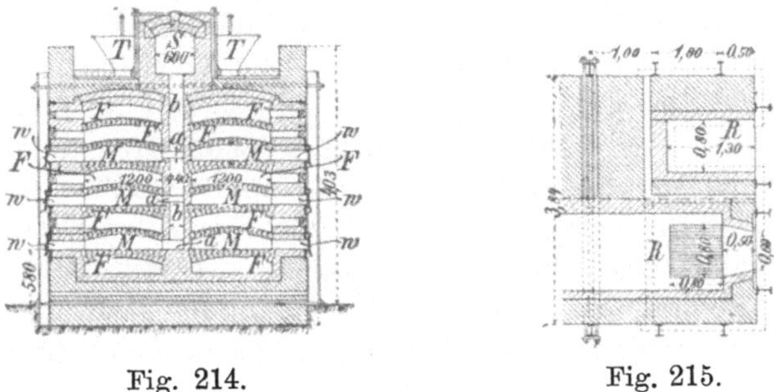

Fig. 214.　　　　Fig. 215.

Kanal am Ende dieser Muffel wird sie in die zweite, darunter befindliche Muffel gestürzt, in dieser dann wieder weiter geschaufelt,
bis sie in die dritte Muffel u. s. w. gelangt. Nach dem Passiren

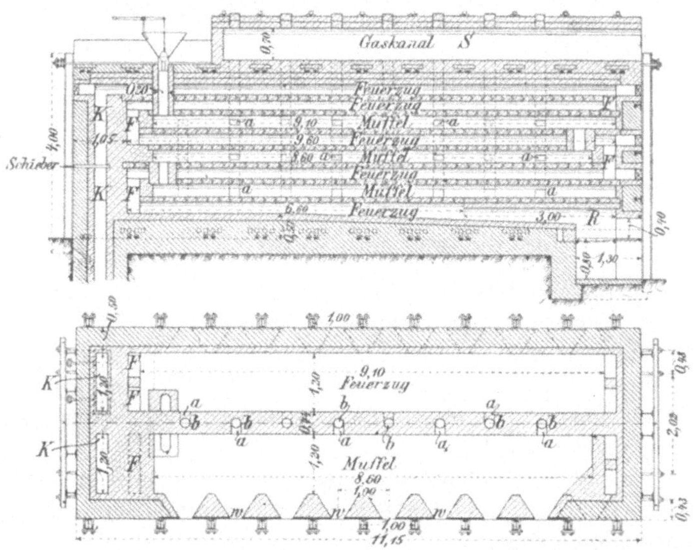

Fig. 216—217.

sämmtlicher Muffeln wird das Röstgut schliesslich am Ende der
untersten durch eine Arbeitsöffnung entfernt.

ww sind die Arbeitsöffnungen, durch welche das Durchrühren
und Fortbewegen der Blende bewirkt wird. Die Röstgase werden

aus jeder Muffel einzeln abgeleitet, oder man lässt sie auch durch sämmtliche Muffeln hindurchziehen. Im vorliegenden Falle treten sie durch die Oeffnungen a in der Hinterwand der Oefen in senkrechte Kanäle b und aus diesen in den Sammelkanal S.

Im Interesse einer guten Wärmeausnutzung werden stets zwei Oefen mit einander vereinigt. Die Arbeitsresultate, welche mit diesen Oefen erzielt werden, sind äusserst günstige.

In 24 Stunden werden in einem solchen Ofen 4000 kg Zinkblende bis auf 0,6 bis 1,0 $^0/_0$ Schwefel abgeröstet.

Eine weitere Vervollkommnung des Hasenclever-Ofens wurde dadurch erzielt, dass man die Muffeln in der Mitte durch Scheidewände theilte und die unter einander liegenden Hälften durch senkrechte Kanäle verband, so dass die oben aufgeschüttete Blende

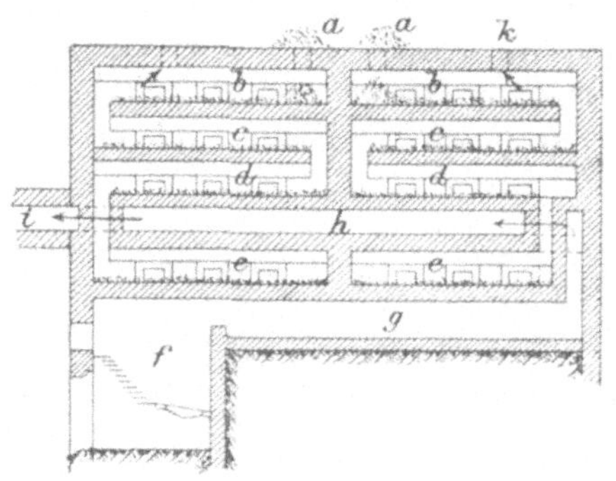

Fig. 218.

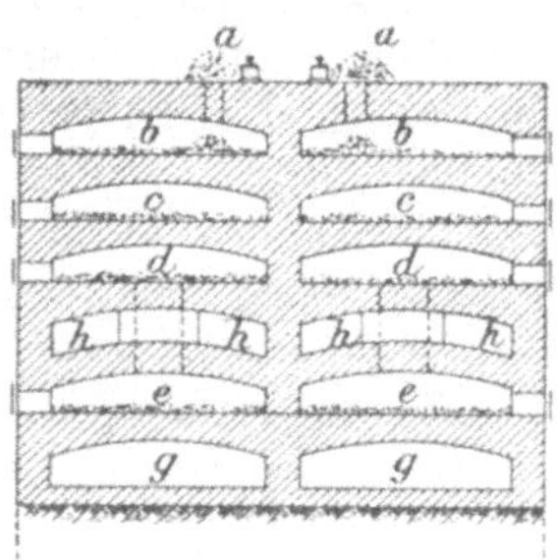

Fig. 219.

nur je eine Muffelhälfte zu passiren hatte, ohne dass der Grad der Abröstung dadurch unvollständiger geworden wäre. Auch die Heizung änderte man derart ab, dass nur die beiden untersten Muffelhälften direkt erwärmt wurden, während für die übrigen Ofenpartien ausschliesslich die Verbrennungswärme des Schwefels nutzbar gemacht wurde.

Die Einrichtung eines derartigen Ofens ist aus den Fig. 218 und 219 ersichtlich, welche Schnabel's Metallhüttenkunde, 2. Bd. S. 75 entnommen wurden.

Vom Treppenrost f aus werden die beiden Muffelabtheilungen c und die Sohle der Muffelabtheilungen d geheizt, indem die Feuergase durch die Züge g und h in den Essenkanal i ziehen.

Die Decke des Ofens wird zum Trocknen der Erze benützt, welche durch die Oeffnungen aa in die obersten Muffelabtheilungen b aufgegeben werden, um dann von dort allmählich in die übrigen

Abtheilungen c, d und e zu gelangen. Aus e wird dann das Röstgut ausgezogen. Die Röstgase durchziehen alle Muffeln von unten nach oben und treten durch k in den Sammelkanal.

Als ebenfalls auf dem Eichhorn-Liebig'schen Princip beruhender Röstofen für Blende, der jedoch nicht so leistungsfähig ist als ersterer, sei noch der Ofen von Grillo erwähnt.

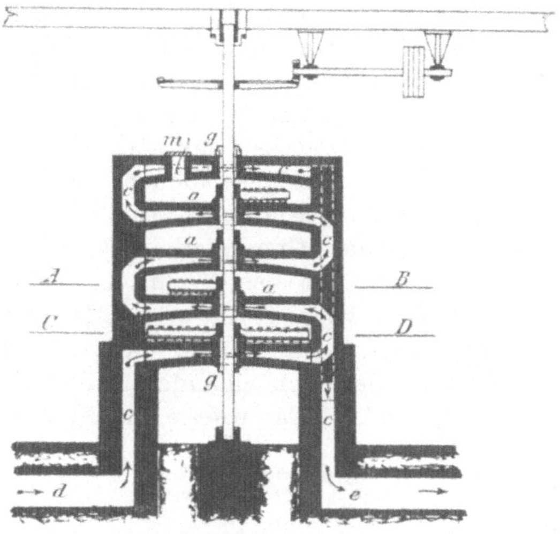

Fig. 220.

Mechanische Blenderöstöfen.

Eine andere Gruppe von Röstöfen, deren Anwendung sich insbesondere in Gegenden mit hohen Arbeitslöhnen empfiehlt, sind die

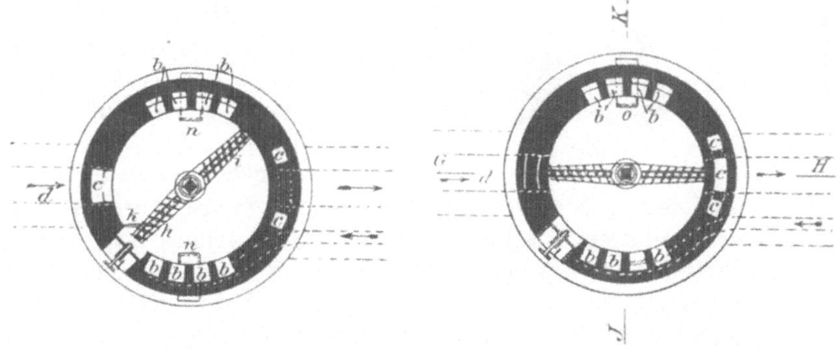

Fig. 221.   Fig. 222.

mechanischen Blenderöstöfen. Es sind dies Muffelöfen mit rotirenden Röstkrählen. Die Anlage solcher Oefen ist viel kostspieliger als die der Fortschauflungsöfen und sind dieselben auch vielen Reparaturen ausgesetzt. Ein solcher Ofen, der sich z. B. in Oberhausen in Betrieb befindet, ist der Blenderöstofen von Haas (D. R.-P. No. 23 080).

Ofen von Haas.

Derselbe ist in Fig. 220 bis Fig. 223 dargestellt. Fig. 220 ist ein Längsschnitt nach GH der Fig. 222; Fig. 221 ein Querschnitt nach AB (Fig. 220); Fig. 222 ein Schnitt nach CD (Fig. 220); Fig. 223 ein Schnitt nach JK (Fig. 222).

Das Innere des Ofens besteht aus vier über einander liegenden Muffeln a, welche unter sich durch die Kanäle b in Verbindung stehen und von aussen mit Zügen c umgeben sind, welche zur Cirkulation der Heizgase dienen.

Die Heizgase werden durch den Kanal d, welcher mit einem aussen liegenden Generator in Verbindung steht, zugeführt und verlassen den Ofen bei e, um einen Recuperator zu passiren, in welchem Luft vorgewärmt wird. Diese vorgewärmte Luft tritt bei f in die unterste Muffel und dient zur Oxydation.

Durch die über einander liegenden Muffeln geht eine vertikale Axe, welche da, wo sie ins Freie tritt, durch Sandverschluss g abgedichtet ist. Die Axe kann durch Rädervorgelege und Riemenschalter in eine Drehung nach links oder rechts versetzt werden.

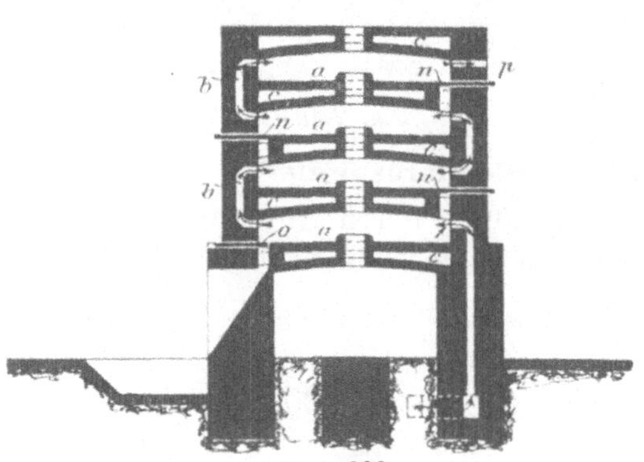

Fig. 223.

Auf dieser Axe befinden sich für jede Sohle (Muffel) Doppelarme aus Gusseisen mit eingesetzten Schaufeln. Die eine Seite des Doppelarmes ist mit beweglichen Schaufeln h, die andere mit festen Schaufeln i versehen; letztere haben eine feste schräge Stellung, wogegen erstere mittels Hebels k und verschiebbaren Anschlages l umgestellt werden, und zwar so, dass dieselben, auf das bei m eingebrachte Röstgut schiebend, nach dem Centrum oder nach der Peripherie der Sohle wirken. Durch diese Einrichtung wird das Röstgut fortwährend aufgewühlt. Ist das Röstgut auf der oberen Sohle entsprechend abgeröstet, so werden die beweglichen Schaufeln h so gestellt, dass alles Material nach der Peripherie geschoben wird und durch die Oeffnung n zur nächst tieferen Sohle gelangt. Für gewöhnlich ist diese Oeffnung durch einen Steinschieber geschlossen.

Ist das Röstgut auf diese Weise zur untersten Sohle gelangt und hier todtgeröstet, so wird es vermittelst der verstellbaren Schaufeln durch die Oeffnung o aus dem Ofen entfernt.

Die Röstgase werden durch den vorhin erwähnten Kanal b von Sohle zu Sohle geführt und ziehen bei p zur weiteren Verwerthung ab.

Wie ersichtlich, unterscheidet sich der Ofen von Haas von dem auf S. 246 beschriebenen Mac Dougall-Ofen hauptsächlich dadurch, dass die einzelnen Muffeln nicht durch massive Gewölbe, sondern durch die hohlen Kanäle c, durch welche die Feuergase cirkuliren, von einander getrennt sind.

Andere mechanische Blenderöstöfen, die in Verwendung stehen, sind der von Hegeler, ferner der Ofen der Société Vieille Montagne (D. R.-P. No. 24155 und 36609).

Ofen der „Société Vieille Montagne".

Dieser Ofen (in Fig. 224 im senkrechten Schnitt und in Fig. 225 im Schnitt xy der Fig. 224 dargestellt) besteht aus mehreren übereinander liegenden runden Röstsohlen, und schliesst sich an die unterste derselben eine viereckige Röstfläche zur Vollendung des Röstverfahrens an. Am Ende dieser letztgenannten viereckigen Röstfläche befindet sich die eigentliche Feuerung.

Das Erz wird in zerkleinertem Zustande in den Trichter a am oberen Theil

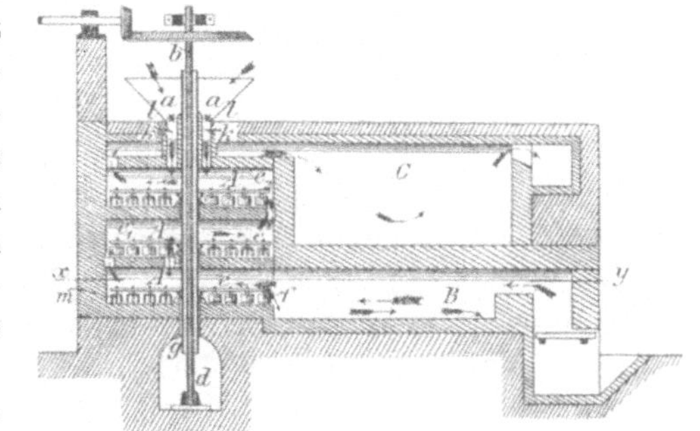

Fig. 224.

des Ofens geschüttet und fällt nach und nach durch den Kanal k auf die oberste Rostfläche.

Zur gleichmässigen Vertheilung des Erzes befinden sich in a kannelirte Walzen l, welche dasselbe stets passiren muss. Von der obersten Sohle wird es vermittelst rotirender Schürhaken auf die darunter befindlichen Röstflächen befördert. Die Flamme, deren Richtung durch Pfeile auf der Zeichnung angegeben, bespült nach einander, von unten bei B anfangend, jede Rostfläche und geht

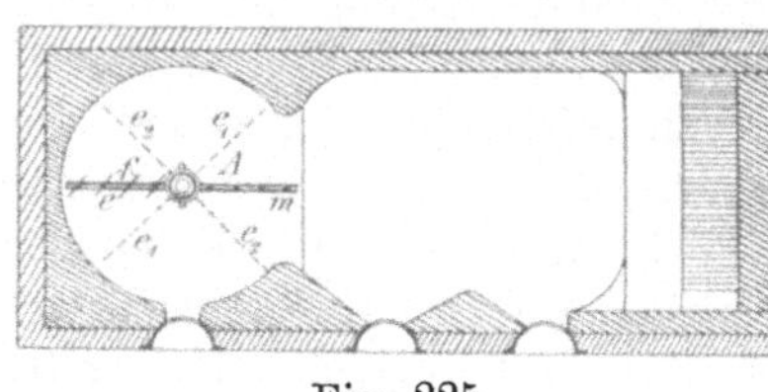

Fig. 225.

nach Erhitzung der letzten, obersten Rostfläche nach der Staubkammer C und von hier in den Abzugskanal.

Die Schürvorrichtung (Fig. 226 und 227) besteht aus einer senkrecht durch den Ofen gehenden Axe b, an der sich in den einzelnen Röstetagen A Querstangen mit angesetzten Schüreisen befinden. Die Transmission des Rührwerkes und die Lager der Axe b befinden sich, der hohen Temperatur des Ofens wegen, ausserhalb desselben. Der Abschluss zwischen der Axe und dem Ofen geschieht vermittelst einer buchsenartigen Asbestpackung. Die Axe b befindet sich in einem eisernen Cylinder g, an dem sie an verschiedenen Stellen befestigt ist. In dem Zwischenraum zwischen g und b steigt von unten her stets kühlende Luft empor und verhindert dadurch ein zu rapides Zerstören des Cylinders g.

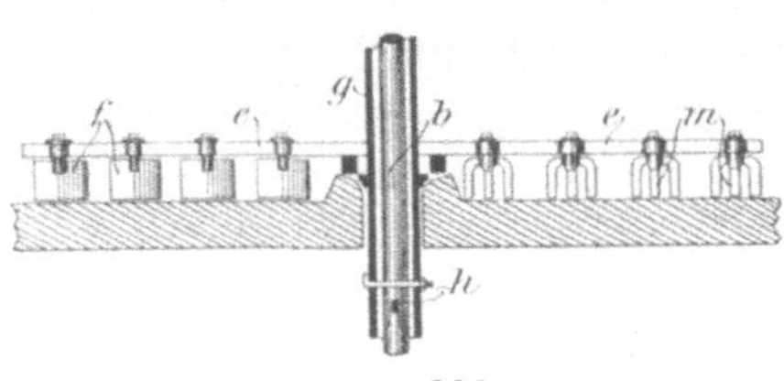

Fig. 226.

Für die mit dem gusseisernen Cylinder g umgebene Axe b kann man auch eine hohle Axe anwenden, und wird dann in jeder Etage eine aus zwei Theilen bestehende Muffe i, die vermittelst Splinte r an dem gusseisernen Cylinder angebracht ist, befestigt.

Diese gusseiserne Muffe erhält auf ihrem Umfange Oeffnungen, in welche Axen bezw. Arme e eingreifen. Solcher Arme befinden sich in jeder Etage zwei, und zwar sind dieselben in verschiedenen Durchmesserrichtungen angebracht, um ein richtiges Gleichgewicht der senkrechten Axe herzustellen.

Von je zwei Armen einer Etage trägt der eine gezahnte, der andere glatte Schüreisen.

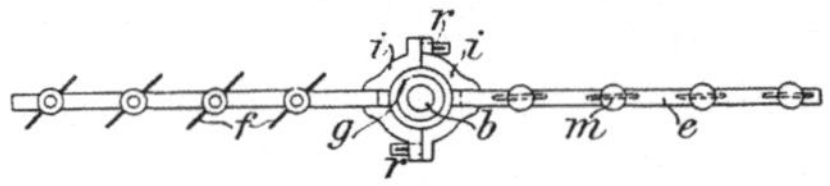

Die gezahnten Schüreisen m sind in der radialen Richtung an den Armen e e^1 e^2 befestigt und dienen lediglich zum Durcheinanderrühren des Erzes.

Fig. 227.

Die glatten Schürhaken f dagegen sind schräg zur radialen Richtung des Armes e eingesetzt und bewirken den Transport des umgerührten Erzes je nach ihrer Winkelstellung entweder vom Centrum nach der Peripherie oder von der Peripherie nach dem Centrum der runden Röstsohlen. Durch eine im Centrum oder an der Peripherie entsprechend der Winkelstellung der Schürhaken f angebrachte Oeffnung in der Röstsohle fällt das durcheinandergerührte Erz auf die darunter liegende Röstsohle, wird hier abermals durch die Schürhaken m umgerührt und durch die Schürhaken f wieder nach der Oeffnung zur nächstliegenden Röstsohle befördert u. s. w.

Die Arme mit ihren Schüreisen können leicht ausgewechselt werden, ebenso kann man die Muffe, welche die Arme hält, nachdem man den Splint entfernt, wegnehmen und hierauf die Axe oberhalb des Ofens herausziehen.

Es können also die einzelnen Theile, auch während der Ofen im Feuer steht, bequem durch neue ersetzt werden.

Bei einer neueren Ofenkonstruktion derselben Firma (D. R.-P. No. 36 609) sind zwei Systeme von Rührwerken derart neben einander gestellt, dass die zu rührende Masse von dem einen System von innen nach aussen, von dem daneben liegenden System von aussen nach innen gerührt wird. Man erreicht diesen Zweck dadurch, dass man die Rührarme beider Systeme in entgegengesetztem Sinne stellt. Man braucht bei dieser Anordnung die Rührwerke nicht so hoch zu machen.

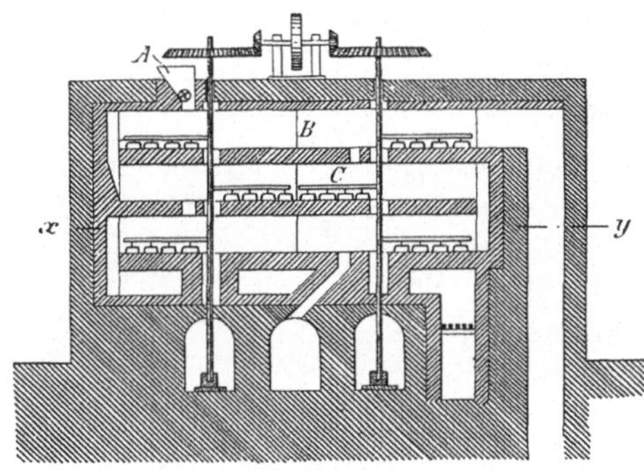

Fig. 228.

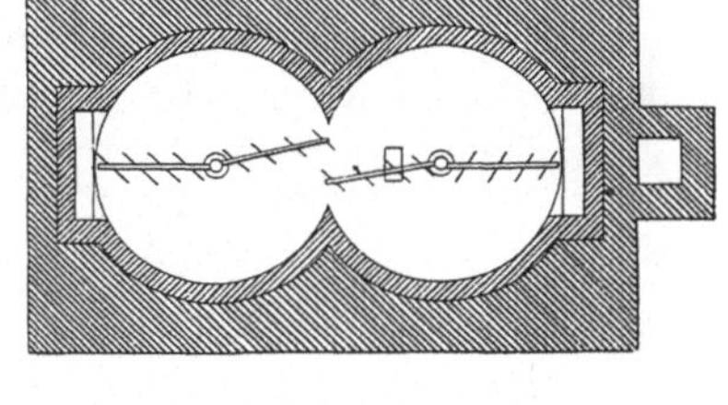

Fig. 229.

Die Zeichnung (Fig. 228 und 229) zeigt einen Ofen mit drei über einander gelegten Herden und zwei neben einander gestellten Rührwerken; der Ofen sei geheizt und die Flammen streichen über die Herdplatten. Dabei ist der Arbeitsvorgang der folgende:

Die Masse fällt durch den Trichter A mitten auf die Herdplatte des oberen Systems des linken Rührwerkes. Die Rührarme führen sie gegen die Peripherie; beim Punkt B angelangt, wird sie von den Rührarmen des daneben liegenden, auf demselben Herde in umgekehrtem Sinne angeordneten Rührwerkes ergriffen und nach der Mitte zu geführt. Beim Punkt C angelangt, fällt die Masse dann auf den darunter liegenden Herd, wo sich der Vorgang in umgekehrtem Sinne wiederholt.

Auch von Hasenclever wurde ein mechanischer Röstofen für Blende konstruirt, der jedoch bisher nicht in Anwendung stehen soll.

Zusammensetzung der Schwefligsäure-Gase. Sowohl die durch Verbrennung von Schwefel als auch die durch Abröstung von Pyrit und von Blende erhaltenen Röstgase sind, wie schon erwähnt wurde, erheblich mit Sauerstoff und insbesondere mit Stickstoff verdünnt, da bei der Verbrennung bezw. Abröstung ein Luftüberschuss angewendet werden muss.

Nach Gerstenhöfer (s. Lunge, Sodaindustrie 2. Aufl. 1. Bd. S. 286) ist die theoretisch beste Zusammensetzung der aus Schwefel gewonnenen Schwefligsäuregase (allerdings unter Berücksichtigung von deren Weiterverwendung für die Schwefelsäuredarstellung) die folgende:

$$10,65 \text{ Vol. } \%_0 \text{ schweflige Säure,}$$
$$10,35 \quad „ \quad „ \quad \text{Sauerstoff,}$$
$$70,00 \quad „ \quad „ \quad \text{Stickstoff.}$$

Für Kiesofenröstgase stellen sich die entsprechenden Zahlen folgendermassen:

$$8,80 \text{ Vol. } \%_0 \text{ schweflige Säure,}$$
$$9,60 \quad „ \quad „ \quad \text{Sauerstoff,}$$
$$81,60 \quad „ \quad „ \quad \text{Stickstoff.}$$

Für Röstgase aus Zinkblende giebt Lunge nach Mittheilungen von Hasenclever die günstigste Zusammensetzung des Gasgemisches an:

$$8,12 \text{ Vol. } \%_0 \text{ schweflige Säure,}$$
$$9,69 \quad „ \quad „ \quad \text{Sauerstoff,}$$
$$82,19 \quad „ \quad „ \quad \text{Stickstoff.}$$

Bei allen diesen Berechnungen, deren Gesichtspunkt am ausführlichsten in Lunge's Sodaind. 2. Aufl. 1. Bd. S. 270—296 beschrieben wird, ist die Oxydation des Schwefels nicht allein zu schwefliger Säure, sondern zu Schwefelsäure zu Grunde gelegt. Wenn die schweflige Säure ausschliesslich das Endprodukt bilden würde, könnten auch koncentrirtere Gase erhalten werden. So hat man aber behufs Weiterbehandlung des Gasgemisches zur Darstellung von flüssigem Schwefeldioxyd oder schwefligsauren Salzen mit den oben angegebenen Verdünnungen zu rechnen.

Auch mechanische Beimengungen enthalten die Schwefligsäuregase, insbesondere die Röstgase. Es sind dies theils staubförmige Kies- bezw. Blendetheilchen, theils Sublimations- und Destillationsprodukte von, je nach der Natur des Rohmaterials verschiedener Art, welche von den Gasen aus dem Röstofen mitgerissen werden und für welche auf dem Wege, den diese Gase zu passiren haben, die sogenannten Flugstaubkammern angeordnet sind, in denen dieser Flugstaub zurückbehalten werden soll. Auch die physikalische Beschaffenheit des Flugstaubs ist verschieden und wechselt von der trockenen Staubform bis zu der eines dicken Schlammbreies.

Im Flugstaub von Pyrit finden sich gewöhnlich Eisen, Kupfer, Arsen, Antimon, Blei, ferner Thallium, Selen Tellur, etc.

Im Flugstaub der Zinkblende: Zinkoxyd und -Sulfat, Eisenoxydul- und Oxydsulfat, Eisenoxyd etc.

Die Flugstaubkammern bezwecken eine Abscheidung des Flugstaubs einerseits durch Abkühlung der Gase, anderseits durch Verminderung ihrer Geschwindigkeit und dadurch, dass man ihnen grosse Oberflächen bietet, an welchen sich der Flugstaub ansetzen kann. Früher trachtete man letzteres Ziel dadurch zu erreichen, dass man in die Kammern Querwände einbaute, welche den Gasstrom zwangen, zwischen denselben im Zickzackwege zu passiren. Dies hatte aber mit Rücksicht auf die Hauptverwendung der Gase — zur Schwefelsäurefabrikation — verschiedene Nachtheile im Gefolge, und zwar insbesondere zu starke Verminderung des Zuges.

Man hat darum in den Flugstaubkammern parallel zur Richtung des Gasstromes Längswände angebracht, zwischen welchen das Gas passirt, und zwar derart, dass in der Mitte eine Hauptwand die Kammer in zwei Hauptkanäle theilt, in welchen wieder mehrere Längswände angeordnet sind, wobei die nach der einen Seite zu strömenden Gase mittels wechselbaren Schiebers abwechselnd entweder durch den einen oder anderen Hauptkanal geleitet werden. Nach Durchströmung der einzelnen Theilkanäle vereinigen sich die Gase wieder.

Zwecks Reinigung des einen Hauptkanales wird derselbe durch Schieber abgesperrt, so dass die Gase durch den anderen Hauptkanal ziehen, und dann der Flugstaub aus dem ersten entfernt.

Manchmal ist zur vollständigen Beseitigung des Flugstaubs auch eine künstliche Kühlung der Gase nothwendig.

Hinsichtlich der Feststellung der Zusammensetzung der Gase sei nur erwähnt, dass der wichtigste Bestandtheil, die schweflige Säure, nach der Methode von Reich bestimmt wird, welche darauf beruht, das man durch ein bestimmtes Volum mit Stärkelösung versetzter Jodlösung von bekanntem Jodgehalte, so viel von dem Gasgemisch, dessen Gehalt an Schwefeldioxyd ermittelt werden soll, durchsaugt, bis die Blaufärbung der Lösung verschwunden ist. Aus der durchsaugten Gasmenge einerseits und der angewandten Jodmenge anderseits wird der Schwefeldioxydgehalt, entsprechend der Reaktionsgleichnng:

$$2J + SO_2 + 2H_2O = 2HJ + H_2SO_4$$

berechnet.

Flüssiges Schwefeldioxyd.

Das reine, wasserfreie flüssige Schwefeldioxyd ist eine farblose, leicht bewegliche Flüssigkeit, welche Eisen und auch viele andere Metalle nicht oder nur kaum merklich angreift. Bei Gegenwart von Wasser wird jedoch das Eisen beträchtlich angegriffen, was namentlich im Hinblicke darauf, dass zur Aufbewahrung des flüssigen Schwefeldioxyds eiserne Behälter verwendet werden, wohl zu berücksichtigen ist.

Wasser ist im flüssigen Schwefeldioxyd nur sehr wenig löslich (nach A. Lange[1]) nur 1,04 %). Dagegen kann nach P. Walden[2]) das flüssige Schwefeldioxyd für eine ganze Reihe von Körpern als Lösungsmittel dienen, so für eine Reihe von organischen Jodiden und Chloriden, ferner Alkoholen, Säuren, Estern, Kohlenwasserstoffen etc.

Das flüssige Schwefeldioxyd wird zur Eiserzeugung („Flüssigkeit Pictet") und zum Auslaugen von Fetten und Oelen verwendet.

Für alle anderen Zwecke wird es vor der Verwendung wieder vergast.

Die Anwendung des flüssigen Schwefeldioxyds in der Seiden- und Woll-Bleicherei ist ebenso bequem wie die des flüssigen Chlors in der Baumwoll- und Papierbleiche.

Darstellung des flüssigen Schwefeldioxyds.

Während man früher flüssiges Schwefeldioxyd nur in kleinem Massstabe und aus unverdünntem reinem Schwefligsäuregas darstellte, wird diese Fabrikation seit ca. 15 Jahren im Grossen geübt, und zwar verwendet man Röstgase, insbesondere Zinkblende-Röstgase als Ausgangsmaterial. Ein sehr zweckmässiges Verfahren hierfür haben Hänisch und Schröder ausgearbeitet und in den D. R.-P. No. 26181, 27581 und 36721 nebst dazu gehörigen Apparaten beschrieben. Eine übersichtliche Beschreibung des Verfahrens und der Apparatur auf Grund der obgenannten Patente findet sich in der Zeitschr. f. ang. Chem. 1888, Seite 448, in Lunge, Sodaind. 2. Aufl. 1. Bd. S. 263 u. ff. und in Harpf, Flüssiges Schwefeldioxyd, woran sich die nachstehenden Ausführungen anlehnen. Nach dem Verfahren von Hänisch und Schröder wird das Schwefeldioxyd

---

[1]) Ztschr. f. angew. Chem. 1899, S. 303.
[2]) Ber. d. deutsch. Chem. Ges. 32, S. 2862.

der Röstgase durch Wasser in einem gewöhnlichen Koksthurm absorbirt und dann aus der Lösung durch Erhitzung in der Weise wieder ausgetrieben, dass dabei die latente Wärme des Wasserdampfes möglichst vollkommen ausgenützt wird.

Der Apparat ist in Fig. 230 konform der in Harpf, „Flüssiges Schwefeldioxyd", S. 12, Fig. 4 enthaltenen Zeichnung dargestellt.

Die durch den Kanal aa zuströmenden Röstgase treten in den mit Koksstücken, oder säurefesten Steinen gefüllten Thurm b, in welchem durch Brausen ständig ein Sprühregen kalten Wassers herabrieselt. Dadurch geht die schweflige Säure in Lösung. Die nicht gelösten Gase (Sauerstoff und Stickstoff) treten durch das Rohr c aus. Das Durchsaugen der Gase geschieht durch Anschluss an den Schornstein oder vermittelst eines Ventilators. Die Absorptionsfähigkeit des Wassers für Schwefeldioxyd ist um so geringer, je verdünnter das Gas ist. Aus reinem $(100\,^0/_0\text{igem})$ Schwefeldioxyd nimmt Wasser bei 10^0 C. etwa 15 Gewichtsprocente, d. i. ca. 150 kg pro cbm auf, aus $1\,^0/_0$igen Gasen nur den 100 sten Theil, d. i. 1,5 kg pro cbm, somit aus gewöhnlichen $(6\,^0/_0\text{igen})$ Röstgasen $6 \times 1{,}5 =$ 9 kg Schwefeldioxyd.

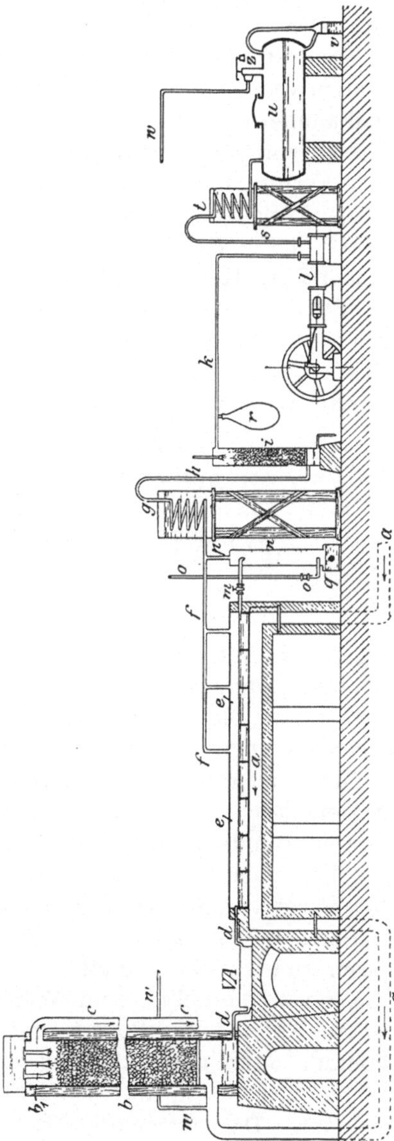

Die im Thurme b erhaltene Schwefligsäurelösung, aus welcher das Schwefeldioxyd wieder ausgetrieben werden muss, gelangt nun zunächst in den Vorwärmer (D, Fig. 231) und von dort in eine Reihe geschlossener Bleipfannen e, in welch letzteren sie bis zum Sieden erhitzt wird. Zur Vorwärmung

Fig. 230.

der aus dem Thurm b kommenden Schwefligsäurelösung dient die
aus e abfliessende Lauge, nachdem sie behufs vollständiger Entgasung
nach einem später zu besprechenden Verfahren die Kolonne n passirt
hat. Der Vorwärmer D besteht nach der Zeichnung Fig. 231 aus
15 quadratischen Bleiplatten von 3 mm Dicke, welche sich in Abständen von 5 cm über einander befinden, so dass dadurch 14 flache
Bleikammern gebildet werden. Die unterste, erste Schicht passirt das
Wasser von links nach rechts und gelangt hierauf durch eine seitliche Verbindung e, welche die ganze Länge der Fläche einnimmt,
in die 3. Schicht, geht hier von rechts nach links und sodann
weiter in die 5., 7. bis 13. Schicht. Die 2., 4., 6. bis 14. Schicht
dienen zum Herabfliessen des bereits entsäuerten heissen Wassers.
Die Strömungsrichtungen des letzteren, bei G eintretenden Wassers
kreuzen sich rechtwinklig mit denen des aufsteigenden sauren
Wassers, so dass die Uebergangsstellen für das herabfliessende ent-
säuerte Wasser an der vorderen und hinteren Seite des Apparates

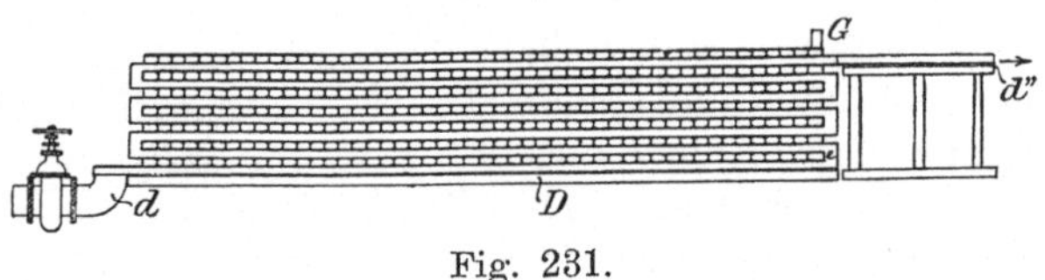

Fig. 231.

liegen. Damit der Apparat durch den auf ihm ruhenden Druck
nicht verbogen wird, befinden sich zwischen den einzelnen Platten
Träger von Blei, welche in den verschiedenen Schichten immer in
der Strömungsrichtung des Wassers liegen. Da die dünnen Blei-
wände eine gute Uebertragung der Wärme zulassen, so wird das
aufsteigende kalte Wasser nach und nach erwärmt, während das
herabfliessende heisse Wasser in demselben Maasse abgekühlt wird.

Die vom Vorwärmer aus d'' kommende Schwefligsäurelösung
durchströmt nun, wie bereits erwähnt, der Reihe nach die Bleipfannen ee (Fig. 230), wo sie von den durch aa ziehenden Röstgasen zum Sieden erhitzt wird. Das hierbei freiwerdende Gemisch
von Schwefeldioxyd und Wasserdampf gelangt durch die Kühlschlange g und das Rohr h in den Thurm i, in welchem sich Chlorcalcium oder mit Schwefelsäure befeuchteter Koks behufs Aufnahme des letzten Restes von Feuchtigkeit aus dem Schwefeldioxyd
befindet. Das getrocknete Schwefeldioxyd gelangt nun durch das
Rohr k — an welches ein zur Regulirung des Druckes bei der Kompression dienender Taffetsack r angeschlossen ist — in die aus
Bronce bestehende Pumpe l, von welcher das Gas je nach der

Jahreszeit, bezw. Aussentemperatur auf 2 bis 3,5 Atm. komprimirt wird. Das komprimirte Gas tritt durch s in die Kühlschlange t ein, wird dort verflüssigt und gelangt in diesem Zustande in den schmiedeeisernen Kessel u. Aus letzterem wird das flüssige Schwefeldioxyd in die schmiedeeisernen Versandflaschen oder in Kesselwaggons abgelassen. Durch das Sicherheitsventil z und Abzugrohr w entweichen der dem Schwefeldioxyd beigemengte Sauerstoff und Stickstoff und werden zurück zum Absorptionsthurm b geleitet.

Die in den Pfannen ee erhaltene Lauge enthält noch immer etwas Schwefeldioxyd, zu dessen Nutzbarmachung Hänisch und Schröder das im D. R.-P. No. 36 721 beschriebene Verfahren angeben.

Zur Durchführung dieses Verfahrens dient die Kolonne n (Fig. 232), in welcher die aus e kommende heisse, saure Lauge durch das Rohr m zuströmt, welch letzteres nicht, wie in der Zeichnung dargestellt, gerade ist, sondern, behufs Herstellung eines hydraulischen Verschlusses gegen die Pfanne ee, U förmige Gestalt besitzt. Die aus der heissen Lauge sich entwickelnden grossen Mengen Wasserdampfes werden durch direkte Wassereinspritzung kondensirt. Dadurch wird aber auch die durch Wasser leicht absorbirbare schweflige Säure wieder gelöst.

Wenn man letztere Lösung dem heissen Gemisch von Dampf und schwefliger Säure im Gegenstrom stetig entgegenführt, so steigert sich die Temperatur dieser Lösung allmählich bis zur Siedetemperatur. In gleichem Maasse mit der Temperatursteigerung

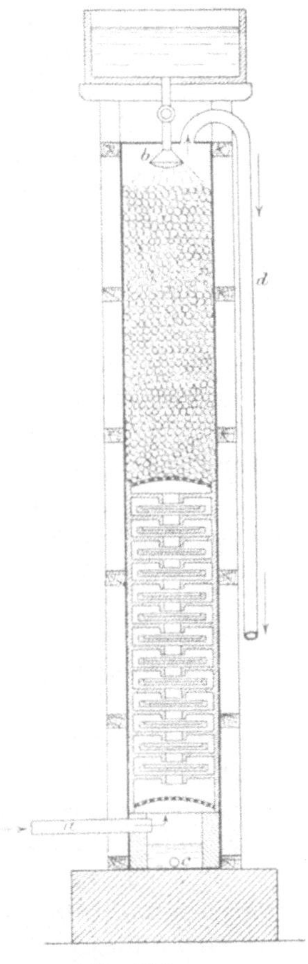

Fig. 232.

nimmt aber der Schwefligsäuregehalt ab, bis er schliesslich bei 100° C. annähernd gleich Null ist. Der dabei entstehende Dampf, welcher den entgegengesetzten Weg nimmt, wird durch die entgegenströmende, immer kälter werdende Flüssigkeit vollständig kondensirt.

Die Kolonne n wird durch einen unten mit Chamottetellern, oben mit Koksstücken ausgesetzten Bleithurm gebildet. Das Gemisch von schwefliger Säure und Wasserdampf strömt unten durch das Rohr a in den Thurm ein und steigt zwischen den Tellern und Koksstücken in die Höhe.

Wird nun oben durch die Brause b eine entsprechende Menge kalten Wassers eingespritzt, so werden sowohl der Dampf als auch die schweflige Säure kondensirt und fliessen als wässrige Lösung von schwefliger Säure in dem Thurm herab. Beim Niederfliessen trifft diese Lösung aber auf neue, stetig nachströmende heisse Dampf- und Gasmengen, welche ihre Wärme unter Kondensation des Dampfes auf die herabfliessende kältere Flüssigkeit übertragen, wobei die Temperatur der letzteren allmählich auf 100° C. steigt. Mit der Steigerung der Temperatur wird aber die ursprünglich absorbirte schweflige Säure wieder abgegeben, während das durch Kondensation des Dampfes entstandene Wasser mit dem eingespritzten Wasser unten durch Rohr c zum Abfluss gelangt. Ist der Thurm einige Zeit im Betrieb, so hat sich der Zustand in demselben derart regulirt, dass die Temperatur des herabfliessenden Wassers von oben nach unten gleichmässig auf Siedehitze steigt, während umgekehrt die Temperatur des aufsteigenden Gasgemisches von Siedehitze auf gewöhnliche Temperatur sinkt. Infolge dessen nimmt der Dampfgehalt des Gases von unten nach oben gleichmässig ab und der procentuale Schwefligsäuregehalt gleichmässig zu. Wird die Wassereinspritzung richtig regulirt, so muss der Schwefligsäurestrom im oberen Theil des Thurmes schliesslich so stark werden, dass das eingespritzte Wasser zu seiner Absorption nicht ausreicht, so dass ein regelmässiger Strom von dampffreier, gasförmiger schwefliger Säure durch das Rohr d aus dem Thurm ausströmt.

Auch andere, leicht kondensirbare Verunreinigungen der schwefligen Säure werden mit niedergeschlagen.

Die im unteren Theile des Thurms befindlichen, mit Rand versehenen Teller werden insbesondere deshalb angewendet, um das herabfliessende Wasser genügend lang zurückzuhalten und dem aufsteigenden Dampf eine ausreichende Heizfläche zu bieten. Das in der Schlange g (Fig. 230) kondensirte Wasser gelangt ebenfalls in den Thurm n. Die aus letzterem ablaufende, vollkommen schwefligsäurefreie heisse Lauge wird, wie schon besprochen, behufs Vorwärmung der aus dem Thurme b kommenden Schwefligsäurelösung nach dem Vorwärmer D (Fig. 231) geleitet.

Die Flaschen zur Versendung des flüssigen Schwefeldioxyds sind von ähnlicher Einrichtung wie die zur Aufnahme von flüssigem Ammoniak, flüssigem Chlor etc. Dieselben sind schmiedeeiserne Cylinder, welche am oberen Ende mit einem Ventil versehen sind und die aus Fig. 233 und 234 ersichtliche Einrichtung zeigen. Man öffnet, wenn das Schwefeldioxyd in Gasform gebraucht wird, nach Abschrauben der Kappe a bei aufrecht stehender Flasche den Verschlussstutzeu b und dreht nun mittels Schlüssels die Spindel des Schraubenventils c auf, wonach das Gas durch b entweicht. Um das Gas weiterzuleiten, schraubt man auf das Gewinde b zweckmässig das mit einer Schraubenmutter verbundene Bleirohr f an. Bei umgelegter Flasche fliesst bei b das flüssige Schwefeldioxyd ab, da es durch die in der Flasche herrschende Spannung herausgepresst wird. Die Flaschen sind auf 50 Atm. Druck geprüft und beträgt der Ueberdruck bei 20^0 C. nur 2,24 Atm., bei 40^0 C. nur 5,15 Atm. Zur Versendung grösserer Mengen flüssigen Schwefeldioxyds dienen Kesselwaggons, und zwar sind auf der Plattform dieser Waggons je drei geschweisste schmiedeeiserne Cylinder von etwa 7 m Länge

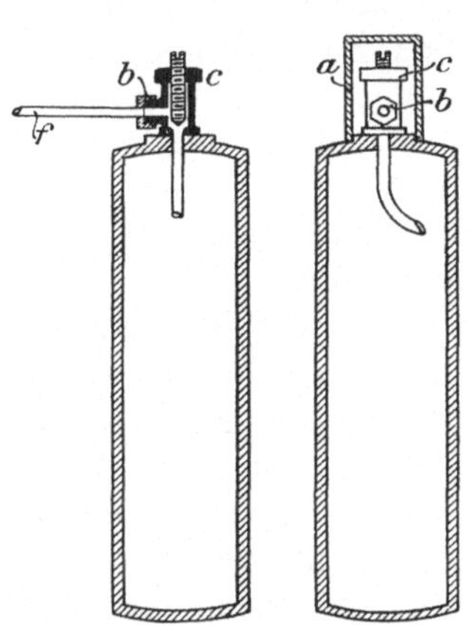

Fig. 233—234.

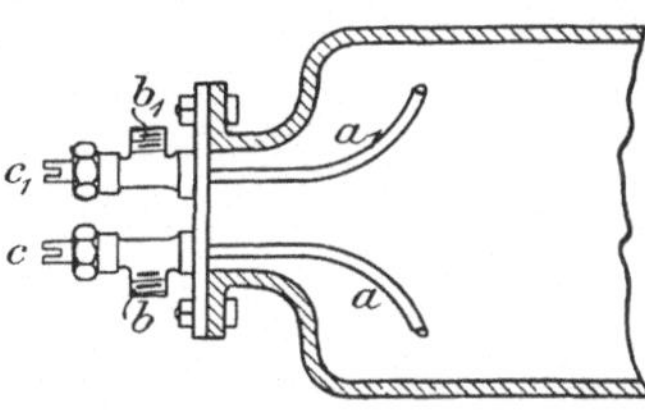

Fig. 235.

und 0,7 m Durchmesser angebracht. Jeder dieser Cylinder enthält 3300 kg flüssiges Schwefeldioxyd, also der ganze Waggon ca. 10 000 kg. In Fig. 235 ist ein solcher Cylinder zum Transport von flüssigem Schwefeldioxyd im Schnitt dargestellt. Die an die Ventile c und c' anschliessenden beiden Kupferröhrchen a und a' ragen in das Innere des Kessels, und zwar a bis an den Boden des Kessels, um dessen Inhalt leicht entleeren zu können, und a' nur so weit nach oben, dass beim Füllen ein gewisser Gasraum frei bleibt. Die Stutzen b und b' dienen zur Herstellung von Rohrverbindungen mit anderen Gefässen. Der Gasraum in den Cylindern muss ca. $^1/_8$ des Gesammtvolums betragen.

Da die Cisternenwagen immer rasch entleert werden müssen, sind an den Verbrauchsstellen des flüssigen Schwefeldioxyds Vorrathskessel aufgestellt, welche mindestens 10 000 kg davon fassen und ähnlich eingerichtet sind, wie die Cylinder der Waggons.

Darstellung von wässerigen Lösungen der schwefligen Säure.

Dieselbe geschieht einfach durch Einleiten von schwefligsäurehaltigen Gasen in Wasser im Gegenstrom und eignen sich hierfür Absorptionsapparate verschiedener Art.

Einen solchen Apparat, der auch zur Herstellung von Bisulfitlauge dienen kann, beschreibt W. Holzhäuser (D. R.-P. No. 49194).

Apparat von Holzhäuser.

Fig. 236 ist ein Längsschnitt des Apparates, Fig. 237 eine Draufsicht der Fig. 236, den Behälter A zeigend, Fig. 238 eine Draufsicht der Fig. 236, den Saugapparat A_1 zeigend, und Fig. 239 eine Endansicht, theilweise ein Schnitt der Lagerung und des Antriebes der Rührvorrichtung.

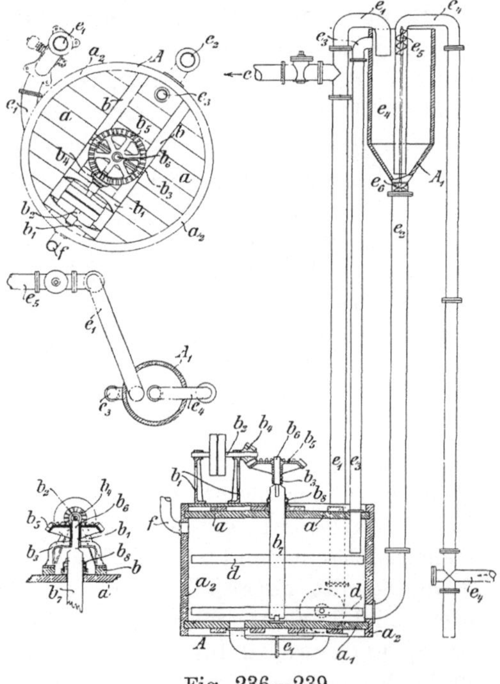

Fig. 236—239.

A und A_1 sind zwei Behälter, die sowohl im Deckel als auch am Boden mit einander in Verbindung stehen; dieselben bestehen aus Holz oder irgend einem passenden Material. Der Behälter A besteht aus einem Deckel a, einer Bodenplatte a_1 und Seitenwänden a_2; letztere sind in cylindrischer Form dargestellt. Die Seitenwände a_2 des Behälters A tragen die Traversen b (Fig. 237), auf welchen die für die Welle b_2 als Lager dienenden Ständer b_1 angebracht sind; auf dieser Welle befindet sich die Antriebscheibe nebst Leerscheibe.

Auf die Welle b_2 ist an einem Ende ein Kegelgetriebe b_4 aufgesteckt, welches in das auf einer Spindel b_6 sitzende Kegelrad b_5 greift. Die Spindel b_6 ist in der Welle b_7 ausserhalb des Behälters festgemacht; die Welle b_7 geht durch einen Wasserverschluss b_8, der auf dem Deckel a des Behälters A angebracht ist, bis auf den

Boden des Behälters herunter. Die Welle b_7 wird am oberen Ende der Spindel b_6 durch den Rahmen b_3 (Fig. 238), gehalten.

An der Welle b_7 sind Rührarme d angebracht, durch welche die Flüssigkeit im Behälter A umgerührt wird.

Der Behälter A (Fig. 236), ist mit der Saugvorrichtung A_1 durch die Röhren $e_1 e_2 e_3$ verbunden. Durch die Röhre e_1 wird die Flüssigkeit aus Behälter A in den Behälter A_1 kontinuirlich gebracht, von wo dieselbe dann die Röhre e_2 wieder herunter in den Behälter A fällt. Da die Röhre e_4 im Behälter A_1 immer mit der Flüssigkeit umgeben ist, so wird durch das Herabfallen der Flüssigkeit eine konstante Luftverdünnung in der Röhre e_4 erzeugt, infolgedessen die schweflige Säure angesaugt wird. Diese Wirkung wird noch dadurch erhöht, dass in derselben Röhre e_4 eine Schnecke oder ein Windflügel e_5 mit Schaufelrad e_6 angebracht sind, welche von der Flüssigkeit beim Herunterfallen in rasche Drehungen versetzt werden. Der angesaugte Gasstrom von schwefliger Säure wird infolgedessen mit der Flüssigkeit in der Röhre e_2 innig gemischt.

Rohr e_3 ist ein Ueberlauf, durch welchen, im Falle zu viel von der Flüssigkeit in den Behälter A_1 kommen sollte, dasselbe wieder zurück in den Behälter A geleitet wird.

Das Wasser tritt in den Behälter A durch das Rohr f ein und wird während des Lösungsprocesses mittels der Rührvorrichtung kräftig durchgemischt. Ist die Lösung hinreichend stark, so wird sie durch e abgelassen.

Natriumsulfit.

Das Natriumsulfit (Na_2SO_3) ist in wasserfreier Form und als wasserhaltiges Salz von der Formel $Na_2SO_3 + 7H_2O$ bekannt. Letzteres bildet wasserhelle, monokline Prismen, welche sich an der Luft trüben und schon unter 150^0 C. das Wasser verlieren, ohne dabei zu schmelzen; ihre Lösung reagirt alkalisch. Das wasserhaltige Salz wird nur unter ganz bestimmten Bedingungen erhalten, und zwar indem man eine mit schwefliger Säure gesättigte Sodalösung mit der gleichen Menge der vorher angewandten Soda versetzt.

Das wasserfreie Salz krystallisirt in vollkommen luftbeständigen Krystallen. Von Oxydationsmitteln wird das Natriumsulfit zu Natriumsulfat oxydirt. Darauf beruht auch seine Gehaltsbestimmung, welche durch Titration mit Jodlösung nach der Reaktionsgleichung:

$$Na_2SO_3 + 2J + H_2O = Na_2SO_4 + 2JH$$

vorgenommen wird.

Das Natriumsulfit wird als mildes Bleichmittel für Wolle und Seide angewandt, ferner als Antichlor für mit Chlor gebleichte

Gespinnste, Gewebe oder Papierbrei. Auch als Konservirungsmittel sowie als Zusatz zu Zuckersäften, um dieselben beim Eindampfen hell zu erhalten, wird das Natriumsulfit verwendet.

Darstellung.

Eine Methode der Darstellung von Natriumsulfit besteht darin, dass man zunächst Krystallsoda mit schwefliger Säure behandelt. Es bildet sich dabei saures Natriumsulfit, das sich in dem frei werdenden Krystallwasser der Soda auflöst.

Die Einwirkung des Schwefligsäuregases auf die Soda geschieht zweckmässig in mit Holzgerüsten versehenen Bleithürmen von ca. 4 m Höhe, in welchen vier Roste aus Holzstäben angeordnet sind. Im untersten Theile des Thurms, über dem Gaseintrittsrohr, ist ein Siebboden angebracht. Die Sodakrystalle werden auf den Rosten vertheilt, die schweflige Säure steigt durch den Siebboden zwischen den Rosten und Krystallen empor und verwandelt die Soda allmählich in Natriumbisulfit, das in dem Krystallwasser der Soda gelöst, durch den Siebboden in den darunter befindlichen Sammelraum und von dort kontinuirlich weiter abfliesst. Die Lösung des Bisulfits hat eine nahezu konstante Koncentration von 35^0 Bé. Die Krystallschichten der untersten Roste werden naturgemäss am stärksten angegriffen und müssen daher am häufigsten erneuert werden. Die Absorption der schwefligen Säure findet so vollständig statt, dass oben aus dem Thurme nur Kohlensäure entweicht. Die erhaltene Lösung von saurem Natriumsulfit wird dann mit der äquivalenten Menge von Krystallsoda neutralisirt, filtrirt und in Bleipfannen auf ca. 40^0 Bé behufs Krystallisation eingedampft

Man lässt in Bleigefässen oder mitunter auch in gusseisernen Schalen krystallisiren, wo sich die Krystalle sehr rasch abscheiden. Letztere werden dann in üblicher Weise durch Abtropfen bezw. Centrifugiren von der anhaftenden Mutterlauge befreit, hierauf getrocknet und sind dann versandtfähig. Wie aus der Herstellungsweise erklärlich, enthält das käufliche Natriumsulfit sehr häufig Karbonat und infolge Oxydation auch Sulfat. Eine etwas abgeänderte Methode, nach welcher sowohl das Natriumbisulfit als auch das Sulfit auf trockenem Wege erhalten werden, stammt von Payelle und Sidler (D. R.-P. No. 80390).

Man trägt trockenes Natriumbikarbonat, wie es in Ammoniaksodafabriken erhalten wird, in Cylinder ein, in welchen ein Strom trockener schwefliger Säure darübergeleitet wird.

Ein Rührer, dessen seitliche Arme so gestellt sind, dass sie gleichzeitig zur Vorwärtsbewegung der Substanz nach dem Entleerungsraum der Apparate dienen, mischt das doppeltkohlensaure Natron und die schweflige Säure innig durcheinander. Das doppeltkohlensaure Natron verwandelt sich hierdurch in krystallinisches, wasserfreies Natriumbisulfit.

Die Reaktion geht bei gewöhnlicher Temperatur vor sich. Das erhaltene Produkt ist von gelblicher Farbe und enthält 50 bis 60 $^0/_0$ schweflige Säure. Der Beginn der Reaktion findet unter Temperaturerhöhung (35 bis 40° C.) statt; die Temperatur sinkt langsam mit der zunehmenden Sättigung.

Das gebildete Natriumbisulfit wird durch Zufügen der nöthigen Menge von doppeltkohlensaurem Natron in Natriumsulfit übergeführt.

Die grosse Unbeständigkeit des trockenen Natriumsulfits bei höherer Temperatur gestattet nicht, die Umwandlung durch einfache Erhitzung des Gemenges vorzunehmen, da durch die oxydirende Wirkung der Luft dasselbe grösstentheils in Sulfat verwandelt würde. Diese Schwierigkeit wird dadurch vermieden, dass die Erhitzung in einer Atmosphäre von Kohlensäure oder anderen inerten Gasen ausgeführt wird, wie z. B. den aus den Bisulfit-Apparaten austretenden Gasen.

Die Erhitzung des Gemenges von doppeltkohlensaurem Natron und Natriumbisulfit erfolgt in ähnlichen Apparaten wie die bereits erwähnten, welche ausserdem durch Dampf oder besser noch durch die ausstrahlende Wärme des Schwefelofens erwärmt werden. Die Reaktion ist bei 100° C. vollendet. Das gebildete, aus wasserfreiem Natriumsulfit bestehende Produkt ist von körniger Beschaffenheit und ziemlich beständig.

Natriumbisulfit.

Das saure Natriumsulfit oder Natriumbisulfit ($NaHSO_3$) wird aus seinen Lösungen durch Krystallisation erhalten. Die Krystalle sind von saurer Reaktion, und ziemlich schwer löslich. An der Luft findet eine langsame Zersetzung unter Entwicklung von Schwefeldioxyd statt. Beim Erhitzen bildet sich Natriumsulfat, unter Entweichen von Schwefel und schwefliger Säure.

Das Natriumbisulfit kommt im Handel in Pulverform vor und wird als Bleichmittel verwendet, wenn eine energischere Wirkung, als die mit neutralem Sulfit zu erzielende, verlangt wird. Auch als kräftiges Antichlor für mit Chlor gebleichte Gewebe, Papier, Stroh etc. wird es verwendet, ferner zur Konservirung von Speisen und Getränken etc.

Darstellung.

Einige Darstellungsmethoden wurden bereits bei der Darstellung des neutralen Sulfits besprochen, bei welcher das saure Sulfit ein Zwischenprodukt bildet. Ein Verfahren zur kontinuirlichen Darstellung von Natriumbisulfit stammt von Basse und Faure (D. R.-P. 103 064). Es werden Röstgase oder andere schwefeldioxydhaltige Gase in innige Berührung gebracht mit in Regenform herabfallender gesättigter Sodalösung. Der dazu verwendete Apparat ist in Fig. 240 dargestellt. Er besteht aus einem Bottich A mit gelochtem Zwischenboden E zum Aufschütten der Krystallsoda und gasdicht schliessendem Deckel mit Trichter F zum Einfüllen der Soda. Durch den Deckel tritt eine Leitung B ein, welche durch den Zwischenboden bis nahe zum Boden des Bottichs geht und zum Einleiten des Schwefligsäuregases dient. Eine zweite Leitung D tritt seitlich unterhalb des Zwischenbodens ein und geht in der Axe des Bottichs bis nahe zum Zwischenboden; sie dient zum Einleiten des Wasserdampfes. Vom Deckel geht ein Abzug C für die entwickelte Kohlensäure, überschüssiges Schwefligsäuregas bezw. die verunreinigenden Gase ab. Am Boden ist der Bottich mit einem Ablasshahn G ausgestattet.

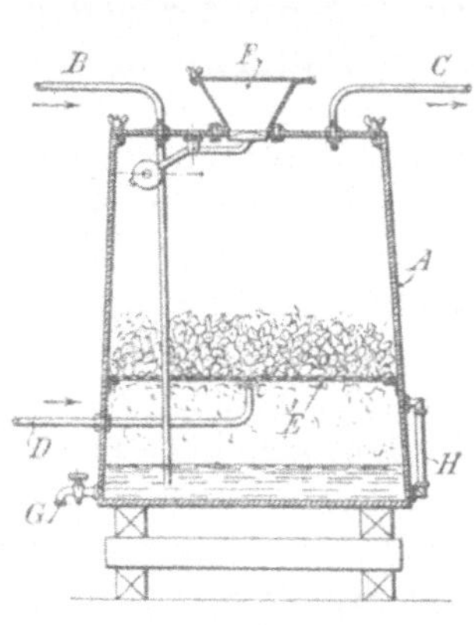

Fig. 240.

Das schwefligsaure Gas tritt durch die Leitung B in den Bottich A, an dessen Boden es ausströmt und nach dem Zwischenboden aufsteigt. Gleichzeitig wird durch D Dampf unter den mit der Krystallsoda beschickten Zwischenboden geleitet. Der Dampf durchdringt letzteren und seine Beschickung, kondensirt sich dabei und bildet eine gesättigte Sodalösung, welche in Regenform in den Raum unterhalb des Zwischenbodens herabfällt, also dem Schwefligsäuregas entgegen, und zwar mit einer für die zu bewirkende Umsetzung günstigen Temperatur. Je nach der Wärme, mit welcher das Schwefligsäuregas zugeleitet wird, wird eine grössere oder geringere Dampfmenge nöthig; je höher erstere ist, um so koncentrirter fällt die gebildete Bisulfitlösung aus. Letztere kann eine Dichte von 40 bis 45 ° B. erlangen. Bei mehr als 36 ° B. scheidet sich krystallisirtes Bisulfit aus, das unmittelbar in den Handel gebracht werden kann; die verbleibende Lauge hat 36 ° B. und bildet das übliche Handelsprodukt. Durch Regelung der Dampfzufuhr kann man selbstverständlich die Operation so führen, dass ohne Krystallisation kontinuirlich eine 35 bis 36° B. starke Lauge fabricirt wird.

Der eingeführte Gasüberschuss entweicht mit der entwickelten Kohlensäure durch den Abzug C nach einer Esse. Enthält das abziehende Gasgemenge noch schweflige Säure, so leitet man es in einen zweiten, dritten, vierten u. s. w. Bottich, welche Bottiche dann in bekannter Weise zu einer Batterie verbunden sind.

Ein Standglas H gestattet, die Menge der Lauge im Bottich zu beobachten und so durch rechtzeitiges Abziehen derselben die Regelmässigkeit des Betriebes zu sichern.

Calciumsulfit.

Das Calciumsulfit ($CaSO_3$) krystallisirt mit 2 Krystallwasser, welches bei Erhitzung im Wasserstoffstrome auf 150° C. entweicht. Es ist in Wasser sehr wenig löslich (1 Theil in 800 Theilen Wassers bei 15° C.), dagegen löst es sich in wässriger schwefliger Säure unter Bildung von Calciumbisulfit.

Es entsteht durch Einleiten von schwefliger Säure in Kalkmilch, ohne Ueberschuss der ersteren, ferner durch Fällung eines löslichen Kalksalzes mit Natriumsulfit. Das Calciumsulfit, welches in fester Form in den Handel kommt, wurde früher dazu benützt, um die schweflige Säure in einer leicht transportfähigen Form in den Handel zu bringen, da es mit den meisten stärkeren Säuren Schwefeldioxyd entwickelt. Gegenwärtig wird es durch das flüssige Schwefeldioxyd ersetzt.

Darstellung.

Das Calciumsulfit wird dargestellt, indem man auf trocken gelöschten Kalk Schwefeldioxyd einwirken lässt. Durch die dabei frei werdende Wärme wird das Hydratwasser des Kalks verdampft und Calciumsulfit in trockener Form erhalten.

Das Calciumsulfit hat seit der industriellen Gewinnung des flüssigen Schwefeldioxyds seine Bedeutung als bequemes Transport- und Darstellungsmittel für schweflige Säure verloren.

Von technisch verwendeten Sulfiten sei das Calciumbisulfit nur erwähnt, das aber hauptsächlich zur Sulfitcellulosefabrikation — zu Bleichzwecken jedoch gar nicht — verwendet wird.

Schliesslich sei noch ein von Dittler & Co. zum bequemen Transport und zur Entwicklung von schwefliger Säure empfohlenes trockenes Salzgemisch erwähnt, welches durch Vermischen von Sulfiten oder Bisulfiten der Alkalien mit Bisulfaten der letzteren er- halten wird. Beim Befeuchten des Gemisches entbindet die freie Säure des Bisulfats die schweflige Säure des Sulfits bezw. Bisulfits.

Hydroschweflige Säure und deren Salze.

Die hydroschweflige Säure wurde zuerst 1869 von Schützenberger dargestellt. Die Formel derselben wurde mit H_2SO_2 angenommen; nach Bernthsen soll dieselbe $H_2S_2O_4$ lauten. Die freie hydroschweflige Säure ist nur in wässriger Lösung bekannt und ist eine sehr unbeständige, stark reducirend wirkende Verbindung. Dieselbe hat als Bleichmittel — ebenso wie ihre Salze — eine sehr beschränkte Verwendung. Das Natriumsalz wird in der Färberei, Kattundruckerei, zur Herstellung einer Indigküpe etc. verwendet.

Darstellung.

Die hydroschweflige Säure wird durch Einwirkung von Zinkstaub auf eine wässrige Lösung von schwefliger Säure dargestellt. Es entwickelt sich bei der Reaktion kein Wasserstoff, wie sonst bei der Einwirkung von Zink auf Säuren, und dürfte der Process in folgender Weise verlaufen:

$$Zn + 2SO_2 + H_2O = ZnSO_3 + H_2SO_2.$$

Das Natriumhydrosulfit wird dargestellt, indem man Zinkstaub auf eine koncentrirte Lösung von Natriumbisulfit unter Luftabschluss einwirken lässt. Es scheidet sich dabei das Zink-Natrium-Doppelsalz der schwefligen Säure, $Na_2Zn(SO_3)_2$, aus, während das Natriumhydrosulfit in Lösung bleibt. Die Reaktion verläuft zum Theil nach folgender Gleichung:

$$3NaHSO_3 + Zn = NaHSO_2 + Na_2Zn(SO_3)_2 + H_2O.$$

Da sich aber zum Theil auch Zinkoxyd ausscheidet, so dürfte dieser Theil des Processes folgenden Verlauf nehmen.

$$2NaHSO_3 + Zn = ZnO + Na_2SO_3 + H_2SO_2.$$

Thatsächlich findet sich neben dem Hydrosulfit auch immer etwas hydroschweflige Säure in Lösung. Bei der Darstellung im Grossen werden nach Kallab und Dommergue ca. 3 hl einer 35 bis 40° Bé starken Lösung von Natriumbisulfit in einem 5 hl fassenden Bottich mit Zinkstaub digerirt, wobei sich das Zink langsam, ohne Gasentwicklung löst. Um die Reaktion nicht zu heftig werden zu lassen, wird die Flüssigkeit gekühlt, was durch ein im Bottich angebrachtes Kühlrohrsystem, in welchem Wasser cirkulirt, besorgt wird.

Um die schweflige Säure der nach obigem Process entstehenden Sulfite (Zinksulfit und Natriumsulfit) ebenfalls für die Hydrosulfitbildung nutzbar zu machen, setzt Grossmann (D. R.-P. No. 84507) nach der Zugabe des Zinks zur Bisulfitlösung letzterer Schwefelsäure zu, wodurch das durch die Einwirkung des Zinks gebildete neutrale Sulfit wieder in Bisulfit verwandelt wird, unter gleichzeitigem Entstehen von schwefelsaurem Natron. Der Vorgang lässt sich etwa durch folgende Gleichung darstellen:

$$n\,Na_2SO_3 + H_2SO_4 = 2\,NaHSO_3 + Na_2SO_4 + (n\text{-}2)\,Na_2SO_3.$$

Die Koncentration der Sulfitlösung oder Mischung wird vortheilhaft so gehalten, dass dieselbe von 10 bis 20 °/₀ totale schweflige Säure enthält. Das Gefäss, in dem die Reaktion ausgeführt wird, ist mit einem Rührwerk versehen, und zum Zufluss der Schwefelsäure ist ein Rohr angebracht, das nahe bis an den Boden geht, so dass die sich entwickelnde schweflige Säure von der darüber stehenden Schicht absorbirt wird. Die Schwefelsäure ist am besten ungefähr 10 procentig.

Will man für irgend ein Sulfit die besten Verhältnisse finden, so verfährt man wie folgt: Zu der Lösung oder Mischung, die beispielsweise 30 l beträgt, fügt man 3 l 10 procentige Schwefelsäure, rührt um, fügt nun eine der Quantität der Säure mehr als äquivalente Menge Zinkstaub zu, rührt um, bis diese oxydirt ist, fügt weiter successive 3 l Säure und die nöthige Menge Reduktionsmittel zu, rührt wieder um und wiederholt diese Operationen, bis ungefähr die Hälfte des Volumens der Sulfitmasse, also 15 l Säure, zugefügt ist. Man bestimmt dann die gebildete Menge von Hydrosulfit vor jeweiligem Zusatz von Säure und hört mit dem Zusatz von Säure auf, wenn die Titration zeigt, dass sich nicht mehr Hydrosulfit bildet. Man notirt dann die verwendeten Mengen von Bisulfit, Zink und Schwefelsäure und erhält so die Basis für die bei den weiteren Operationen anzuwendenden Materialmengen, so dass man dann das Bisulfit und die nöthige, in obiger Weise gefundene totale Zinkmenge auf einmal mit einander mischen kann und nur die Schwefelsäure in kleinen Portionen langsam zuzufügen braucht.

Um die Hydrosulfitlösungen noch koncentrirter und frei von schwefelsauren Salzen zu erhalten, giebt die „Badische Anilin- und Sodafabrik" das nachstehende Verfahren an (D. R.-P. No. 119676): Man setzt zu Lösungen von Salzen des Bisulfits, z. B. von Natrium-, Kalium-, Ammonium-Bisulfit, schweflige Säure in wässeriger Lösung zu oder leitet sie in Gasform ein und trägt erst in diese Mischung den Zinkstaub ein, wobei zweckmässig die Menge der hinzuzufügenden schwefligen Säure so bemessen wird, dass sie der Hälfte der im angewendeten Bisulfit enthaltenen Gesammtmenge an schwefliger Säure entspricht. Hierdurch erreicht man, dass nicht nur die ganze Menge des im Bisulfit enthaltenen Alkalis an hydroschweflige Säure gebunden erhalten und daher voll ausgenutzt wird, sondern, dass auch die Bildung anderer verunreinigender Salze vermieden wird.

Behufs Herstellung von Natriumhydrosulfit-Lösung werden z. B. 25 kg Natriumbisulfit von 40^0 B. (aus welchem nach dem gewöhnlichen Verfahren praktisch so viel Hydrosulfit resultirt, dass damit 4,92 kg Indigo eben geküpt werden können), mit 54,1 kg wässriger schwefliger Säure von 4^0 B. ($6\,^0/_0$) versetzt, oder man setzt zu 25 kg Natriumbisulfit von 40^0 B. 50,85 l Wasser und leitet so viel gasförmige schweflige Säure ein, bis die Gewichtszunahme 3,25 kg beträgt. Dann setzt man langsam unter Rühren 4,2 kg Zinkstaub zu und sorgt durch Kühlung dafür, dass die Temperatur zwischen 30 und 40^0 C. bleibt. Nachdem aller Zinkstaub eingetragen ist, rührt man noch einige Zeit und lässt dann 1 bis 2 Stunden stehen. Hiernach versetzt man die Flüssigkeit mit Kalkmilch, die aus 4,2 kg gebranntem Kalk und 20 l Wasser bereitet ist, und rührt gut um. Man lässt zum Schluss noch mindestens 6 Stunden stehen und filtrirt durch eine Filterpresse. Man erhält so etwa 80 kg einer Natriumhydrosulfitlösung (von 11^0 B.), welche im Stande ist, 9,85 kg Indigo in Indigoweiss überzuführen.

Um eine hochkoncentrirte Lösung von Natriumhydrosulfit zu erhalten, verfährt man folgendermassen:

Man mischt 28,8 kg Natriumbisulfit von 40^0 B. mit 34,4 kg einer koncentrirten wässrigen schwefligen Säure von etwa $10\,^0/_0$ SO_2 (6 bis 7^0 B.) oder leitet in die mit 31 l Wasser verdünnte Natriumbisulfitlösung die entsprechende Menge gasförmige schweflige Säure ein. Alsdann fügt man unter Kühlung 4,8 kg Zinkstaub allmählich hinzu, wie vorhin beschrieben.

Man fällt das Zinkoxyd mit Kalkmilch aus, die aus 4,8 kg

gebranntem Kalk und 16 l Wasser bereitet ist, und filtrirt wie oben angegeben. Das im Natriumbisulfit enthaltene Alkali entspricht unter diesen Umständen gerade der gebildeten Menge hydroschwefliger Säure, so dass neutrales Natriumhydrosulfit gebildet wird. Man erhält so eine Lösung dieses Salzes, von der 10 kg 1,99 kg Indigo zu lösen vermögen.

Aus den Hydrosulfitlösungen konnte bis vor kurzer Zeit das Salz in fester Form nur durch Alkohol abgeschieden werden. Im D. R.-P. No. 112483 der Badischen Anilin- und Sodafabrik wird nun ein technisch verwendbares Verfahren angegeben, um Hydrosulfite in fester Form zu gewinnen. Dasselbe besteht darin, dass man nicht zu verdünnte Lösungen der Hydrosulfite mit Kochsalz versetzt. Man erhält dabei eine reichliche Krystallisation von Hydrosulfit.

Führt man die Operation des Aussalzens bei höherer Temperatur aus, z. B. bei 50 bis 60°, so erreicht man den Vortheil, dass beim Abkühlen die Abscheidung der Krystalle in derber Form erfolgt.

100 l der in oben angegebener Weise erhaltenen koncentrirten Lösung werden in einem geschlossenen Gefässe auf 50 bis 60° erwärmt und dann mit 24 kg Kochsalz versetzt. Durch Rühren oder Schütteln sorgt man für vollständige Lösung des Kochsalzes, wodurch alsbald die Ausscheidung des Hydrosulfits beginnt. Ist diese vollendet, so filtrirt man das Hydrosulfit mittels einer Filterpresse ab; dasselbe kann dann unter möglichstem Abschluss von Luft getrocknet werden.

Ausser den neutralen und sauren Alkalihydrosulfiten sind bis vor kurzem nur die sauren Salze der alkalischen Erden, welche ebenfalls leicht lösliche Verbindungen darstellen, bekannt gewesen. Im D. R.-P. No. 113949 beschreibt nun Grossmann die Herstellung von schwer oder unlöslichen Hydrosulfitverbindungen, und zwar speciell des neutralen Calciumhydrosulfits und des Zink-Calciumhydrosulfits. Diese Hydrosulfite sind mit Vortheil, ebenso wie die leicht löslichen Salze, zu Reduktions- und Bleichzwecken zu verwenden, ferner zur Herstellung der Hydrosulfit-Indigo-Küpe oder endlich auch zur Herstellung leicht löslicher Hydrosulfite, durch Umsetzung mit den ensprechenden Alkali-Karbonaten, Sulfaten etc.

Darstellung von Calciumhydrosulfit.

90 kg Calciumsulfitpaste, welche 7 kg SO_2 enthalten, werden in einem passenden Gefäss auf etwa 30° C. erwärmt. Zu dieser Masse werden 5 kg Zinkstaub hinzugefügt und allmählich unter Umrühren 24 kg Schwefelsäure von 1,225 spec. Gewicht hinzugesetzt.

Der Zusatz von Schwefelsäure muss mindestens auf die Zeit von 2 Stunden vertheilt werden. Sodann rührt man die Masse noch weitere $^3/_4$ Stunden bei etwa 35° C. um, filtrirt und wäscht den unlöslichen Rückstand. Das Filtrat, welches ein lösliches Hydrosulfit enthält, wird mit einer Paste von Calciumhydrat, die $7^1/_2$ kg CaO enthält, versetzt, und es wird so lange umgerührt, bis eine filtrirte Probe nur noch ein specifisches Gewicht von 1,01 und darunter zeigt. Die Masse wird abfiltrirt und gewaschen, und der Rückstand bildet das normale Calciumhydrosulfit.

Das Calciumhydrosulfit kann nach Dr. Albert R. Frank (D. R.-P. No. 125 207) auch auf elektrolytischem Wege erhalten werden.

Man elektrolysirt eine Calciumbisulfitlauge, welche 55 g SO_2 pro Liter enthält, durch 8 Stunden mit 2 Amp. Stromdichte und 2,6 Volt Spannung, welch' letztere man allmählich auf 3,2 Volt steigen lässt. Dabei werden bei durchschnittlich 63,3 Proc. Stromausbeute, 37,5 Proc. der angewandten schwefligen Säure in Hydrosulfit umgewandelt, das sich bei den oben angegebenen Koncentrationsverhältnissen vollständig ausscheidet.

Sachregister.